高等工科数学系列课程教材

计算技术与程序设计

第2版

总主编　孙振绮
主　编　金承日　孙振绮
副主编　曲荣宁　于战华　丁效华

机械工业出版社

本书介绍了计算机上常用的数值算法和程序设计技术，取材适当，由浅入深，通俗易懂，便于教学。全书共分8章，内容包括：误差与算法、非线性方程求根、矩阵计算、代数插值与曲线拟合、数值积分与数值微分、常微分方程的数值解法、数学物理方程的差分解法、程序设计等，每一节都配有一定数量的习题，从第2章至第7章章末均配有一定数量的上机实习题，书末还附有数值算例的C程序和部分习题答案。

本书可作为高等学校工科各专业计算方法课程的教材，也可作为工程技术人员以及其他科技人员的参考书。

图书在版编目（CIP）数据

计算技术与程序设计/金承日，孙振绮主编. —2版. —北京：机械工业出版社，2013.2（2024.7重印）

高等工科数学系列课程教材

ISBN 978-7-111-34404-9

Ⅰ.①计… Ⅱ.①金…②孙… Ⅲ.①计算技术-高等学校-教材②程序设计-高等学校-教材 Ⅳ.①O121②TP311.1

中国版本图书馆CIP数据核字（2013）第018028号

机械工业出版社（北京市百万庄大街22号 邮政编码100037）

策划编辑：郑 玫 责任编辑：郑 玫

版式设计：张 薇 责任校对：薛 娜

封面设计：鞠 杨 责任印制：郜 敏

北京富资园科技发展有限公司印刷

2024年7月第2版第5次印刷

169mm×239mm · 13.5印张 · 260千字

标准书号：ISBN 978-7-111-34404-9

定价：29.00元

电话服务	网络服务
客服电话：010-88361066	机 工 官 网：www.cmpbook.com
010-88379833	机 工 官 博：weibo.com/cmp1952
010-68326294	金 书 网：www.golden-book.com
封底无防伪标均为盗版	机工教育服务网：www.cmpedu.com

第2版前言

本书是在《计算技术与程序设计》第1版的基础上经过修改和补充而成的。经过修改和补充，该书第2版的结构更加合理，条理更加清晰，内容更加丰富，更加便于教学和读者阅读，更加有利于指导上机实习，书中的内容更具有实用性。

与第1版相比，第2版有以下变动：

增加了绪论部分，简单介绍了这门课程的地位和特点。

对第1版第1章进行了压缩和精简，其中的1.1节基本保持原样。将1.2节和1.3节合并成1.2节，并删去了一些内容。将1.4节改为1.3节，并进行了修改。

将第1版第2章改为第8章。

将第1版第3章改为第2章，并做了局部修改。

将第1版第4章改为第3章，对原有的内容进行了重组和修改，并增加了3.6节求矩阵主特征值的乘幂法的内容。由于这一章包含的内容比原来更加广泛，所以对章标题和节标题都进行了相应的修改。

将第1版第5章改为第4章，将5.3节的内容分散到4.1节和4.2节，将5.4节改为4.3节，将5.5节改为4.4节，新增4.5节三次样条插值的内容（在工程中常用），将5.6节改为4.6节。

将第1版第6章改为第5章，并新增三节内容，即5.5节广义积分的计算、5.6节二重积分的计算、5.7节数值微分。

将第1版第7章改为第6章，并增加6.3节单步法的收敛性与稳定性的内容。

将第1版第8章改为第7章，并根据所讨论方程的物理背景将原来的内容由三节划分为四节。

总之，第2版对第1版中1.2、1.3、1.4、4.4、5.1、5.2、5.3、8.2节的内容做了较大的修改，并增加了6节（即第2版中的3.6、4.5、5.5、5.6、5.7、6.3节）内容。

本书除了介绍常用的数值算法及理论外，还特别注重算法的实现。为此，专门用一章的篇幅介绍了程序设计方面的知识。书末还附有数值算例的C程序，以便读者在实际编写程序进行计算时参考。此外，从第2章至第7章章末均增加了上机实习题，便于布置和指导上机作业。

书末增加了部分习题的参考答案。

本书可作为高等学校工科各专业计算方法课程的教材，也可供工程技术人员及其他科技人员参考。讲授全书大约需要50学时。

本书由金承日、孙振绮任主编，曲荣宁、于战华、丁效华任副主编。参加本书编写的还有李宝家、邹巾英、孙建邵。崔明根教授仔细审阅了全书，并提出了许多宝贵的意见和建议。

本书在编写与试用过程中，得到了学校有关领导和专家的大力支持，在此深表谢意。

虽然编者认真撰写，仔细校对，但由于水平有限，不妥以及错漏之处在所难免，恳请广大读者批评指正。

编　者

第 1 版前言

为适应科学技术进步的要求，培养高素质人才，必须改革工科数学课程体系与教学方法。为此，我们进行了十多年的教学改革实践，先后在哈尔滨工业大学和黑龙江省教委立项，长期从事“高等工科数学教学过程的优化设计”课题研究。该课题曾获哈尔滨工业大学优秀教学研究成果奖，本系列课程教材正是这一研究成果的最新总结，包括：《工科数学分析教程》（上，下）、《空间解析几何与线性代数》、《概率论与数理统计》、《复变函数论与运算微积》、《数学物理方程》、《最优化方法》、《计算技术与程序设计》等。

这套教材在编写时广泛吸取国内外知名大学的教学经验，特别是吸取了莫斯科理工学院、乌克兰人民科技大学（原基辅工业大学）等的教学改革经验，提高了知识起点，适当地扩大了知识信息量，加强了基础，并突出了对学生的数学素质与学习能力的培养。具体地：①加强对传统内容的理论叙述；②适当运用近代数学观点来叙述古典工科数学内容，加强了对重要数学思想方法的阐述；③加强了系列课程内容之间的相互渗透与交叉，注重培养学生综合运用数学知识解决实际问题的能力；④把精选教材内容与编写典型计算题有机地结合起来，从而加强了知识间的联系，形成了课程的逻辑结构，扩展了知识的深广度，使内容具有较高的系统性和逻辑性；⑤强化对学生科学工程计算能力的培养；⑥加强了对学生数学建模能力的培养；⑦突出工科特点，增加了许多现代工程应用数学方法；⑧注意到课程内容与工科研究生数学的衔接与区别。

本套教材由孙振绮任总主编。

随着科学技术的不断进步以及电子计算机的迅速发展，计算技术在科学研究与工程设计中发挥着越来越大的作用，科学计算已经成为与理论分析和科学实验并列的第三种科学研究手段。因此，计算技术与程序设计已经成为科研工作者和工程技术人员必须掌握的基本技能。《计算技术与程序设计》就是在校内讲义的基础上经过多次修改完善而成的。

本书除了介绍常用的数值算法及理论外，还特别注重算法的实现。为此，本书专门用一章的篇幅介绍了程序设计方面的知识，书末还附有数值算例的 C 程序，以便读者在实际编写程序进行计算时参考。本书可作为高等学校工科各专业计算方法课程的教材，也可供工程技术人员及其他科技人员参考。讲授全书大约需要 50 学时。

本书由金承日、孙振绮任主编，丁效华任副主编。参加本书编写的还有李宝家、邹巾英、孙建邹。崔明根教授仔细审阅了全书，并提出了许多宝贵的意见和建议。

本书在编写与试用过程中，得到了学校有关领导和专家的大力支持，在此深表谢意。

虽然编者认真撰写，仔细校对，但由于水平有限，不妥以及错漏之处在所难免，恳请广大读者批评指正。

编　者

目　录

绪　论

计算技术与程序设计是随着电子计算机的迅速发展而崛起的一门新兴学科，在科学研究与工程设计中发挥着越来越重要的作用．它的研究内容是如何用电子计算机计算各种数学问题．

一般来说，人们在用电子计算机解决实际问题时要经过以下几个步骤：

第一步，建立数学模型．对于在科学研究或工程领域中提出的复杂问题，抓住主要因素，忽略次要因素，建立描述实际问题的数学模型．这一步需要相关的专业知识和数学知识．

第二步，提出算法．对于上一步建立的数学模型，提出在电子计算机上可以实现的、行之有效的算法，并进行理论分析．这一步需要计算技术方面的知识．

第三步，设计程序．将上一步提出的算法转化为电子计算机可以接受的程序语言，并上机进行调试，保证程序的正确性．这一步需要程序设计语言和程序设计技巧．

第四步，上机计算．在电子计算机上运行计算程序，获得计算数据，并对计算数据进行分析，获得所求问题的数值结果．

从以上步骤可以看出，计算技术与程序设计面对的是数学问题，采用的计算工具是电子计算机．

随着科学技术的不断进步与发展，人们在科学研究和工程领域中提出的问题规模越来越大，计算要求越来越高．因此，计算技术与程序设计已经成为科研工作者和工程技术人员必须掌握的基本技能．科学计算已经成为与理论分析和科学实验并列的第三种科学研究手段．

计算方法是用简单的运算解决复杂的数值求解问题的方法，它是一门兼具理论性与实践性的学科，它既有严谨的数学理论，又有实验的特性．学习本课程需要具备高等数学、线性代数、计算机程序语言等知识．

计算方法课程主要讨论求数学问题的近似解的算法，讨论算法的数学原理、误差、收敛性和稳定性等，并利用计算机程序语言在计算机上进行计算实验、分析实验结果．但要注意的是，从提出算法到在计算机上实现算法并算出结果，要求读者具备基本的编程及上机调试的能力，这是学习本课程必不可少的基础．为此，本书用一章的篇幅专门介绍了程序设计方面的知识，书末还附有数值算例的 C 程序，以便读者在学习时作为参考．只要读者能够使用某一种程序语言熟练而准确地在计算机上实现各种算法，就达到了学习本课程的目的.

与纯数学的理论方法不同，用计算方法求得的结果往往不是所求解问题的精确解或解析解表达式，而是所求解问题的近似解或数值解. 这是因为许多实际问题用当前的知识和理论无法得到精确解或解析解表达式. 例如，在科学研究和工程领域中得到的各种微分方程的定解问题，大多数情况下不能求出解的解析表达式，因此只能计算它们的数值解，以满足实际应用的需要.

现在，数值计算方法正越来越多地应用在科学研究和工程技术研究中，以解决复杂的问题，因此学习和掌握计算技术与程序设计对理工科学生有着十分重要的意义.

第1章 误差与算法

1.1 误差知识

1.1.1 误差的来源

在用数值计算方法解决科学技术中的具体问题时，经常会遇到各种各样的误差，这些误差的来源主要有以下四个途径.

1. 模型误差

将一个实际问题转化成数学模型时，往往要抓住主要因素，忽略次要因素. 例如，用抛物线来描述抛射体的运动轨迹时忽略了空气阻力. 这种在一定条件下理想化了的模型，与实际问题之间总存在误差，这种误差称为模型误差或描述误差.

2. 观测误差

在各种计算公式中，经常含有一些参量，如光速、声速、重力加速度或其它一些参量，而这些参量往往都是由观测或实验得到的，和实际值之间有误差，这种误差称为观测误差.

3. 舍入误差

由于计算机的字长有限，所以在计算过程中对超过计算机字长的数字要进行舍入. 例如，用 2.71828 代替 e，用 1.414 代替 $\sqrt{2}$，用 2.518736 代替 2.51873620418793l081 等，这样产生的误差叫做舍入误差.

4. 截断误差

在科学计算中经常遇到超越运算，它们要求用极限或无穷过程来求得，而实际计算只能用有限次运算来求得其近似值. 例如，取

$$e \approx 1+1+\frac{1}{2!}+\frac{1}{3!}+\cdots+\frac{1}{100!}$$

这种由有限过程逼近无限过程所产生的误差称为截断误差或方法误差.

在误差的来源当中，前两种误差是计算工作者不能独立解决的，因此下面着重讨论后两种误差.

1.1.2 绝对误差与相对误差

1. 绝对误差

定义 1.1 设 $\tilde{x}$ 代表准确值 x 的一个近似值，则称

$$e = x - \tilde{x} \tag{1.1}$$

为近似值 $\tilde{x}$ 的绝对误差，简称误差. 绝对误差的值可正可负，所以不要将绝对误差认为是误差的绝对值.

一般地，准确值 x 是不知道的，所以绝对误差的真值 e 也无法得到，只能根据具体测量或计算的情况估计出 e 的范围，即估计 $|e|$ 的上界.

定义 1.2 如果有已知的常数 $\varepsilon > 0$，使得

$$|e| = |x - \tilde{x}| \leqslant \varepsilon \tag{1.2}$$

则称 ε 为近似值 $\tilde{x}$ 的绝对误差限，简称误差限.

显然，一个近似值 $\tilde{x}$ 的误差限有无穷多个. 在实际应用中，误差限应取得尽量小，而且要简洁明了.

此外，有时还用

$$x = \tilde{x} \pm \varepsilon \tag{1.3}$$

表示近似值 $\tilde{x}$ 的误差限是 ε，此时准确值 x 的取值范围是 $[\tilde{x} - \varepsilon, \tilde{x} + \varepsilon]$.

绝对误差是有量纲的量，它反映误差的大小情况.

2. 相对误差

上述绝对误差的概念还不能完全反映近似值的准确程度. 例如，设

$$x = 10 \pm 1$$
$$y = 1000 \pm 3$$

则近似值 $\tilde{x} = 10$ 的误差限 $\varepsilon(\tilde{x}) = 1$ 虽然比近似值 $\tilde{y} = 1000$ 的误差限 $\varepsilon(\tilde{y}) = 3$ 小，但考虑到近似值本身的大小，还是觉得 $\tilde{y} = 1000$ 更准确. 这就说明，在考虑一个近似值的准确度时，不仅要看其误差值的大小，还要看其近似值本身的大小. 为此，引入相对误差的概念.

定义 1.3 设 $\tilde{x}$ 代表准确值 x 的一个近似值，则称

$$e_r = \frac{e}{\tilde{x}} = \frac{x - \tilde{x}}{\tilde{x}} \tag{1.4}$$

为近似值 $\tilde{x}$ 的相对误差.

相对误差是无量纲的量，它说明了 $\tilde{x}$ 的误差 e 与 $\tilde{x}$ 本身比较起来所占的比例（常用百分比来表示），因此可以反映近似值的准确程度.

与绝对误差一样，通常不能求出相对误差的大小，只能估计它的取值范围.

定义 1.4 如果有已知的常数 $\varepsilon_r > 0$，使得

$$|e_r| = \left|\frac{e}{\tilde{x}}\right| \leqslant \varepsilon_r \tag{1.5}$$

则称 ε_r 为近似值 $\tilde{x}$ 的相对误差限.

因为

$$\left|\frac{e}{\tilde{x}}\right| \leqslant \frac{\varepsilon}{|\tilde{x}|}$$

所以相对误差限可以取

$$\varepsilon_r = \frac{\varepsilon}{|\tilde{x}|} \tag{1.6}$$

由此定义，上例中 $\tilde{x}$ 与 $\tilde{y}$ 的相对误差限分别为

$$\varepsilon_r(\tilde{x}) = \frac{1}{10} = 10\%$$

$$\varepsilon_r(\tilde{y}) = \frac{3}{1000} = 0.3\%$$

可见，$\tilde{y}$ 比 $\tilde{x}$ 更精确.

1.1.3 有效数字

在表示一个近似数时，为了同时反映它的准确程度，经常用到“有效数字”的概念.

定义 1.5 设准确值 x 的某一近似值为

$$\tilde{x} = \pm(0.a_1a_2\cdots a_n\cdots) \times 10^m \tag{1.7}$$

其中，a_1，a_2，…，a_n，…都是 0，1，2，…，9 这十个数字之一，且 $a_1 \neq 0$，n 是正整数，m 是整数. 若 $\tilde{x}$ 的绝对误差满足

$$0.05 \times 10^{m-n} = 0.5 \times 10^{m-n-1} < |x - \tilde{x}| \leqslant 0.5 \times 10^{m-n} \tag{1.8}$$

则称 $\tilde{x}$ 作为 x 的近似值具有 n 位有效数字，其中 a_1，a_2，…，a_n 均称为 $\tilde{x}$ 的有效数字. 此时，也称 $\tilde{x}$ 是具有 n 位有效数字的近似值，或称 $\tilde{x}$ 准确到第 n 位.

需要注意的是，近似值 $\tilde{x}$ 具有 n 位有效数字的前提条件是，在式（1.7）中从第一个非零数字 a_1 开始起，往右至少应具有 n 个数字.

由定义 1.5 可知，如果近似值

$$\tilde{x} = \pm(0.a_1a_2\cdots a_n) \times 10^m \qquad (a_1 \neq 0) \tag{1.9}$$

是由精确值 x 经过四舍五入得到的，则 a_1，a_2，…，a_n 均为有效数字. 另外，由定义 1.5 还可以知道，若 x 的某一近似值 $\tilde{x}$ 的绝对误差限是 k 位的半个单位

(例如，十位的半个单位是 5，个位的半个单位是 0.5，小数点后第一位的半个单位是 0.05，小数点后第五位的半个单位是 0.000005)，则 $\tilde{x}$ 中从左往右第一个非零数字起直到 k 位为止的所有数字均为有效数字.

例 1.1 设 $\tilde{x}_1=3.14$，$\tilde{x}_2=3.141$，$\tilde{x}_3=3.142$ 均为 $x=3.1415926\cdots$的近似值，试问 $\tilde{x}_1$，$\tilde{x}_2$，$\tilde{x}_3$分别有几位有效数字.

解 因为

$$\tilde{x}_1=0.314\times10^1 \qquad (m=1)$$

$$\tilde{x}_2=0.3141\times10^1 \qquad (m=1)$$

$$\tilde{x}_3=0.3142\times10^1 \qquad (m=1)$$

$$0.05\times10^{1-3}<|x-\tilde{x}_1|=0.00159\cdots\leqslant0.5\times10^{1-3} \qquad (n=3)$$

$$0.05\times10^{1-3}<|x-\tilde{x}_2|=0.00059\cdots\leqslant0.5\times10^{1-3} \qquad (n=3)$$

$$0.05\times10^{1-4}<|x-\tilde{x}_3|=0.000407\cdots\leqslant0.5\times10^{1-4} \qquad (n=4)$$

所以 $\tilde{x}_1$和 $\tilde{x}_2$具有三位有效数字，而 $\tilde{x}_3$具有四位有效数字.

例 1.2 设 $\tilde{x}_1=36.9$，$\tilde{x}_2=36.900$，$\tilde{x}_3=36.9000000$ 均为 $x=36.8999978$ 的近似值，则它们分别有三位、五位和七位有效数字. 这是因为 $\tilde{x}_1$和 $\tilde{x}_2$均可由 x 经四舍五入得到，而

$$|x-\tilde{x}_3|=0.0000022=0.22\times10^{-5}$$

不超过小数点后第五位的半个单位 0.5×10^{-5}，所以 $\tilde{x}_3$准确到小数点后第五位，加上个位和十位，共有七位有效数字. 值得注意的是，在 $\tilde{x}_3$小数点后六个零中前四个是有效数字，而后两个则不是有效数字.

在本书中如不特别说明，则所出现的所有近似值均准确到最末位数字. 但要注意，近似值 2100 与 2.1×10^3 的精确度是不同的，前者具有四位有效数字，而后者只有两位有效数字.

1.1.4 误差估计

设 $\tilde{x}$ 和 $\tilde{y}$ 分别为精确值 x 和 y 的近似值，而且误差限分别为 $\varepsilon(\tilde{x})$ 和 $\varepsilon(\tilde{y})$，即

$$|e(\tilde{x})|=|x-\tilde{x}|\leqslant\varepsilon(\tilde{x})$$

$$|e(\tilde{y})|=|y-\tilde{y}|\leqslant\varepsilon(\tilde{y})$$

1. 和、差的误差估计

因为

$$e(\tilde{x}\pm\tilde{y})=(x\pm y)-(\tilde{x}\pm\tilde{y})=(x-\tilde{x})\pm(y-\tilde{y})=e(\tilde{x})\pm e(\tilde{y})$$

$$|e(\tilde{x}\pm\tilde{y})|\leqslant|e(\tilde{x})|+|e(\tilde{y})|\leqslant\varepsilon(\tilde{x})+\varepsilon(\tilde{y}) \tag{1.10}$$

所以

$$\varepsilon(\tilde{x}\pm\tilde{y})=\varepsilon(\tilde{x})+\varepsilon(\tilde{y}) \tag{1.11}$$

即和、差的绝对误差限等于各近似值的绝对误差限之和.

注意：$\tilde{x}-\tilde{y}$ 的相对误差

$$\left|\frac{e(\tilde{x}-\tilde{y})}{\tilde{x}-\tilde{y}}\right|\leqslant\frac{\varepsilon(\tilde{x})+\varepsilon(\tilde{y})}{|\tilde{x}-\tilde{y}|}=\left|\frac{\varepsilon(\tilde{x})}{\tilde{x}}\right|\left|\frac{\tilde{x}}{\tilde{x}-\tilde{y}}\right|+\left|\frac{\varepsilon(\tilde{y})}{\tilde{y}}\right|\left|\frac{\tilde{y}}{\tilde{x}-\tilde{y}}\right|$$

当 $\tilde{x}$ 与 $\tilde{y}$ 比较接近时，$\left|\frac{\tilde{x}}{\tilde{x}-\tilde{y}}\right|$或$\left|\frac{\tilde{y}}{\tilde{x}-\tilde{y}}\right|$可能很大，这时 $\tilde{x}-\tilde{y}$ 的相对误差也可能很大. 由此可见，两个相近的近似值相减，可能会造成有效数字的严重损失. 例如，若用四位有效数字计算，得

$$\sqrt{1001}-\sqrt{1000}\approx31.64-31.62=0.02$$

而精确值为 $\sqrt{1001}-\sqrt{1000}=0.0158074\cdots$. 可见，近似值 0.02 只有一位有效数字. 为了提高运算精度，采用如下方法（不用减法!）计算：

$$\sqrt{1001}-\sqrt{1000}=\frac{1}{\sqrt{1001}+\sqrt{1000}}\approx\frac{1}{31.64+31.62}\approx0.01581$$

这个结果具有四位有效数字.

2. 乘积的误差估计

$$\begin{aligned}e(\tilde{x}\tilde{y})&=xy-\tilde{x}\tilde{y}=xy-\tilde{x}y+\tilde{x}y-\tilde{x}\tilde{y}\\&=ye(\tilde{x})+\tilde{x}e(\tilde{y})\\&=[\tilde{y}+e(\tilde{y})]e(\tilde{x})+\tilde{x}e(\tilde{y})\\&=\tilde{y}e(\tilde{x})+\tilde{x}e(\tilde{y})+e(\tilde{x})e(\tilde{y})\end{aligned}$$

$$|e(\tilde{x}\tilde{y})|\leqslant|\tilde{y}|\varepsilon(\tilde{x})+|\tilde{x}|\varepsilon(\tilde{y})+\varepsilon(\tilde{x})\varepsilon(\tilde{y}) \tag{1.12}$$

故乘积 $\tilde{x}\tilde{y}$ 的绝对误差限为

$$\varepsilon(\tilde{x}\tilde{y})=|\tilde{y}|\varepsilon(\tilde{x})+|\tilde{x}|\varepsilon(\tilde{y})+\varepsilon(\tilde{x})\varepsilon(\tilde{y}) \tag{1.13}$$

3. 商的误差估计

$$e\left(\frac{\tilde{y}}{\tilde{x}}\right)=\frac{y}{x}-\frac{\tilde{y}}{\tilde{x}}=\frac{y\tilde{x}-x\tilde{y}}{x\tilde{x}}=\frac{y\tilde{x}-\tilde{x}\tilde{y}+\tilde{x}\tilde{y}-x\tilde{y}}{x\tilde{x}}$$

$$=\frac{\tilde{x}e(\tilde{y})-\tilde{y}e(\tilde{x})}{[\tilde{x}+e(\tilde{x})]\tilde{x}}=\frac{\tilde{x}e(\tilde{y})-\tilde{y}e(\tilde{x})}{\tilde{x}^2}\frac{\tilde{x}}{\tilde{x}+e(\tilde{x})}$$

$$=\frac{\tilde{x}e(\tilde{y})-\tilde{y}e(\tilde{x})}{\tilde{x}^2}\frac{1}{1+e_r(\tilde{x})}=\frac{\tilde{y}}{\tilde{x}}\frac{e_r(\tilde{y})-e_r(\tilde{x})}{1+e_r(\tilde{x})}$$

可见，当$\left|\frac{\tilde{y}}{\tilde{x}}\right|$很大时，$e\left(\frac{\tilde{y}}{\tilde{x}}\right)$也可能很大，因此在计算过程中应尽量避免大数与小数（按绝对值）之间的除法运算.

4. 一般运算的误差估计

设 $\tilde{x}_i$是精确值 x_i的近似值，$u=f(x_1, x_2, \cdots, x_n)$，则由多元函数的 Taylor 展开式得误差的近似估计式

$$e(\tilde{u})=f(x_1,x_2,\cdots,x_n)-f(\tilde{x}_1,\tilde{x}_2,\cdots,\tilde{x}_n)\approx\sum_{i=1}^{n}f'_{x_i}(\tilde{x}_1,\tilde{x}_2,\cdots,\tilde{x}_n)\cdot e(\tilde{x}_i)\tag{1.14}$$

其中，f'_{x_i}是多元函数 f 关于变量 x_i的一阶偏导数．由式（1.14）可得 $\tilde{u}$ 的误差限

$$\varepsilon(\tilde{u})=\sum_{i=1}^{n}|f'_{x_i}(\tilde{x}_1,\tilde{x}_2,\cdots,\tilde{x}_n)|\cdot\varepsilon(\tilde{x}_i)\tag{1.15}$$

例 1.3　测得一个长方形的长度为 $\tilde{x}=120\text{cm}$，宽度为 $\tilde{y}=60\text{cm}$，如图 1.1 所示，已知其误差限分别为 $\varepsilon(\tilde{x})=0.2\text{cm}$ 和 $\varepsilon(\tilde{y})=0.1\text{cm}$．求此长方形的面积 A，并给出相对误差限.

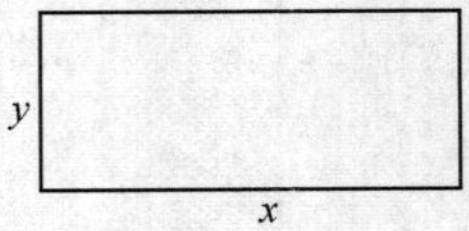

图　1.1

解　面积的近似值

$$\tilde{A}=\tilde{x}\,\tilde{y}=120\text{cm}\times60\text{cm}=7200\text{cm}^2$$

由式（1.13）求得其绝对误差限

$$\varepsilon(\tilde{A})=60\text{cm}\times0.2\text{cm}+120\text{cm}\times0.1\text{cm}+0.2\text{cm}\times0.1\text{cm}=24.02\text{cm}^2$$

故相对误差限

$$\varepsilon_r(\tilde{A})=\frac{\varepsilon(\tilde{A})}{|\tilde{A}|}=\frac{24.02}{7200}\approx 0.3336\%$$

如果用式（1.15）计算，则

$$\varepsilon(\tilde{A})=60\times 0.2\text{cm}^2+120\times 0.1\text{cm}^2=24\text{cm}^2$$

$$\varepsilon_r(\tilde{A})=\frac{24}{7200}\approx 0.3333\%$$

可见，利用近似估计式（1.15）仍然可以获得很精确的估计.

习　题　1.1

1. 下面各近似值的绝对误差限是最末位的半个单位，试指出它们各有几位有效数字.

$$\tilde{x}_1=0.002,\qquad \tilde{x}_2=25.30,\qquad \tilde{x}_3=4\times 10^{-3},$$

$$\tilde{x}_4=8\times 10^4,\qquad \tilde{x}_5=2.010,\qquad \tilde{x}_6=0.001\times 10^6$$

2. 设近似值 $\tilde{x}_1=126.385$，$\tilde{x}_2=-16.20$，$\tilde{x}_3=5.1$ 均准确到末位数字，试分别求 $\tilde{x}_1+\tilde{x}_2+\tilde{x}_3$，$\tilde{x}_1\tilde{x}_2$，$\dfrac{\tilde{x}_1}{\tilde{x}_3}$的相对误差限.

3. 设 $\tilde{x}_1=58.24$，$\tilde{x}_2=58.25$，$\tilde{x}_3=58.100$，$\tilde{x}_4=58.200$，$\tilde{x}_5=58.20000000$，$\tilde{x}_6=0.5820\times 10^2$ 均为精确值 $x=58.1999527$ 的近似值，试问它们各有几位有效数字.

4. 设近似值 $\tilde{x}=2.63847$ 具有四位有效数字，试问 $\tilde{x}$ 的相对误差限是多少.

5. 设近似值 $\tilde{x}=1.24867$ 的相对误差限是 0.4%，试问 $\tilde{x}$ 具有几位有效数字.

6. 计算球的体积使其相对误差限为 1%，试问测量半径为 R 时（假设 π 取准确值）允许的相对误差限是多少.

7. 设近似值 $\tilde{x}=\pm(0.a_1a_2\cdots a_n\cdots)\times 10^m$ 的相对误差限小于$\dfrac{1}{2(a_1+1)}\times 10^{1-n}$（这里 $a_1\neq 0$），证明 $\tilde{x}$ 至少有 n 位有效数字.

8. 测得圆柱体半径 $R\approx 13.5$cm，高 $h\approx 27.0$cm，取圆周率 $\pi\approx 3.14$，计算此圆柱体体积，则其绝对误差限和相对误差限分别为多少？

1.2　算法及其分析

1. 算法的概念

“算法”是一组（有限个）规则，它提供了解决某一问题的运算序列. 通俗地说，“算法”是指解题方案的完整而准确的描述.

算法具有多种描述形式，它既可以用计算框图来描述，也可以用计算机程序语言来描述，本书中更多的是用数学语言（即一系列数学符号和数学公式）来描述算法.

一个算法必须具备以下四个特征：

(1) 有穷性，即一个算法必须经过有限步就得结束. 因为计算机的运算速度有限，所以在实际应用中往往要求算法的计算过程“非常”有穷. 如果一个算法虽然具备有穷性，但需要花费几十年甚至上千年的时间才能算出结果，那么这种算法就失去了使用价值.

(2) 一义性，即算法的每一步都必须有明确的定义，准确地告诉人们应该做什么. 为了做到算法的确定性，必须使用精确的语言来描述算法，这种语言不应该有二义性.

(3) 有效性，即算法中的每一种运算都是可以做得到的.

(4) 每一个算法都要有输出.

具有上述四个特征的叫做算法，具有上述后三个特征（即不要求具备有穷性）的叫做计算方法. 例如，利用公式

$$e = 1 + 1 + \frac{1}{2!} + \frac{1}{3!} + \frac{1}{4!} + \cdots$$

求出 e 值的方法是计算方法，而不是算法. 但是，若要求出具有 5 位有效数字的近似值 $\tilde{e}$，则它满足有穷性，因而这种方法是算法.

一个有用的算法首先应该是正确的算法. 所以，在分析一个算法的优劣时，首先要考虑算法的正确性. 算法的正确性只能通过公式推导、逻辑推理等数学方法予以证明. 其次，要考虑算法的可读性、存储量、效率等因素.

2. 基本运算

在评价一种正确的算法时，人们常把算法的效率放在首位. 但是，随着结构程序思想的发展，人们越来越重视分析哪种算法更简单、清晰、易于编制程序和调试等.

一个算法的效率包括占用内存空间（空间复杂性）和计算工作量（时间复杂性）两个方面，我们希望算法少占内存空间且计算量也尽量小.

在计算机里可实施的运算有四则运算和逻辑运算. 计算一次乘法比计算一次加法慢很多倍，所以不分析什么运算只说运算次数是不可能比较出算法的优劣的. 因此，在分析一个算法的计算工作量时，要抓住主要工作量，忽略次要工作量. 也就是说，在所要解决的问题中合理地选择基本运算作为度量标准，忽略次要的细节问题. 这样，算法的工作量就可以用基本运算次数来度量. 基本运算是一个算法中运算量最大的一种运算，是该算法运算的主要特征. 例如：

问　　题	基本运算
在一维数组中找出 x	x 与数组元素相比较
实矩阵相乘	实数乘法
排序	表中元素相比较

一般来说，每一种算法除了基本运算之外，还有其它运算. 例如，实矩阵的乘法中除了乘法运算外，还有大量的加法运算，虽然加法运算的计算量与乘法运算相比并不占主导地位，但仍然有一定的工作量. 如果一个算法中乘法运算很少，而加法运算很多，则采用乘法次数和加法次数来度量工作量显然更合理. 另外，由于乘法比加法花费更多的计算时间，所以往往把一个算法改进为少做乘法多做加法的算法，这就给算法的工作量带来一些不确定的因素.

总之，当一个算法的计算量主要集中在基本运算时，就以基本运算量来度量该算法的工作量. 当一个算法中有一些非基本运算所占的工作量比重较大时，将这一部分工作量也要考虑到算法的工作量中去，通常采用加权因子法来处理，也就是将这一部分工作量转化成基本运算量乘上一定的比例系数来度量.

确定了基本运算，讨论算法的工作量就有了前提，但为了进一步表示分析的结果，还需要一种衡量一个问题输入尺寸的度量. 这是因为，算法所执行的基本运算次数与输入尺寸有密切的关系. 例如，两个三阶矩阵相乘与两个二十阶矩阵相乘，其基本运算（实数乘法）的次数相差很大. 可见，算法的工作量不仅取决于基本运算，还取决于输入尺寸（即问题的规模）. 因此，在分析算法的工作量时还要确定问题的输入尺寸. 例如：

问　　题	输入尺寸
在一维数组中找出 x	数组元素的个数 n
$(m\times l)$ 与 $(l\times n)$ 实矩阵相乘	矩阵的阶 $m\times l\times n$
排序	表中元素的个数 n

确定了基本运算与输入尺寸，就可以分析算法的工作量，即算法在执行过程中其基本运算的执行次数. 但是，对于一个固定的输入尺寸 n，一个算法的工作量可能与特定的输入有关. 例如，对于“在一维数组中找出等于 x 的数”这个问题，如果输入的一组数据中，第一个数就等于 x 和第 n 个数才等于 x，其查找次数之比为 $1:n$. 可见，对于同一个算法，可以从不同的输入情况分析它的工作量，但这样讨论，情况过于复杂. 所以，通常从平均情况和最坏情况分析算法的工作量.

当输入尺寸为 n 时，算法执行的运算次数取决于某一特定的输入. 每一种算法都可以有不同的输入，但是从概率统计的观点看，它有一个平均的输入情况. 在平均情况下分析算法的工作量 $A(n)$ 是比较准确的. 但在平均情况下，分析算法的工作量比较麻烦，往往难以估计．因此，经常是在最坏情况下分析算法的工作量．

所谓最坏情况分析，是指在输入尺寸为 n 时，算法所执行的基本运算的最大次数 $W(n)$．这种分析方法给出的是基本运算的上界，所以是保守的估计．不过，由于在最坏情况下容易进行分析，而且还可以给出算法的运行时间范围，所以最坏情况分析经常被采用．

3. 工作量的阶

在算法分析中，可能会遇到这种情况，对于同一个问题，有两种算法可供选择，它们在输入尺寸为 n 时的计算量分别为 $W_1(n)=n^2-n$ 和 $W_2(n)=10n$，那么哪一个算法的效率更高呢？当 $n<11$ 时，$W_1(n)<W_2(n)$；而当 $n>11$ 时，$W_1(n)>W_2(n)$．

一般地，假设同一问题的两种不同算法的计算量分别为 $W_1(n)$ 和 $W_2(n)$，如果存在正的实数 c 和 m，使得

$$W_1(n)\leqslant cW_2(n) \quad (\text{对 } n>m)$$

成立，则称 W_1 是比 W_2 低阶或同阶的．又如果 W_2 也是比 W_1 低阶或同阶的，则称 W_1 和 W_2 是同阶的，记为 $W_1=O(W_2)$．

例如

$$2n^2=O\left(\frac{n^2}{10}\right)$$

$$3n+4=O(n)$$

由阶的定义容易看出，如果 $W_1=kW_2$（这里，k 是不为零的实数），则 $W_1=O(W_2)$．另外，在 $W(n)$ 中低阶因子不影响 $W(n)$ 的阶数．

例如

$$\frac{n(n+1)(2n+3)}{6}=O(n^3)$$

$$8n^5+4n^3-2n+4=O(n^5)$$

在算法分析中，工作量的阶往往用简单的表达式给出．例如，前面提到的 $W_2(n)=10n=O(n)$，$W_1(n)=n^2-n=O(n^2)$．可见，$W_2(n)$ 是比 $W_1(n)$ 低阶的，或者说 $W_1(n)$ 是比 $W_2(n)$ 高阶的．

在一个问题的算法中，基本运算的选择应该使基本运算的次数与总的运算次数是同阶的．当两个算法的工作量是同阶的时候，为了更准确地比较它们的效率，可以比较基本运算的准确次数和所有附加运算的次数．因为算法工作量的阶越低效率越高，所以在设计算法时首先想办法降低工作量的阶，然后再设法减少不影响阶的计算次数．

如果一个算法的工作量 $A(n)$ 或 $W(n)$ 都是输入尺寸 n 的多项式函数，则

称此算法为多项式界算法. 否则, 称此算法为非多项式界算法. 例如, 用克莱姆法则求解 n 元线性代数方程组, 总共需要做 $(n+1)(n!)(n-1)$ 次乘法, 所以它是非多项式界算法. 把不存在多项式界算法的问题称为 NP 问题.

习　题　1.2

1. 什么是算法?
2. 算法应具备哪些特征?
3. 什么是算法的空间复杂性? 什么是时间复杂性?
4. 什么是一个算法的基本运算?
5. 什么是平均情况分析? 什么是最坏情况分析?
6. 什么是多项式界算法?

1.3　数值算法

1.3.1　数值算法的特点

算法的一般性定义在 1.2 节里已经介绍过, 本节着重讨论数值算法的特点. 所谓数值算法, 是指含有近似数据或近似方法, 或二者兼而有之, 并最终要算出数值结果的算法. 数值算法的实现要依靠计算机, 而计算机又有运算速度有限、存储量有限、字长有限等弱点, 所以数值算法具有如下特点:

1. 离散性

由于计算机的字长是有限的, 所以计算机所能表示的实数域是离散的, 因此在数值算法中不仅数据的表示是离散的, 而且由实际问题基于连续概念建立的数学模型也是按离散对象处理的. 例如, $y=\ln x$ 是一个连续函数, 其值域为整个实数域, 但是在计算机里, 其值域为有限个实数的集合.

2. 近似性

由于数值算法中含有近似数据或近似方法, 所以算出来的数值结果必然是近似的. 另外, 因为计算机只能做四则运算, 一切非代数运算都要转化成代数运算, 而且计算机所能表示的实数域是离散的, 与真正的实数域 (连续!) 相差很大, 所以在数值算法的实现过程中还会产生舍入误差、截断误差等不可避免的误差.

3. 精确度是选取数值算法的主要依据

因为数值算法的计算结果是近似的, 所以人们最关心的是近似结果的精确度. 对于一个给定的问题, 为了得到满足精确度要求的数值结果, 在选取数值算法时首先要考虑算法的精确度, 在保证精确度的前提下再考虑其它因素. 为了使舍入误差和截断误差尽量小而且不至于扩散, 数值算法对计算效率是非常讲究的. 一般来说, 运算次数越多, 有效数字的损失可能越多, 特别是两个相近数相减，或者两个数相除.

4. 迭代法与收敛性

迭代法是用某种极限过程逐步逼近所求问题的精确解的方法，也就是从一个初始值出发，按照一定的迭代格式（递推公式）产生一个近似解序列，使其收敛到所求问题的精确解. 迭代法的优点是所需计算机存储单元少，程序设计简单. 但迭代法存在收敛性与收敛速度问题. 对于同一个问题，有的迭代法收敛，而有的迭代法却不收敛（即发散）. 所以，在选用迭代法时应注意收敛性问题，尽量选用那些不仅收敛，而且收敛速度快的迭代法.

5. 稳定性

在选用数值算法时，另外一个值得注意的是数值算法的稳定性问题.

一个数值算法，由于初始数据的微小误差，或由于计算过程中的舍入误差，造成计算结果的严重失真，则称该算法是不稳定的. 反之，若上述误差对计算结果的影响不大，或其误差能够得到控制，则称该算法是稳定的.

例 1.4 计算定积分 $y_n = \int_0^1 \frac{x^n}{x+5}\mathrm{d}x$, $n = 0,1,\cdots,8$.

假定我们使用的计算机只能做具有三位字长的十进制浮点运算，则计算过程都只保留三位有效数字.

算法 1 由

$$y_{n+1} + 5y_n = \int_0^1 \frac{x^{n+1} + 5x^n}{x+5}\mathrm{d}x = \int_0^1 x^n \mathrm{d}x = \frac{1}{n+1} \tag{1.16}$$

可得递推公式

$$y_{n+1} = \frac{1}{n+1} - 5y_n, \quad n = 0,1,\cdots,7 \tag{1.17}$$

将

$$y_0 = \int_0^1 \frac{1}{x+5}\mathrm{d}x = \ln 6 - \ln 5 \approx 0.182$$

（误差限为 0.0005）作为初始值，利用递推公式（1.17）计算得

$$y_1 = 1 - 5y_0 \approx 0.0900$$

$$y_2 = \frac{1}{2} - 5y_1 \approx 0.0500$$

$$y_3 = \frac{1}{3} - 5y_2 \approx 0.0830$$

$$y_4 = \frac{1}{4} - 5y_3 \approx -0.165$$

$$\vdots$$

$$y_8 = \frac{1}{8} - 5y_7 \approx -131$$

由 y_n 的表达式可知 $0<y_n<1$，且 $y_n>y_{n+1}$. 但是，以上计算结果却出现了负值，而且 $|y_8|$ 又很大，计算结果严重失真，所以算法 1 不稳定.

算法 2 由式（1.16）写出如下递推公式

$$y_n=\frac{1}{5}\left(\frac{1}{n+1}-y_{n+1}\right),\quad n=8,7,6,\cdots,1,0 \tag{1.18}$$

因为

$$\frac{1}{6(k+1)}=\left(\min_{0\leqslant x\leqslant 1}\frac{1}{x+5}\right)\int_0^1 x^k\mathrm{d}x<y_k<\left(\max_{0\leqslant x\leqslant 1}\frac{1}{x+5}\right)\int_0^1 x^k\mathrm{d}x=\frac{1}{5(k+1)}$$

所以，当 $k=9$ 时，有

$$\frac{1}{60}<y_9<\frac{1}{50}$$

取 $y_9\approx\frac{1}{2}\left(\frac{1}{60}+\frac{1}{50}\right)\approx 0.0183$，并利用递推公式（1.18）经计算得

$$\begin{array}{lll} y_8\approx 0.0186, & y_7\approx 0.0213, & y_6\approx 0.0243 \\ y_5\approx 0.0284, & y_4\approx 0.0343, & y_3\approx 0.0431 \\ y_2\approx 0.0581, & y_1\approx 0.0884, & y_0\approx 0.182 \end{array}$$

可见，由算法 2 算出的结果很精确，最后一个值 $y_0=0.182$ 已具有三位有效数字，故算法 2 是稳定的.

类似于例 1.4，由于运算次序、运算次数、迭代公式等因素造成的计算结果严重失真称为数值算法的不稳定性，其不稳定的主要原因在于差消作用（因相近数相减造成有效数字的损失）和误差积累（因求值方式组织得不好造成误差的不断积累和扩散，如例 1.4 中的算法 1）.

1.3.2 数值算法中应注意的问题

根据数值算法的特点及算法分析的结果，总结出数值算法中应该注意的事项如下：

（1）避免两个相近数相减，以防止有效数字的损失.

（2）防止“大的数吃掉小的数”，即防止两个相差很大的数之间直接做加减运算. 这是因为计算机在做加减运算时首先要将两个数进行“对阶”，此时相对很小的数（按绝对值）有可能因为计算机字长有限而被忽略掉. 例如，在计算机里 $10^{13}+6.3=10^{13}$，小的数 6.3 被大的数 10^{13} “吃掉”.

（3）尽量减少计算量和所需存储单元. 例如，计算多项式

$$P_n(x)=a_nx^n+a_{n-1}x^{n-1}+\cdots+a_1x+a_0$$

的值时，如果直接进行计算，需要做 n 次加法、n 次乘法、$n-1$ 次乘方运算，其中主要计算量在于乘方运算. 为了减少计算量，采用秦九韶算法

$$P_n(x)=(\cdots((a_nx+a_{n-1})x+a_{n-2})x+\cdots+a_1)x+a_0$$

从最内层括弧往外运算，只需做 n 次加法和 n 次乘法，不需要做计算量最大的

乘方运算，从而减少了计算工作量.

（4）注意算法的稳定性，尽量减少误差的积累和传播.

（5）注意迭代算法的收敛性和收敛速度.

习 题 1.3

1. 什么是数值算法？
2. 什么是算法的稳定性？
3. 数值算法有哪些特点？
4. 数值算法中应该注意哪些问题？
5. 序列 $\{y_n\}$ 满足递推关系

$$y_n = 10y_{n-1} + 3, \quad n = 1,2,3,\cdots$$

若 $y_0 = 2.368$ 精确到最末位，问计算 y_{10} 的绝对误差限是多少．这个计算过程稳定吗？

6. 计算 $I_n = \int_0^1 \frac{x^n}{4x+1}\mathrm{d}x (n = 0,1,2,\cdots,8)$ 的近似值.

第 2 章　非线性方程求根

2.1　引言

函数方程

$$f(x)=0 \tag{2.1}$$

的解 s 通常称为方程（2.1）的根，或称为函数 $f(x)$ 的零点.

从几何上看，$f(x)$ 的零点就是曲线 $y=f(x)$ 与 x 轴的交点的横坐标（如图 2.1 所示）.

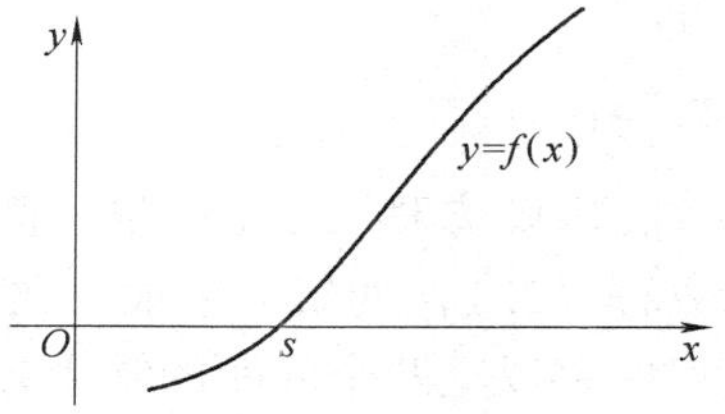

图　2.1

如果函数 $f(x)$ 可以因式分解为

$$f(x)=(x-s)^m h(x) \tag{2.2}$$

且 $h(s)\neq 0$，则称 s 是方程（2.1）的 m 重根，或称 s 是函数 $f(x)$ 的 m 重零点. 特别地，当 $m=1$ 时，称 s 是方程（2.1）的单根，或称 s 是函数 $f(x)$ 的单重零点.

对于一般的非线性方程或 4 次以上的多项式方程，不存在根的解析表达式，当然也就求不出精确根. 而在实际应用中，只要能获得足够精确的近似根也就可以了. 因此，本章专门介绍求方程（2.1）的根的近似值的方法.

作为预备知识，首先给出如下几个结论.

定理 2.1　如果函数 $f(x)$ 在 $[a,b]$ 上连续，且 $f(a)$ 与 $f(b)$ 反号，即 $f(a)f(b)<0$，则方程（2.1）在区间 (a,b) 内至少有一个实根.

定理 2.2　如果函数 $f(x)$ 在 $[a,b]$ 上单调、连续，且 $f(a)f(b)<0$，则方程（2.1）在区间 (a,b) 内恰好存在一个实根.

定理 2.3　设函数 $f(x)$ 在 $x=s$ 的某一邻域内充分可微，则 s 是方程（2.1）的 m 重根的充分必要条件是

$$f(s)=f'(s)=\cdots=f^{(m-1)}(s)=0,\qquad f^{(m)}(s)\neq 0 \tag{2.3}$$

证　必要性　设 s 是方程（2.1）的 m 重根，则 $f(x)$ 可因式分解为

$$f(x)=(x-s)^m h(x),\qquad h(s)\neq 0 \tag{2.4}$$

此时，$f(s)=f'(s)=\cdots=f^{(m-1)}(s)=0$ 显然成立，而

$$f^{(m)}(s)=m!\ h(s)\neq 0$$

充分性　设式（2.3）成立，则由 Taylor 展开式，有

$$f(x)=\sum_{n=0}^{\infty}\frac{f^{(n)}(s)}{n!}(x-s)^n$$
$$=\sum_{n=m}^{\infty}\frac{f^{(n)}(s)}{n!}(x-s)^n$$
$$=(x-s)^m\left[\frac{f^{(m)}(s)}{m!}+\sum_{n=m+1}^{\infty}\frac{f^{(n)}(s)}{n!}(x-s)^{n-m}\right]$$
$$=(x-s)^m h(x)$$

其中

$$h(x)=\frac{f^{(m)}(s)}{m!}+\sum_{n=m+1}^{\infty}\frac{f^{(n)}(s)}{n!}(x-s)^{n-m}$$

$$h(s)=\frac{f^{(m)}(s)}{m!}\neq 0$$

证毕.

在求解方程（2.1）时，首先要回答两个问题：①方程（2.1）有几个根？②方程（2.1）的每一个根大致在什么范围内.

回答以上两个问题的常用方法有作图法和试算法.

（1）作图法. 利用高等数学知识作出函数 $y=f(x)$ 的图形，从函数图形中可以看出 $f(x)$ 的实根的个数及大概位置.

（2）试算法. 对于给定的函数 $f(x)$，选择 x 的一些值进行计算，找出满足定理 2.2 条件的区间

$$[a_1,\ b_1],\quad [a_2,\ b_2],\ \cdots,\quad [a_n,\ b_n]$$

使这些区间均互不相交. 此时，每一个区间 $(a_i,\ b_i)$ 内都恰好有 $f(x)$ 的一个零点. 这样的区间 $(a_i,\ b_i)$ 称为方程（2.1）的隔根区间.

在实际计算时，这两种方法可以结合起来使用.

例 2.1 求方程 $f(x)=\frac{x^3}{3}-x^2+2=0$ 的隔根区间.

解 函数 $f(x)$ 的特征见表 2.1.

表 2.1

x	$(-\infty,\ 0)$	0	$(0,\ 1)$	1	$(1,\ 2)$	2	$(2,\ +\infty)$
$f'(x)$	+	0	−	−	−	0	+
$f''(x)$	−	−	−	0	+	+	+
$f(x)$	凸、增	2	凸、减	$\frac{4}{3}$	凹、减	$\frac{2}{3}$	凹、增

根据表 2.1，作出 $y=f(x)$ 的图形如图 2.2 所示.

由图 2.2 可以看出，$f(x)=0$ 有惟一的实根位于区间 $(-2,\ -1)$ 内.

例 2.2 求方程 $f(x)=x^2-\sin x-1=0$ 的隔根区间.

解 直接画出 $y=x^2-\sin x-1$ 的图形不太容易，所以从另一个角度考虑问题. 由于 $f(x)=0$ 等价于 $x^2-1=\sin x$，所以 $f(x)$ 的零点是曲线 $y=x^2-1$ 与 $y=\sin x$ 的交点的横坐标. 从图 2.3 中容易看出，曲线 $y=x^2-1$ 与 $y=\sin x$ 有两个交点，交点的横坐标分别位于 $(-1, 0)$ 与 $(1, 2)$ 内，故 $f(x)=0$ 有两个实根，根的隔离区间分别为 $(-1, 0)$ 和 $(1, 2)$.

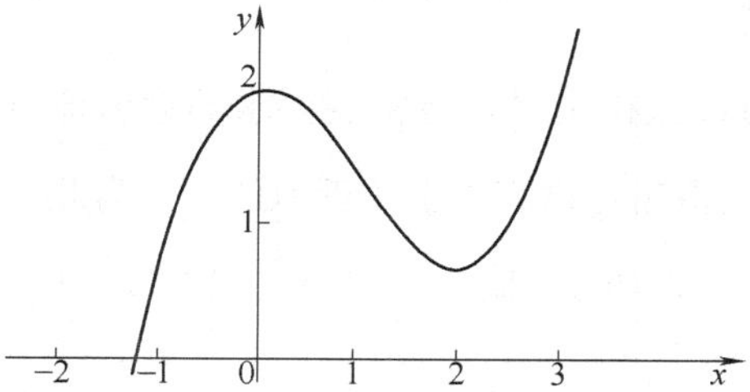

图 2.2

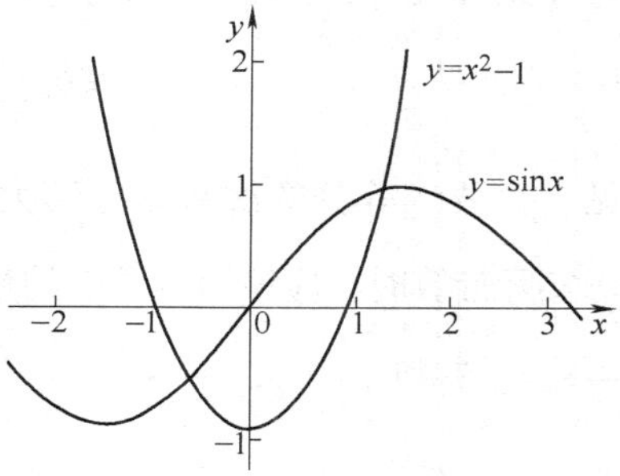

图 2.3

例 2.3 求方程 $f(x)=e^x+x-3=0$ 的隔根区间.

解 因为 $f'(x)=e^x+1>0$，所以方程 $f(x)=0$ 在整个实数域内最多有一个实根. 又因为 $f(0)=-2<0$，$f(1)=e-2>0$，所以方程 $f(x)=0$ 存在惟一的实根，位于区间 $(0, 1)$ 之内.

2.2 二分法（对分法）

已知函数 $f(x)$ 在区间 $[a, b]$ 上连续，$f(a)f(b)<0$，且 $f(x)=0$ 在区间 (a, b) 内恰好有一个（重根视为一个根）实根 s，求实根 s 的近似值 $\tilde{s}$，使它满足精度要求 $|s-\tilde{s}|\leqslant\varepsilon$，这里 ε 是事先给定的某一正数.

对于上述问题，最简单、最直观的求解方法是二分法（又称对分法），其求解过程如下：将隔根区间 $[a, b]$ 二等分，即取 $x_1=\frac{a+b}{2}$，将 $[a, b]$ 等分为 $[a, x_1]$ 和 $[x_1, b]$ 两个小区间，其中必有一个区间含有根 s. 具体地说，当 $f(a)f(x_1)<0$ 时，$s\in(a, x_1)$；当 $f(x_1)f(b)<0$ 时，$s\in(x_1, b)$. 把含有 s 的小区间记为 $[a_1, b_1]$. 再取 $x_2=\frac{a_1+b_1}{2}$，将区间 $[a_1, b_1]$ 进一步等分为 $[a_1, x_2]$ 和 $[x_2, b_1]$ 这两个更小的区间，其中必有一个小区间含有根 s，把含有 s 的小区间记为 $[a_2, b_2]$. 重复以上步骤，将根的所在区间反复等分 n 次，便得含有 s 的

很小的区间 $[a_n, b_n]$. 当区间 $[a_n, b_n]$ 的长度 $b_n - a_n \leqslant \varepsilon$ 时，区间 $[a_n, b_n]$ 内的任何一个数 $\tilde{s}$ 均满足 $|s - \tilde{s}| \leqslant \varepsilon$，故 $\tilde{s}$ 就是所求的近似值.

由于二分法将根的所在区间逐次缩小一半，因此

$$b_n - a_n = \frac{b_{n-1} - a_{n-1}}{2} = \frac{b_{n-2} - a_{n-2}}{2^2} = \cdots = \frac{b_1 - a_1}{2^{n-1}} = \frac{b - a}{2^n}$$

故对任意 $\tilde{s} \in (a_n, b_n)$，都有

$$|s - \tilde{s}| \leqslant b_n - a_n = \frac{b-a}{2^n} \to 0 \quad (n \to \infty) \tag{2.5}$$

可见，只要二等分的次数 n 足够大，就可以获得满足任意精度要求的近似值 $\tilde{s}$.

实际计算时，应该用尽量少的计算量获得满足精度要求的近似值 $\tilde{s}$. 为此，令 $\frac{b-a}{2^n} \leqslant \varepsilon$，解得 $n \geqslant \log_2\left(\frac{b-a}{\varepsilon}\right)$. 可见，对于给定的误差限 ε，将含根区间 $[a, b]$ 反复对分 $n = \left[\log_2\left(\frac{b-a}{\varepsilon}\right)\right] + 1$ 次，则含根区间 $[a_n, b_n]$ 内的任何一个值 $\tilde{s}$ 均满足 $|s - \tilde{s}| \leqslant \varepsilon$.

因为 $x_n = \frac{a_{n-1} + b_{n-1}}{2}$ 是 $[a_n, b_n]$ 的一个端点，所以将 $[a, b]$ 区间对分 $n - 1 = \left[\log_2\left(\frac{b-a}{\varepsilon}\right)\right]$ 次以后，取区间 $[a_{n-1}, b_{n-1}]$ 的中点 x_n 作为 s 的近似值，同样满足精度要求 $|s - x_n| \leqslant \varepsilon$.

取 $s \approx x_n$ 的二分法的计算框图如图 2.4 所示.

例 2.4 试用二分法求方程 $f(x) = e^x + x - 3 = 0$ 的根，使误差限为 0.001.

解 由例 2.3 知，方程 $f(x) = 0$ 有惟一实根位于 $(0, 1)$ 内. 因为

$$\log_2 \frac{1-0}{0.001} = 9.965\cdots$$

所以 $[a_{10}, b_{10}]$ 内任何一个值均满足精度要求. 当然，区间 $[a_9, b_9]$ 的中点 x_{10} 也必然满足精度要求. 已知 $f(0) < 0$，$f(1) > 0$，用二分法所求得的近似根序列 $\{x_n\}$ 见表 2.2.

对分 10 次，得近似根 $x_{10} = 0.7919923$，满足精度要求

$$|s - x_{10}| \leqslant b_{10} - a_{10} = \frac{1}{2^{10}} = \frac{1}{1024} < \frac{1}{1000} = 0.001$$

值得一提的是，如果开始时 $f(a) < 0$，$f(b) > 0$，则在对分法的整个计算过程中，始终有 $f(a_n) < 0$，$f(b_n) > 0 (n = 1, 2, \cdots)$，否则计算过程必然有错误.（这是为什么？请读者考虑.）

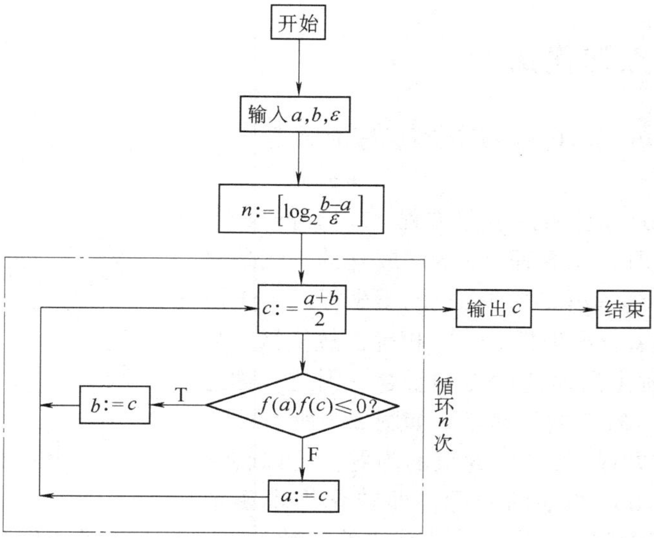

图 2.4

对分法的优点是方法简单、容易掌握，而且求解过程是收敛的. 缺点是不能求出方程的复数根和偶数重根.

表 2.2

n	x_n	$f(x_n)$	n	x_n	$f(x_n)$
1	0.5	−	6	0.796875	+
2	0.75	−	7	0.7890625	−
3	0.875	+	8	0.7929688	+
4	0.8125	+	9	0.7910157	−
5	0.78125	−	10	0.7919923	

习 题 2.2

1. 用对分法求方程 $xe^x-1=0$ 的根（绝对误差限为 0.005）.

2. 用对分法求方程 $\tan x+x-2=0$ 在 $\left(-\frac{\pi}{2},\ \frac{\pi}{2}\right)$ 内的根，使得近似根具有三位有效数字.

3. 试说明对分法为什么不能求出方程的复数根和偶数重根？

2.3 不动点迭代法

为了求解 $f(x)=0$，将其改写成等价形式

$$x=g(x) \tag{2.6}$$

则使方程（2.6）成立的 s 就是方程（2.1）的根.

从几何上看，使方程（2.6）成立的 s 就是直线 $y=x$ 与曲线 $y=g(x)$ 的交点的横坐标. 由于该交点的横坐标 s 与纵坐标 $g(s)$ 相等，故实数 s 与 $g(s)$ 在实数轴上所对应的点相重合. 因此，称这样的 s 为函数 $g(x)$ 的不动点（如图 2.5 所示）.

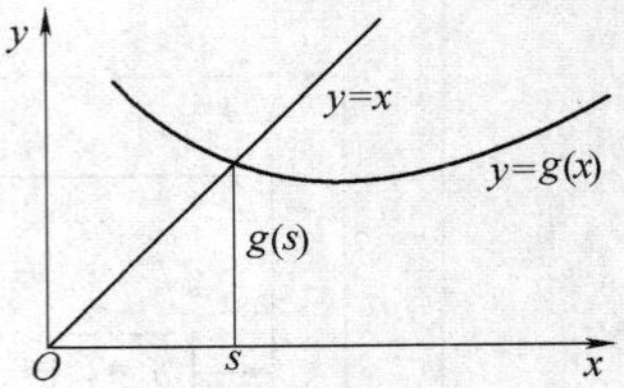

图 2.5

于是，求方程（2.1）的根的问题，可以转化为求方程（2.6）的根的问题，即转化为求函数 $g(x)$ 的不动点的问题. 那么，什么样的函数 $g(x)$ 具有不动点呢？关于这个问题，有如下结论：

定理 2.4 如果对任意的 $x\in[a,\ b]$

$$g(x)\in[a,\ b],\qquad \text{且}\quad |g'(x)|\leqslant L<1$$

都成立，则函数 $g(x)$ 在 $[a,\ b]$ 内存在惟一的不动点 s，使得 $s=g(s)$. 其中，L 为一个确定的常数.

证 由已知条件知

$$a\leqslant g(a)\leqslant b,\qquad a\leqslant g(b)\leqslant b$$

如果 $a=g(a)$ 或 $g(b)=b$，则 a 或 b 就是 $g(x)$ 在 $[a,\ b]$ 内的不动点. 当 $a\neq g(a)$，$g(b)\neq b$ 时，必有 $g(a)-a>0$，$g(b)-b<0$，此时函数 $h(x)\equiv g(x)-x$ 不仅在 $[a,\ b]$ 上连续，而且 $h(a)>0$，$h(b)<0$，所以由介值定理知，必存在 $s\in[a,\ b]$，使得 $h(s)=0$，即 $g(s)=s$，存在性得证.

下证惟一性. 如果存在两个不动点 s_1，$s_2\in[a,\ b]$，且 $s_1\neq s_2$，则由微分中值定理知

$$|s_2-s_1|=|g(s_2)-g(s_1)|=|g'(\xi)||s_2-s_1|<|s_2-s_1|\quad (\xi \text{ 在 } s_1 \text{ 与 } s_2 \text{ 之间})$$

矛盾. 故惟一性得证. 证毕.

为了求 $g(x)$ 的不动点 s，首先取 s 的一个初始近似值 x_0，然后用递推关系

$$x_{n+1}=g(x_n),\quad n=0,1,2,\cdots \tag{2.7}$$

算得数列 $\{x_n\}$. 这个数列与不动点有如下关系.

定理 2.5 如果函数 $g(x)$ 连续，而且由递推关系式（2.7）产生的数列 $\{x_n\}$ 收敛于常数 s，则 s 为 $g(x)$ 的一个不动点，即方程（2.1）的根.

证 若 $g(x)$ 连续，且 $\lim\limits_{n\to\infty}x_n=s$，则对式（2.7）两边同时令 $n\to\infty$，取极限

得

$$s=\lim_{n\to\infty}x_{n+1}=\lim_{n\to\infty}g(x_n)=g(\lim_{n\to\infty}x_n)=g(s)$$

所以，s 为 $g(x)$ 的不动点．证毕．

通常，把递推公式（2.7）叫做不动点迭代公式，由迭代公式产生的数列 $\{x_n\}$ 叫做迭代数列，利用不动点迭代公式逐步求得 s 的近似值的方法叫做方程求根的不动点迭代法．当迭代数列 $\{x_n\}$ 有极限时，称迭代法收敛．否则，称迭代法发散．

例 2.5 试用不动点迭代法求方程 $e^x+x-3=0$ 的根．

解 由例 2.3 的讨论知该方程有惟一的实根位于区间（0，1）内．现将方程改写成等价形式 $x=3-e^x$，并由此得不动点迭代公式

$$x_{n+1}=3-e^{x_n},\quad n=0,1,2,\cdots \tag{2.8}$$

取初始值 $x_0=0.5$，由式（2.8）迭代得数列

$$x_1=3-e^{x_0}=1.35128$$

$$x_2=3-e^{x_1}=-0.86237$$

$$x_3=3-e^{x_2}=2.57784$$

$$x_4=3-e^{x_3}=-10.16866$$

$$x_5=3-e^{x_4}=2.99996$$

$$x_6=3-e^{x_5}=-17.08473$$

$$\vdots$$

这个数列 $\{x_n\}$ 是没有极限的，因此该迭代法发散．

如果将方程改写成另外一种等价形式 $x=\ln(3-x)$，即得另一个不动点迭代公式

$$x_{n+1}=\ln(3-x_n),\quad n=0,1,2,\cdots \tag{2.9}$$

仍然取初始近似值 $x_0=0.5$，由迭代公式（2.9）求得的结果见表 2.3．

表 2.3

n	x_n	n	x_n
0	0.50000	8	0.79156
1	0.91629	9	0.79229
2	0.73415	10	0.79196
3	0.81795	11	0.79211
4	0.78026	12	0.79204
5	0.79739	13	0.79207
6	0.78964	14	0.79206
7	0.79316	15	0.79206

可见，在用 5 位小数进行计算时，迭代数列收敛于 0.79206. 因此，$s = 0.79206$ 是该方程的具有 5 位有效数字的近似根.

这个例子说明，对于同一个方程（2.1），采用不同的迭代公式，则收敛性可能不相同，而发散的迭代公式是没有任何使用价值的. 因此，在建立迭代公式时，有必要考虑迭代公式的收敛性问题.

定理 2.6 如果对任意的 $x \in [a, b]$，均有 $g(x) \in [a, b]$，且 $|g'(x)| \leqslant L < 1$（L 为一确定的常数），则对任意初始值 $x_0 \in [a, b]$，由迭代公式（2.7）产生的迭代数列 $\{x_n\}$ 必收敛于 $g(x)$ 的不动点 s，并有误差估计式

$$|s - x_n| \leqslant \frac{L^n}{1 - L}|x_1 - x_0| \tag{2.10}$$

证 由定理 2.4 知，此时存在惟一的不动点 $s \in [a, b]$，使得 $s = g(s)$. 对任意自然数 n，由中值定理得

$$|s - x_n| = |g(s) - g(x_{n-1})| = |g'(\xi)||s - x_{n-1}| \leqslant L|s - x_{n-1}|$$
$$(\xi \text{ 在 } s \text{ 与 } x_{n-1} \text{ 之间}) \tag{2.11}$$

反复使用上面不等式，得

$$|s - x_n| \leqslant L^2|s - x_{n-2}| \leqslant \cdots \leqslant L^n|s - x_0| \tag{2.12}$$

由于 $0 \leqslant L < 1$，所以 $L^n \to 0 (n \to \infty)$，而 $|s - x_0|$ 有界，因此 $L^n|s - x_0| \to 0 (n \to \infty)$ 成立，从而有 $x_n \to s (n \to \infty)$. 收敛性得证.

下面证明误差估计式（2.10）. 与前面的证明过程类似，利用中值定理易得

$$|x_{n+1} - x_n| = |g(x_n) - g(x_{n-1})| \leqslant L|x_n - x_{n-1}|$$
$$\leqslant L^2|x_{n-1} - x_{n-2}| \leqslant \cdots \leqslant L^n|x_1 - x_0| \tag{2.13}$$

对于固定的 n 和任意的 k，利用式（2.13）可得

$$|x_{n+k} - x_n| = \left|\sum_{i=1}^{k}(x_{n+i} - x_{n+i-1})\right| \leqslant \sum_{i=1}^{k}|x_{n+i} - x_{n+i-1}|$$
$$\leqslant (L^n + L^{n+1} + \cdots + L^{n+k-1})|x_1 - x_0|$$
$$= \frac{L^n(1 - L^k)}{1 - L}|x_1 - x_0|$$

上式两端同时令 $k \to \infty$，取极限得

$$|s - x_n| \leqslant \frac{L^n}{1 - L}|x_1 - x_0|$$

式（2.10）得证. 证毕.

定理 2.6 条件下的收敛性可称为 $[a, b]$ 上的全局收敛性. 此外，还有局部收敛性的概念，介绍如下：

如果存在根 s 的 δ 邻域 $U(s, \delta) = \{x \mid |x - s| \leqslant \delta\}$ 使得对任意初始值 $x_0 \in U(s, \delta)$，迭代数列 $\{x_n\}$ 都收敛于 s，则称此迭代过程在根 s 的附近收敛. 这

种在根的附近具有的收敛性称为局部收敛性.

定理 2.7 如果 $g'(x)$ 在 $s=g(s)$ 附近连续，且 $|g'(s)|<1$，则迭代过程式（2.7）具有局部收敛性.

证 因为 $|g'(s)|<1$，且 $g'(x)$ 在 s 附近连续，所以存在某一常数 $0<L<1$ 和常数 $\delta>0$，使得 $g'(x)$ 在区间 $[s-\delta, s+\delta]$ 上连续，且

$$|g'(x)| \leqslant L<1$$

因此对任意 $x\in[a, b]=[s-\delta, s+\delta]$，都有

$$|g(x)-s|=|g(x)-g(s)|=|g'(\xi)||x-s| \leqslant L|x-s|<|x-s| \leqslant \delta$$

即 $g(x)\in[a, b]$. 因此，由定理 2.6 知，对任意 $x_0\in[a, b]$，迭代过程式（2.7）都收敛，其中 $[a, b]$ 是 s 的某一个邻域. 证毕.

例 2.6 试用迭代法求方程 $x^2-\sin x-1=0$ 的根.

解 由例 2.2 的讨论知，该方程有两个根，分别位于区间 $(-1, 0)$ 和 $(1, 2)$ 内.

在求 $(1, 2)$ 内的正根时，将方程改写成等价形式

$$x=g_1(x)=\sqrt{1+\sin x}, \quad x\in[1, 2]$$

因为

$$|g_1'(x)|=\left|\frac{\cos x}{2\sqrt{1+\sin x}}\right| \leqslant \frac{\cos 1}{2\sqrt{1+\sin 1}}<0.2<1, \quad x\in[1, 2]$$

所以由定理 2.6 知，迭代过程 $x_{n+1}=g_1(x_n)$ 对任意 $x_0\in[1, 2]$ 均收敛. 取 $x_0=1.5$，迭代结果见表 2.4.

在求 $(-1, 0)$ 内的负根时，将方程改写成等价形式

$$x=g_2(x)=-\sqrt{1+\sin x}, \quad x\in[-1,0]$$

则

$$|g_2'(x)|=\left|\frac{\cos x}{2\sqrt{1+\sin x}}\right| \leqslant \frac{\cos(-1)}{2\sqrt{1+\sin(-1)}}<0.7<1, \quad x\in[-1, 0]$$

所以，由定理 2.6 知，迭代过程 $x_{n+1}=g_2(x_n)$ 对任意 $x_0\in[-1, 0]$ 均收敛. 取 $x_0=-0.5$，迭代结果见表 2.4.

该方程精确到九位小数的根为 $s_1=1.409624004$，$s_2=-0.636732650$. 可见，用迭代法求正根时，迭代七次便得结果 s_1；而求负根时，迭代八次仅获得具有两位有效数字的近似根.

下面将会看到，迭代法的收敛速度的快慢，取决于 $|g'(x)|$ 的上界 L，L 的值越小收敛速度越快.

现在讨论收敛速度问题.

对于二分法来说，由式（2.5）知第 n 次近似值 $\tilde{s}\in(a_n, b_n)$ 有误差估计式

表 2.4

n	$x_n = \sqrt{1+\sin x_{n-1}}$	$x_n = -\sqrt{1+\sin x_{n-1}}$
0	1.5	−0.5
1	1.413327629	−0.721508462
2	1.409832402	−0.582650845
3	1.409635859	−0.670641974
4	1.409624679	−0.615232433
5	1.409624042	−0.650270441
6	1.409624006	−0.628170615
7	1.409624004	−0.642132712
8	1.409624004	−0.633320833

$$|s-\tilde{s}|\leqslant 0.5^n|b-a|$$

其中，$|b-a|$是初始误差限.

对于迭代法（2.7）来说，由式（2.12）知第 n 次近似值 x_n有误差估计式

$$|s-x_n|\leqslant L^n|s-x_0|$$

其中，$|s-x_0|$是初始误差.

比较误差估计式（2.5）与式（2.12）立即可知，当 $L<0.5$ 时，迭代法的收敛速度快于二分法的收敛速度.

另外，由式（2.12）可以看出，常数 L 的值越小，迭代数列 $\{x_n\}$ 的收敛速度越快. 但这只是定性的描述，为了定量地描述收敛速度，引入收敛阶的概念.

定义 2.1 设$\lim\limits_{n\to\infty}x_n=s$，误差 $e_n=s-x_n\neq 0$，如果存在某一正实数 r，使得

$$\lim_{n\to\infty}\frac{|e_{n+1}|}{|e_n|^r}=c\quad (c\neq 0) \tag{2.14}$$

成立，则称数列 $\{x_n\}$ 具有 r 阶的收敛速度（简称 r 阶敛速），或称 $\{x_n\}$ 是 r 阶收敛的.

收敛阶数 r 反映了数列收敛的快慢程度，r 越大，收敛速度越快. 当 $r=1$ 时，一阶收敛的数列又称为是线性收敛的.

式（2.14）等价于

$$|e_{n+1}|=O(|e_n|^r)\quad (n\to\infty) \tag{2.15}$$

定理 2.8 如果对任意的 $x\in[a,\ b]$，都有 $g(x)\in[a,\ b]$，$|g'(x)|\leqslant L<1$，$g^{(m)}(x)$ 在 $[a,\ b]$ 上连续而且不为零，$s=g(s)\in[a,\ b]$，$g'(s)=g''(s)=\cdots=g^{(m-1)}(s)=0$，则对任意初始值 $x_0\in[a,\ b]$（$x_0\neq s$），由迭代公式（2.7）产生的数列 $\{x_n\}$ 以 m 阶敛速收敛于 s.

证 由定理2.6知，$x_n \to s(n\to\infty)$. 现将$g(x_n)$在s处进行Taylor展开，并由已知条件知

$$g(x_n)=g(s)+g'(s)(x_n-s)+\frac{g''(s)}{2!}(x_n-s)^2+\cdots+$$

$$\frac{g^{(m-1)}(s)}{(m-1)!}(x_n-s)^{m-1}+\frac{g^{(m)}(\xi)}{m!}(x_n-s)^m$$

$$=s+(-1)^m\frac{g^{(m)}(\xi)}{m!}e_n^m \qquad (\xi\text{ 在 }x_n\text{ 与 }s\text{ 之间})$$

由此得

$$e_{n+1}=s-x_{n+1}=s-g(x_n)=(-1)^{m+1}\frac{g^{(m)}(\xi)}{m!}e_n^m, \quad (\xi\text{ 在 }x_n\text{ 与 }s\text{ 之间}) \tag{2.16}$$

再由$x_0\neq s$（即$e_0\neq 0$）知$e_n\neq 0$，$n=1,2,\cdots$. 证明如下：假设k是使$e_k=0$的最小自然数，则由式（2.16）知

$$0=e_k=(-1)^{m+1}\frac{g^{(m)}(\eta)}{m!}e_{k-1}^m \quad (\eta\text{ 在 }x_{k-1}\text{ 与 }s\text{ 之间}) \tag{2.17}$$

因为$g^{(m)}(x)$在$[a, b]$内不为零，所以由式（2.17）有$e_{k-1}=0$，这与k的假设相矛盾，故$e_n\neq 0$.

由式（2.16）易知

$$\lim_{n\to\infty}\frac{|e_{n+1}|}{|e_n|^m}=\lim_{n\to\infty}\frac{|g^{(m)}(\xi)|}{m!}=\frac{|g^{(m)}(s)|}{m!} \qquad (>0)$$

所以$\{x_n\}$以m阶敛速收敛于s. 证毕.

最后要说明的是，迭代法不仅可以求重根，而且还可以求复根.

习 题 2.3

1. 用不动点迭代法求方程$x^3+x-3=0$的根（当$|x_n-x_{n-1}|<0.001$时结束迭代）.

2. 用不动点迭代法求方程$\cos x-x=0$的根（当$|x_n-x_{n-1}|<0.005$时结束迭代）.

3. 用不动点迭代法计算$x=\sqrt[3]{5+\sqrt[3]{5+\sqrt[3]{5+\cdots}}}$的值，直到$|x_n-x_{n-1}|<10^{-7}$时为止.

4. 设定理2.6中的常数L满足$0<L\leq\frac{1}{2}$，证明：当迭代数列满足$|x_n-x_{n-1}|<\varepsilon$时必有$|s-x_n|<\varepsilon$.

5. 设实数s是函数$g(x)$的不动点，而且对任何实数x都有$|g'(x)|\geq 1$，证明：对任意初始值$x_0(x_0\neq s)$，由式（2.7）产生的迭代数列$\{x_n\}$不收敛于s.

6. 判别迭代过程$x_{n+1}=\frac{1}{4}(\cos x_n+\sin x_n)$的收敛性.

2.4 Newton 迭代法

2.4.1 Newton 迭代公式的推导

从2.3节的讨论可知，建立不动点迭代公式的一般过程是，首先将方程 $f(x)=0$ 改写成等价形式 $x=g(x)$，然后由此式构造迭代公式（2.7）

$$x_{n+1}=g(x_n),n=0,1,2,\cdots$$

由式（2.7）产生的迭代数列 $\{x_n\}$ 收敛与否，以及收敛速度的快慢，完全取决于函数 $g(x)$（这个函数称为迭代函数）.

为了构造收敛速度快的迭代公式（2.7），用一个待定的函数 $u(x)\neq 0$ 乘方程（2.1）的两端，得

$$u(x)f(x)=0$$

上式两端同时加 x，便得方程（2.1）的等价形式

$$x=x+u(x)f(x)\overset{\text{记}}{=\!=}g(x) \tag{2.18}$$

适当选择 $u(x)$ 的表达式，可使迭代过程式（2.7）具有尽可能高的收敛速度. 为此，令 $g(x)$ 在方程（2.1）的根 s 处满足 $g'(s)=0$，即

$$1+u'(s)f(s)+u(s)f'(s)=0$$

因为 $f(s)=0$，所以上式成为

$$1+u(s)f'(s)=0 \tag{2.19}$$

可见，当 $f'(x)\neq 0$ 时，只要取 $u(x)=-\dfrac{1}{f'(x)}$，就可以保证式（2.19）成立. 此时

$$g(x)=x-\frac{f(x)}{f'(x)} \tag{2.20}$$

于是，迭代公式（2.7）的表达式成为

$$x_{n+1}=x_n-\frac{f(x_n)}{f'(x_n)},\quad n=0,1,2,\cdots \tag{2.21}$$

称为 Newton 迭代公式.

关于 Newton 迭代法的收敛速度，有如下局部收敛性定理.

定理 2.9 设 s 是方程（2.1）的单根（即 $f(s)=0$，$f'(s)\neq 0$），$f''(x)$ 在 s 的某一邻域内连续，则存在 $\delta>0$，当 $x_0\in[a,\ b]=[s-\delta,\ s+\delta]$ 时，由 Newton 迭代公式（2.21）产生的数列 $\{x_n\}$ 以至少二阶的敛速收敛于 s.

证 因为 $f'(s)\neq 0$，且 $f''(x)$ 在 s 的某一邻域 $U(s,\ \delta_1)$ 内连续，所以存在 $\delta_2\leqslant\delta_1$，使得

$$f'(x)\neq 0,\quad \forall x\in U(s,\ \delta_2)$$

因此，在 $U(s,\ \delta_2)$ 内 $g(x)$ 的表达式（2.20）不仅有意义，而且 $g'(x)$ 连续. 又因为 $g'(s)=0$，所以对 $L=0.5$，必存在 $\delta\leqslant\delta_2$，使得

$$|g'(x)|\leqslant L<1 \quad ,\ \forall x\in[a,\ b]=[s-\delta,\ s+\delta]$$

因此，对任意 $x\in[a,\ b]$，由中值定理得

$$|s-g(x)|=|g(s)-g(x)|=|g'(\xi)||s-x|\leqslant L|s-x|\leqslant\delta \quad (\xi \text{ 在 } s \text{ 与 } x \text{ 之间})$$

即 $g(x)\in[a,\ b]$. 于是，由定理 2.7 和定理 2.8 立知，对任意 $x_0\in[a,\ b]$，由式（2.21）产生的数列 $\{x_n\}$ 至少以二阶的敛速（因为 $g''(s)$ 有可能为零）收敛于 s. 证毕.

例 2.7 试用 Newton 法求方程 $e^x+x-3=0$ 的根.

解 求解该方程的 Newton 迭代公式为

$$x_{n+1}=x_n-\frac{e^{x_n}+x_n-3}{e^{x_n}+1}=\frac{(x_n-1)e^{x_n}+3}{e^{x_n}+1}$$

与例 2.4 和例 2.5 相同，仍然取初始值 $x_0=0.5$，其 Newton 迭代数列见表 2.5.

表 2.5

n	x_n
0	0.5
1	0.82139234
2	0.792355851
3	0.792059998
4	0.792059968
5	0.792059968

因此，方程的根 $\tilde{s}=0.792059968$，该近似值具有九位有效数字. 与例 2.4 和例 2.5 相比较知，Newton 法的收敛速度非常快. 若使用二分法要达到同样精度，需要对分 30 次.

例 2.8 试用 Newton 法求方程 $x^2-\sin x-1=0$ 的根.

解 求解此方程的 Newton 迭代公式为

$$x_{n+1}=x_n-\frac{x_n^2-\sin x_n-1}{2x_n-\cos x_n}$$

与例 2.6 取相同的初始值，Newton 迭代数列见表 2.6. 从表 2.6 中可以看到，只迭代三次，就获得精确到小数点后第九位的近似值.

2.4.2 Newton 法的几何意义

设 x_n 是由 Newton 迭代公式（2.21）所获得的第 n 次迭代值. 在平面坐标系中，以 $(x_n,\ f(x_n))$ 为切点作曲线 $y=f(x)$ 的切线 $y-f(x_n)=f'(x_n)(x-x_n)$，并且令 $y=0$，解得切线与 x 轴的交点横坐标

表 2.6

n	x_n（正根）	x_n（负根）
0	1.5	-0.5
1	1.413799126	-0.644107890
2	1.409633752	-0.636750907
3	1.409624004	-0.636732650
4	1.409624004	-0.636732650

$$\bar{x} = x_n - \frac{f(x_n)}{f'(x_n)} \tag{2.22}$$

将式（2.22）与式（2.21）相比较便知，横坐标 $\bar{x}$ 就是 Newton 迭代序列中的 x_{n+1}. 这就是说，Newton 迭代过程从几何上看，就是反复作切线并求出它与 x 轴交点的横坐标的过程（如图 2.6 所示）. 因此，Newton 法又称为切线法.

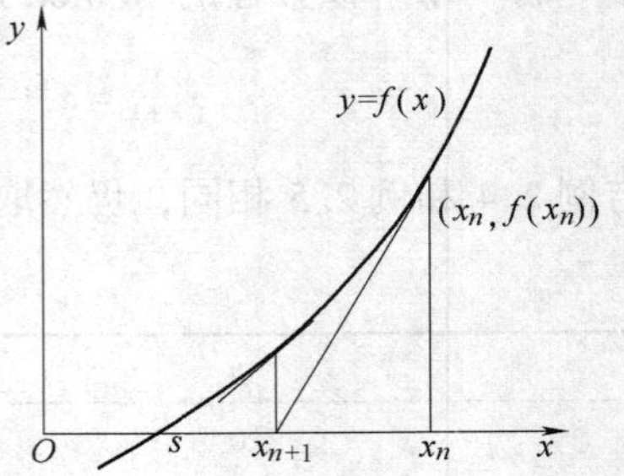

图 2.6

另外，由图 2.6 还可知，当 $y=f(x)$ 在根 s 的某一邻域 $U(s)$ 内单调性与凹凸性都不变的情况下，只要取初始值 $x_0 \in U(s)$，使得 $f(x_0)$ 与 $f''(x_0)$ 保持符号相同，就能保证 Newton 迭代过程收敛.

在上述情况下，$f(x_0)f''(x_0)>0$ 只是 Newton 法收敛的充分条件，而不是必要条件，见下例.

例 2.9 用 Newton 法求 $\sqrt{13.6}$的值.

解 设所求的值为 s，即 $s=\sqrt{13.6}$，则 s 是二次方程 $f(x)=x^2-13.6=0$ 的正根. 因为在（0，$+\infty$）内 $f'(x)>0$，$f''(x)>0$，所以取 $f(x_0)>0$ 的初始值 $x_0>0$，就能保证 Newton 法

$$x_{n+1} = x_n - \frac{x_n^2 - 13.6}{2x_n} = \frac{1}{2}\left(x_n + \frac{13.6}{x_n}\right)$$

收敛. 现在，取 $x_0=3$，则 $f(x_0)<0$（不满足初始值的选取条件），但迭代过程依然收敛（见表 2.7）.

由此求得 $\sqrt{13.6} \approx 3.687817783$.

2.4.3 用 Newton 法求重根

定理 2.9 说明，用 Newton 法求单根时，收敛速度至少是二阶的. 那么，对于重根 s，Newton 法还是否有效？收敛速度怎样？对此，有如下结论：

表 2.7

n	x_n
0	3
1	3.766666667
2	3.688643068
3	3.687817875
4	3.687817783
5	3.687817783

定理 2.10 设 s 是方程（2.1）的 m 重根（$m>1$），$f^{(m)}(x)$ 在 s 的某一邻域内连续，则存在 $\delta>0$，当 $x_0\in[a,b]=[s-\delta,s+\delta]$ 时，由 Newton 迭代公式（2.21）产生的数列 $\{x_n\}$ 以线性（一阶）敛速收敛于 s.

证 因为 s 是方程（2.1）的 m 重根，所以

$$f(s)=f'(s)=\cdots=f^{(m-1)}(s)=0,\quad f^{(m)}(s)\neq 0$$

因此，在 s 的某一邻域内由 Taylor 公式可得

$$f(x)=\frac{f^{(m)}(\xi_1)}{m!}(x-s)^m$$

$$f'(x)=\frac{f^{(m)}(\xi_2)}{(m-1)!}(x-s)^{m-1}$$

其中，ξ_1，ξ_2都在 x 与 s 之间. 所以，在 s 处对迭代函数 $g(x)$ 补充定义，有

$$\begin{aligned} g(s) &= \lim_{x\to s}g(x)=\lim_{x\to s}\left[x-\frac{f(x)}{f'(x)}\right] \\ &= \lim_{x\to s}\left[x-\frac{f^{(m)}(\xi_1)}{mf^{(m)}(\xi_2)}(x-s)\right]=s \end{aligned} \tag{2.23}$$

$$\begin{aligned} g'(s) &= \lim_{x\to s}\frac{g(x)-g(s)}{x-s}=\lim_{x\to s}\frac{x-\dfrac{f(x)}{f'(x)}-s}{x-s} \\ &= \lim_{x\to s}\left[1-\frac{f^{(m)}(\xi_1)}{mf^{(m)}(\xi_2)}\right]=1-\frac{1}{m} \end{aligned} \tag{2.24}$$

由于 $m>1$，所以

$$0<g'(s)=1-\frac{1}{m}<1 \tag{2.25}$$

因此，由定理 2.7 知 Newton 法局部收敛，并由定理 2.8 知其收敛速度是一阶的. 证毕.

定理 2.10 表明，用 Newton 法求重根仍然有效，但收敛速度下降到一阶. 如果事先知道 s 是方程（2.1）的 m 重根，则可以用如下修正的 Newton 迭代公式

$$x_{n+1}=x_n-m\frac{f(x_n)}{f'(x_n)},\quad n=0,1,2,\cdots \tag{2.26}$$

进行计算. 此时，迭代函数为

$$\bar{g}(x)=x-m\frac{f(x)}{f'(x)}$$

故类似于式（2.23）和式（2.24）的推导，得

$$\bar{g}(s)=\lim_{x\to s}\bar{g}(x)=s$$

$$\bar{g}'(s)=\lim_{x\to s}\frac{\bar{g}(x)-\bar{g}(s)}{x-s}=1-1=0$$

综上所述，有如下结论：

定理 2.11 如果 s 是方程（2.1）的 m 重根，而 $f^{(m)}(x)$ 在 s 的某一邻域内连续，则修正的 Newton 法式（2.26）是局部收敛的，并具有至少二阶的收敛速度.

例 2.10 求方程 $x^3-5x^2+6.25x=0$ 的正根.

解 因为

$$f(x)=x^3-5x^2+6.25x=x(x-2.5)^2$$

所以该方程的正根 $s=2.5$ 是二重根. 现取初始值 $x_0=4$，分别用 Newton 法

$$x_{n+1}=x_n-\frac{f(x_n)}{f'(x_n)}=\frac{2x_n^2}{3x_n-2.5}$$

和修正的 Newton 法

$$x_{n+1}=x_n-2\frac{f(x_n)}{f'(x_n)}=\frac{x_n(x_n+2.5)}{3x_n-2.5}$$

进行计算，结果见表 2.8.

表 2.8

n	Newton 法	修正的 Newton 法
0	4	4
1	3.368421053	2.736842105
2	2.983791659	2.509822945
3	2.760035711	2.500019185
4	2.635867104	2.500000000
5	2.569640397	
6	2.535285726	

从表 2.8 可以看出，在求解重根 $s=2.5$ 时，Newton 迭代法的收敛速度很慢，而修正的 Newton 迭代法的收敛速度很快.

习　题　2.4

1. 用 Newton 法求方程 $x^{41}+x^3+1=0$ 在 $x_0=-1$ 附近的实根，精确到五位小数.

2. 用 Newton 法求方程 $\cos x-x=0$ 的根，精确到七位小数.

3. 用 Newton 法求方程 $xe^x-1=0$ 的根，精确到七位小数.

4. 证明：用 Newton 法求 $\sqrt{c}(c>0)$ 的值的迭代过程

$$x_{n+1}=\frac{1}{2}\left(x_n+\frac{c}{x_n}\right)$$

对任意初始值 $x_0>0$ 都收敛.

2.5　弦截法（割线法）

2.4 节介绍的 Newton 法的最大优点是收敛速度快，但它也有缺点，就是每一次迭代都需要计算导数值 $f'(x_n)$. 当 $f'(x)$ 的表达式很复杂时，使用 Newton 法计算量很大. 为了避免计算导数值，用差商 $\dfrac{f(x_n)-f(x_{n-1})}{x_n-x_{n-1}}$ 替换 Newton 迭代公式中的导数值 $f'(x_n)$，得到新的迭代公式

$$x_{n+1}=x_n-\frac{f(x_n)(x_n-x_{n-1})}{f(x_n)-f(x_{n-1})},\quad n=1,2,3,\cdots \tag{2.27}$$

称为弦截法（或割线法）迭代公式，它需要两个初始值 x_0 和 x_1.

弦截法的名称来自其几何意义. 过曲线 $y=f(x)$ 上的两个点 $A(x_{n-1},f(x_{n-1}))$ 和 $B(x_n,f(x_n))$ 作一条弦

$$AB: y-f(x_n)=\frac{f(x_n)-f(x_{n-1})}{x_n-x_{n-1}}(x-x_n)$$

则弦 AB 与 x 轴交点的横坐标 x 就是式（2.27）中的 x_{n+1}（见图 2.7）.

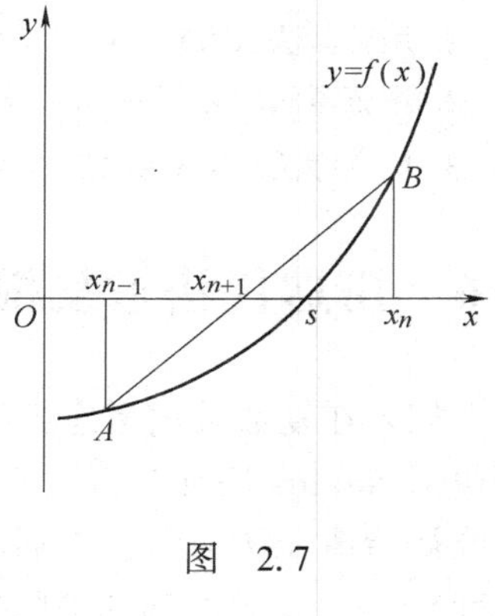

图　2.7

下面给出弦截法的局部收敛性与收敛阶.（证明略）

定理 2.12　设 $f''(x)$ 在单根 s 的某一邻域内连续，则当初始值 x_0 和 x_1 充分接近 s 时，由式（2.27）产生的数列 $\{x_n\}$ 以 $\dfrac{1+\sqrt{5}}{2}\approx1.618$ 阶的敛速收敛于 s.

可见，与 Newton 法相比，弦截法在避免计算导数值的同时，收敛速度也有所下降，但 1.6 阶的敛速还是很快的. 此外，利用弦截法求重根时仍然具有局部收敛性，但收敛速度下降到一阶.

例 2.11 试用弦截法求方程 $e^x+x-3=0$ 的根.

解 本题中 $f(x)=e^x+x-3$，代入式（2.27）得弦截法迭代公式

$$x_{n+1}=x_n-\frac{(e^{x_n}+x_n-3)(x_n-x_{n-1})}{e^{x_n}+x_n-e^{x_{n-1}}-x_{n-1}}$$

取初始值 $x_0=0$，$x_1=1$，经过六次迭代得近似根 $x_7=0.792059968$（见表 2.9），这个结果与例 2.7 中用 Newton 法迭代四次的结果相同. 可见，弦截法的收敛速度也很快.

表 2.9

n	x_n
0	0
1	1
2	0.735758882
3	0.788041814
4	0.788485857
5	0.792064911
6	0.792059962
7	0.792059968

习 题 2.5

1. 用弦截法求方程 $xe^x-1=0$ 的根，精确到七位小数.
2. 用弦截法求方程 $\cos x-x=0$ 的根，精确到七位小数.
3. 用弦截法求 $\sqrt{3.8}$的近似值，精确到七位小数.

2.6 用迭代法求复根

如果在复数域内考虑方程（2.1）的求解问题，则前面介绍过的迭代法（当然包括 Newton 法和弦截法）仍然有效. 当计算机可以直接进行复数运算时，只要取初始值 x_0为复数，然后在复数域内进行迭代，即得复根的近似值序列（复数列）$\{x_n\}$，此序列的极限值就是所求的复根.

当计算机不能直接进行复数运算时，为了求复根 $s=a+b\mathrm{i}$(a 和 b 为实数)，设近似值

$$x_n=a_n+b_n\mathrm{i} \quad (a_n\text{和 } b_n\text{均为实数})$$

代入迭代公式（2.7），得

$$a_{n+1}+b_{n+1}\mathrm{i}=g(a_n+b_n\mathrm{i})=h_1(a_n,b_n)+\mathrm{i}h_2(a_n,b_n) \tag{2.28}$$

其中，二元实函数 $h_1(a_n,\ b_n)$ 和 $h_2(a_n,\ b_n)$ 分别为表达式 $g(a_n+b_n\mathrm{i})$ 的实部

和虚部. 比较等式（2.28）的两端，便得实迭代公式

$$\begin{cases} a_{n+1} = h_1(a_n, b_n) \\ b_{n+1} = h_2(a_n, b_n) \end{cases} \quad n = 0, 1, 2, \cdots \tag{2.29}$$

其中，a_0和b_0为初始值x_0的实部和虚部. 这样，利用公式（2.29），只做实数运算就可以获得迭代数组序列$\{(a_n, b_n)\}$，其中每一对数组(a_n, b_n)都对应复根的一个近似值$x_n = a_n + b_n\mathrm{i}$.

例 2.12 用 Newton 法求方程$x^2 + 1 = 0$在上半复平面上的复根.

解 求解此方程的 Newton 迭代公式为

$$x_{n+1} = x_n - \frac{x_n^2 + 1}{2x_n} = \frac{1}{2}\left(x_n - \frac{1}{x_n}\right)$$

设$x_n = a_n + b_n\mathrm{i}$，代入上式得

$$a_{n+1} + b_{n+1}\mathrm{i} = \frac{1}{2}\left[a_n + b_n\mathrm{i} - \frac{1}{a_n + b_n\mathrm{i}}\right] = \frac{1}{2}\left[a_n + b_n\mathrm{i} - \frac{a_n - b_n\mathrm{i}}{a_n^2 + b_n^2}\right]$$

比较上式两端，得实的迭代公式

$$\begin{cases} a_{n+1} = \dfrac{1}{2}\left(a_n - \dfrac{a_n}{a_n^2 + b_n^2}\right) \\ b_{n+1} = \dfrac{1}{2}\left(b_n + \dfrac{b_n}{a_n^2 + b_n^2}\right) \end{cases} \tag{2.30}$$

取初始值$x_0 = 0.5 + 1.5\mathrm{i}$，即$a_0 = 0.5$，$b_0 = 1.5$，利用公式（2.30）进行迭代，其结果见表 2.10.

表 2.10

n	实部 a_n	虚部 b_n
0	0.500000000	1.500000000
1	0.150000000	1.050000000
2	0.008333333	0.991666666
3	0.000070023	0.999999411
4	0.000000000	0.999999997
5	0.000000000	1.000000000

经过五次迭代，得近似值$x_5 = 0.000000000 + 1.000000000\mathrm{i}$，而精确根为$s = \mathrm{i}$.

习 题 2.6

用 Newton 法求方程$x^2 + x + 2 = 0$在上半复平面上的复根，要求实部和虚部都精确到四位小数.

2.7 解非线性方程组的 Newton 迭代法

对于一般的非线性方程组

$$\begin{cases} f_1(x_1, x_2, \cdots, x_n) = 0 \\ f_2(x_1, x_2, \cdots, x_n) = 0 \\ \vdots \\ f_n(x_1, x_2, \cdots, x_n) = 0 \end{cases} \tag{2.31}$$

没有可用来判别解的存在性和解的个数的一般的法则，方程组（2.31）的解法也比单个方程的解法困难得多. 本节简单地介绍最常用的一种近似解法——Newton 迭代法.

为了方便起见，引进向量记号

$$\boldsymbol{X} = \begin{pmatrix} x_1 \\ x_2 \\ \vdots \\ x_n \end{pmatrix}, \quad \boldsymbol{F}(\boldsymbol{X}) = \begin{pmatrix} f_1(\boldsymbol{X}) \\ f_2(\boldsymbol{X}) \\ \vdots \\ f_n(\boldsymbol{X}) \end{pmatrix}$$

则方程组（2.31）可以表示成

$$\boldsymbol{F}(\boldsymbol{X}) = \boldsymbol{0} \tag{2.32}$$

设 $\boldsymbol{S} = (s_1, s_2, \cdots, s_n)^{\mathrm{T}}$ 是方程（2.32）的解，$\boldsymbol{X}_i = (x_1^{(i)}, x_2^{(i)}, \cdots, x_n^{(i)})^{\mathrm{T}}$ 是 $\boldsymbol{S}$ 的近似值，$\boldsymbol{F}(\boldsymbol{X})$ 在 $\boldsymbol{S}$ 的某一邻域内可微，则由多元函数的一阶 Taylor 公式，得

$$\boldsymbol{0} = \boldsymbol{F}(\boldsymbol{S}) \approx \boldsymbol{F}(\boldsymbol{X}_i) + \boldsymbol{J}_i \cdot (\boldsymbol{S} - \boldsymbol{X}_i) \tag{2.33}$$

其中

$$\boldsymbol{J}_i = \begin{pmatrix} \dfrac{\partial f_1}{\partial x_1} & \dfrac{\partial f_1}{\partial x_2} & \cdots & \dfrac{\partial f_1}{\partial x_n} \\ \dfrac{\partial f_2}{\partial x_1} & \dfrac{\partial f_2}{\partial x_2} & \cdots & \dfrac{\partial f_2}{\partial x_n} \\ \vdots & \vdots & & \vdots \\ \dfrac{\partial f_n}{\partial x_1} & \dfrac{\partial f_n}{\partial x_2} & \cdots & \dfrac{\partial f_n}{\partial x_n} \end{pmatrix}_{\boldsymbol{X} = \boldsymbol{X}_i} \tag{2.34}$$

是 Jacobi 矩阵. 若 $|\boldsymbol{J}_i| \neq 0$，则方程组

$$\boldsymbol{J}_i \cdot (\boldsymbol{X} - \boldsymbol{X}_i) + \boldsymbol{F}(\boldsymbol{X}_i) = \boldsymbol{0} \tag{2.35}$$

有惟一解，记为 $\boldsymbol{X}_{i+1}$. 由式（2.35）解得

$$\boldsymbol{X}_{i+1} = \boldsymbol{X}_i - \boldsymbol{J}_i^{-1} \cdot \boldsymbol{F}(\boldsymbol{X}_i) \tag{2.36}$$

将式（2.33）和式（2.35）进行比较知，方程（2.35）的解 $\boldsymbol{X}_{i+1}$ 是 $\boldsymbol{S}$ 的近似值．取 $\boldsymbol{S}$ 的初始近似值 $\boldsymbol{X}_0$，反复利用公式（2.36）进行迭代，可得 $\boldsymbol{S}$ 的近似值序列 $\{\boldsymbol{X}_i\}$，这种方法称为 Newton 迭代法.

定理 2.13 设 $\boldsymbol{S}$ 是方程（2.32）的解，$f_i(i=1,2,\cdots,n)$ 在 $\boldsymbol{S}$ 的某邻域内具有二阶连续偏导数，且Jacobi 矩阵式（2.34）可逆，则存在 $\boldsymbol{S}$ 的 δ 邻域 $U(\boldsymbol{S},\delta)$，当初始值 $\boldsymbol{X}_0\in U(\boldsymbol{S},\delta)$ 时，由 Newton 迭代公式（2.36）产生的向量序列 $\{\boldsymbol{X}_i\}$ 以二阶敛速收敛于 $\boldsymbol{S}$.

证明略.

需要注意的是，使用 Newton 迭代法进行计算时，每迭代一次都要计算一次逆矩阵 $\boldsymbol{J}_i^{-1}$，这个计算量是很大的．为了减少每一次迭代的计算量，将 $\boldsymbol{J}_i$ 用固定的矩阵 $\boldsymbol{J}_0$ 代替，就得简化的 Newton 迭代公式

$$\boldsymbol{X}_{i+1}=\boldsymbol{X}_i-\boldsymbol{J}_0^{-1}\cdot\boldsymbol{F}(\boldsymbol{X}_i) \tag{2.37}$$

虽然式（2.37）的收敛速度比式（2.36）慢了很多，但由于 $\boldsymbol{J}_0^{-1}$ 是固定不变的，所以式（2.37）的每一次迭代的计算量也减少了很多，故简化的 Newton 迭代法仍不失为一种有效方法.

例 2.13 求非线性方程组

$$\begin{cases}f(x,y)\equiv x+y+\mathrm{e}^{xy}-0.4=0\\ g(x,y)\equiv x^2+y^3+\mathrm{e}^{x+y}=0\end{cases}$$

在 $(x,y)=(3,-2)$ 附近的解.

解 本题中 Jacobi 矩阵

$$\boldsymbol{J}(x,y)=\begin{pmatrix}f_x & f_y\\ g_x & g_y\end{pmatrix}=\begin{pmatrix}1+y\mathrm{e}^{xy} & 1+x\mathrm{e}^{xy}\\ 2x+\mathrm{e}^{x+y} & 3y^2+\mathrm{e}^{x+y}\end{pmatrix}$$

Newton 迭代公式为

$$\begin{pmatrix}x_{n+1}\\ y_{n+1}\end{pmatrix}=\begin{pmatrix}x_n\\ y_n\end{pmatrix}-\boldsymbol{J}^{-1}(x_n,y_n)\begin{pmatrix}f(x_n,y_n)\\ g(x_n,y_n)\end{pmatrix},n=0,1,2,\cdots$$

其中

$$\boldsymbol{J}^{-1}=\frac{1}{|\boldsymbol{J}|}\begin{pmatrix}3y^2+\mathrm{e}^{x+y} & -1-x\mathrm{e}^{xy}\\ -2x-\mathrm{e}^{x+y} & 1+y\mathrm{e}^{xy}\end{pmatrix}$$

$$|\boldsymbol{J}|=(1+y\mathrm{e}^{xy})(3y^2+\mathrm{e}^{x+y})-(1+x\mathrm{e}^{xy})(2x+\mathrm{e}^{x+y})$$

取初始值 $x_0=3$，$y_0=-2$，用 Newton 迭代法进行计算，结果见表 2.11．由表 2.11 可知，第五次迭代值 $(x_5,y_5)=(2.2584748,-1.8730246)$ 具有八位有效数字.

表 2.11

n	x_n	y_n
0	3.0000000	-2.0000000
1	2.1263490	-1.7351284
2	2.2873659	-1.8967822
3	2.2590470	-1.8734980
4	2.2584751	-1.8730248
5	2.2584748	-1.8730246
6	2.2584748	-1.8730246

习 题 2.7

用 Newton 迭代法求解非线性方程组

$$\begin{cases} x^2+y^2-9=0 \\ x+y-1=0 \end{cases}$$

在（3，0）附近的解，精确到四位小数.

上机实习一

1. 实习题目 用对分法求方程 $\ln x+x^2-4=0$ 的实根.

实习要求 要求精确到六位有效数字，输出计算程序和计算结果.

实习目的 熟悉对分法，感受对分法的收敛性与收敛速度.

2. 实习题目 用不动点迭代法求方程 $x^3-2x-5=0$ 的实根.

实习要求 取三种不同的初始值进行迭代，要求精确到六位有效数字，输出初始值、最后三次迭代值以及迭代次数.

实习目的 熟悉不动点迭代法，感受不动点迭代法的收敛性与初始值对收敛速度的影响.

3. 实习题目 用 Newton 迭代法求方程 $x^3+2x^2+10x-20=0$ 的实根.

实习要求 取三种不同的初始值进行迭代，要求精确到六位有效数字，输出初始值、最后三次迭代值以及迭代次数.

实习目的 熟悉 Newton 迭代法，感受 Newton 迭代法的收敛性与收敛速度.

4. 实习题目 分别用 Newton 迭代法和简化的 Newton 迭代法求解非线性方程组

$$\begin{cases} 3x^2+4y^2-1=0 \\ 8x^3-y^3+1=0 \end{cases}$$

在（-0.5，0.25）附近的解.

实习要求 取三种不同的初始值进行迭代，要求精确到六位有效数字，输出初始值、最后三次迭代值以及迭代次数.

实习目的 熟悉解非线性方程组的 Newton 迭代法和简化的 Newton 迭代法，感受迭代法的收敛性与收敛速度.

第 3 章　矩阵计算

本章介绍矩阵计算方面的有关内容，包括线性代数方程组的解法、行列式与逆矩阵的计算，以及矩阵主特征值的求法.

对于线性代数方程组已有许多种解法，但总体说来可以分成两大类——直接法和迭代法.

直接法又称精确法，它包括克莱姆法则、逆矩阵法、消元法、三角分解法等. 从理论上说，直接法经过有限次运算就可以求出方程组的精确解. 但是，从实际问题中得到的方程组，其系数 a_{ij} 和右端项 b_i 往往带有一定的误差. 此外，直接法在求解过程中又难免产生舍入误差. 因此，直接法在实际应用中很难得出精确解.

迭代法本身就是一种近似方法，它与方程求根的迭代法类似，首先需要构造一个迭代公式，然后由迭代公式算出一个迭代序列，使它收敛于方程组的解.

3.1　解线性方程组的消元法

考虑 n 阶线性方程组

$$\begin{cases} a_{11}x_1 + a_{12}x_2 + \cdots + a_{1n}x_n = b_1 \\ a_{21}x_1 + a_{22}x_2 + \cdots + a_{2n}x_n = b_2 \\ \qquad\qquad \vdots \\ a_{n1}x_1 + a_{n2}x_2 + \cdots + a_{nn}x_n = b_n \end{cases} \tag{3.1}$$

其中，a_{ij}，$b_i(i, j=1, 2, \cdots, n)$ 均为已知的常数.

为了方便起见，引进矩阵和向量

$$\boldsymbol{A} = \begin{pmatrix} a_{11} & a_{12} & \cdots & a_{1n} \\ a_{21} & a_{22} & \cdots & a_{2n} \\ \vdots & \vdots & & \vdots \\ a_{n1} & a_{n2} & \cdots & a_{nn} \end{pmatrix}, \quad \boldsymbol{x} = \begin{pmatrix} x_1 \\ x_2 \\ \vdots \\ x_n \end{pmatrix}, \quad \boldsymbol{b} = \begin{pmatrix} b_1 \\ b_2 \\ \vdots \\ b_n \end{pmatrix}$$

则方程组（3.1）可以简写成矩阵形式

$$\boldsymbol{Ax} = \boldsymbol{b} \tag{3.2}$$

本节将介绍求解方程组（3.1）（或方程组（3.2））的几种消元法.

3.1.1 有回代 Gauss 消元法

有回代 Gauss 消元法的基本思想是：通过消元过程将方程组（3.2）化为等价的上三角方程组 $\boldsymbol{Bx}=\boldsymbol{d}$（其中 $\boldsymbol{B}$ 为上三角矩阵），然后用回代过程求得 $\boldsymbol{Bx}=\boldsymbol{d}$ 的解，从而获得方程组（3.2）的解.

现举例说明.

例 3.1 解线性方程组

$$\begin{cases}2x_1+x_2-x_3=-1 & (1)\\ 4x_1+5x_2+4x_3=7 & (2)\\ 2x_1+2x_2+3x_3=6 & (3)\end{cases} \tag{3.3}$$

解 作消元，式（2）$-\frac{4}{2}\times$式（1），式（3）$-\frac{2}{2}\times$式（1），得

$$\begin{cases}2x_1+x_2-x_3=-1 & (1)\\ 3x_2+6x_3=9 & (4)\\ x_2+4x_3=7 & (5)\end{cases}$$

再作消元，式（5）$-\frac{1}{3}\times$式（4），得上三角方程组

$$\begin{cases}2x_1+x_2-x_3=-1 & (1)\\ 3x_2+6x_3=9 & (4)\\ 2x_3=4 & (6)\end{cases} \tag{3.4}$$

经过上述消元过程，最终获得与方程组（3.3）等价的上三角方程组（3.4）. 由方程组（3.4）的最后一个方程（6）解得 $x_3=2$. 将 $x_3=2$ 代入式（4），又解得 $x_2=-1$. 再将 $x_3=2$ 和 $x_2=-1$ 同时代入式（1），解得 $x_1=1$. 这样，就解得方程组（3.3）的解 $x_1=1$，$x_2=-1$，$x_3=2$. 上述求解上三角方程组（3.4）的过程叫做回代过程.

值得一提的是，上面由方程组（3.3）到方程组（3.4）的消元过程完全可以用相应的增广矩阵描述为

$$(\boldsymbol{A},\ \boldsymbol{b})=\begin{pmatrix}2 & 1 & -1 & -1\\ 4 & 5 & 4 & 7\\ 2 & 2 & 3 & 6\end{pmatrix}\rightarrow\begin{pmatrix}2 & 1 & -1 & -1\\ 0 & 3 & 6 & 9\\ 0 & 1 & 4 & 7\end{pmatrix}\rightarrow\begin{pmatrix}2 & 1 & -1 & 1\\ 0 & 3 & 6 & 9\\ 0 & 0 & 2 & 4\end{pmatrix}$$

可见，用增广矩阵描述消元过程（既初等行变换），既简单明了，又突出消元过程的特点（将增广矩阵化为上三角矩阵）. 因此，可以用增广矩阵来说明一般方程组的消元过程.

为了给出消元过程的通用公式，将方程组（3.2）记为

$$\boldsymbol{A}^{(1)}\boldsymbol{x}=\boldsymbol{b}^{(1)}$$

则对其增广矩阵进行消元的过程为

$$(\boldsymbol{A}^{(1)},\ \boldsymbol{b}^{(1)})=\begin{pmatrix} a_{11}^{(1)} & a_{12}^{(1)} & \cdots & a_{1n}^{(1)} & b_1^{(1)} \\ a_{21}^{(1)} & a_{22}^{(1)} & \cdots & a_{2n}^{(1)} & b_2^{(1)} \\ \vdots & \vdots & & \vdots & \vdots \\ a_{n1}^{(1)} & a_{n2}^{(1)} & \cdots & a_{nn}^{(1)} & b_n^{(1)} \end{pmatrix}\rightarrow\begin{pmatrix} a_{11}^{(1)} & a_{12}^{(1)} & \cdots & a_{1n}^{(1)} & b_1^{(1)} \\ 0 & a_{22}^{(2)} & \cdots & a_{2n}^{(2)} & b_2^{(2)} \\ \vdots & \vdots & & \vdots & \vdots \\ 0 & a_{n2}^{(2)} & \cdots & a_{nn}^{(2)} & b_n^{(2)} \end{pmatrix}$$

$$\rightarrow\cdots\rightarrow\begin{pmatrix} a_{11}^{(1)} & a_{12}^{(1)} & \cdots a_{1k}^{(1)} & \cdots & a_{1n}^{(1)} & b_1^{(1)} \\ & a_{22}^{(2)} & \cdots a_{2k}^{(2)} & \cdots & a_{2n}^{(2)} & b_2^{(2)} \\ & \ddots & \vdots & & \vdots & \\ & & a_{kk}^{(k)} & \cdots & a_{kn}^{(k)} & b_k^{(k)} \\ & \boldsymbol{0} & \vdots & & \vdots & \\ & & a_{nk}^{(k)} & \cdots & a_{nn}^{(k)} & b_n^{(k)} \end{pmatrix}$$

$$\rightarrow\begin{pmatrix} a_{11}^{(1)} & a_{12}^{(1)} & a_{13}^{(1)} & \cdots & a_{1n}^{(1)} & b_1^{(1)} \\ & a_{22}^{(2)} & a_{23}^{(2)} & \cdots & a_{2n}^{(2)} & b_2^{(2)} \\ & & a_{33}^{(3)} & \cdots & a_{3n}^{(3)} & b_3^{(3)} \\ & \boldsymbol{0} & & \ddots & \vdots & \vdots \\ & & & & a_{nn}^{(n)} & b_n^{(n)} \end{pmatrix}=(\boldsymbol{A}^{(n)},\ \boldsymbol{b}^{(n)})$$

其中，第 k 步（$k=1,\ 2,\ \cdots,\ n-1$）消元的计算公式为

$$\begin{cases} m_{ik}=\dfrac{a_{ik}^{(k)}}{a_{kk}^{(k)}} \\ a_{ij}^{(k+1)}=a_{ij}^{(k)}-m_{ik}a_{kj}^{(k)} \\ b_i^{(k+1)}=b_i^{(k)}-m_{ik}b_k^{(k)} \end{cases}\quad i,\ j=k+1,\ k+2,\ \cdots,\ n \tag{3.5}$$

以上是整个消元过程. 对于上三角方程组

$$\boldsymbol{A}^{(n)}\boldsymbol{x}=\boldsymbol{b}^{(n)} \tag{3.6}$$

可以按算式

$$\begin{cases} x_n=b_n^{(n)}/a_{nn}^{(n)} \\ x_k=\left(b_k^{(k)}-\sum\limits_{j=k+1}^{n}a_{kj}^{(k)}x_j\right)\Big/a_{kk}^{(k)} \end{cases}\quad k=n-1,\ n-2,\ \cdots,\ 2,\ 1 \tag{3.7}$$

逐次进行回代，相继求出 x_n，x_{n-1}，$\cdots$，x_2，x_1.

由式（3.5）和式（3.7）容易看出，在整个消元过程及回代过程中，对角线上的元素 $a_{kk}^{(k)}$（$k=1,\ 2,\ \cdots,\ n$）起着关键作用，称为主元素，并称 m_{ik} 为行乘数.

3.1.2 无回代 Gauss 消元法

无回代 Gauss 消元法的基本思想是，将增广矩阵 $(\boldsymbol{A},\ \boldsymbol{b})\xrightarrow{\text{消元}}(\boldsymbol{E},\ \boldsymbol{d})$（$\boldsymbol{E}$ 是单位矩阵），即经过消元过程将方程组（3.2）化为等价的方程组 $\boldsymbol{x}=\boldsymbol{d}$. 显

然，$\boldsymbol{d}$ 就是方程组（3.2）的解向量.

对于方程组（3.2）的增广矩阵，进行无回代消元的过程为

$$(\boldsymbol{A}^{(1)},\boldsymbol{b}^{(1)})=\begin{pmatrix} a_{11}^{(1)} & a_{12}^{(1)} & \cdots & a_{1n}^{(1)} & b_1^{(1)} \\ a_{21}^{(1)} & a_{22}^{(1)} & \cdots & a_{2n}^{(1)} & b_2^{(1)} \\ \vdots & \vdots & & \vdots & \vdots \\ a_{n1}^{(1)} & a_{n2}^{(1)} & \cdots & a_{nn}^{(1)} & b_n^{(1)} \end{pmatrix}\to$$

$$\begin{pmatrix} 1 & a_{12}^{(2)} & \cdots & a_{1n}^{(2)} & b_1^{(2)} \\ 0 & a_{22}^{(2)} & \cdots & a_{2n}^{(2)} & b_2^{(2)} \\ \vdots & \vdots & & \vdots & \vdots \\ 0 & a_{n2}^{(2)} & \cdots & a_{nn}^{(2)} & b_n^{(2)} \end{pmatrix}\to$$

$$\begin{pmatrix} 1 & 0 & a_{13}^{(3)} & \cdots & a_{1n}^{(3)} & b_1^{(3)} \\ 0 & 1 & a_{23}^{(3)} & \cdots & a_{2n}^{(3)} & b_2^{(3)} \\ 0 & 0 & a_{33}^{(3)} & \cdots & a_{3n}^{(3)} & b_3^{(3)} \\ \vdots & \vdots & \vdots & & \vdots & \vdots \\ 0 & 0 & a_{n3}^{(3)} & \cdots & a_{nn}^{(3)} & b_n^{(3)} \end{pmatrix}\to\cdots\to$$

$$\begin{pmatrix} 1 & & \boldsymbol{0} & b_1^{(n+1)} \\ & 1 & & b_2^{(n+1)} \\ & & \ddots & \vdots \\ \boldsymbol{0} & & 1 & b_n^{(n+1)} \end{pmatrix}=(\boldsymbol{E},\boldsymbol{b}^{(n+1)})$$

其中，第 k 步（$k=1,\ 2,\ \cdots,\ n-1$）消元的计算公式为

$$\begin{cases} a_{kj}^{(k+1)}=a_{kj}^{(k)}/a_{kk}^{(k)} & j=k+1,k+2,\cdots,n \\ b_k^{(k+1)}=b_k^{(k)}/a_{kk}^{(k)} & \\ \begin{cases} a_{ij}^{(k+1)}=a_{ij}^{(k)}-a_{ik}^{(k)}a_{kj}^{(k+1)} \\ b_i^{(k+1)}=b_i^{(k)}-a_{ik}^{(k)}b_k^{(k+1)} \end{cases} & \begin{pmatrix} i=1,2,\cdots,n;i\neq k \\ j=k+1,k+2,\cdots,n \end{pmatrix} \end{cases} \tag{3.8}$$

而第 n 步消元的计算公式为

$$\begin{cases} b_n^{(n+1)}=b_n^{(n)}/a_{nn}^{(n)} \\ b_i^{(n+1)}=b_i^{(n)}-a_{in}^{(n)}b_n^{(n+1)} \quad i=1,2,\cdots,n-1 \end{cases} \tag{3.9}$$

最后，得方程组（3.2）的解 $x_i=b_i^{(n+1)}$，$i=1,\ 2,\ \cdots,\ n$.

3.1.3 两种消元法的计算量

在有回代 Gauss 消元法中，整个消元过程需要做

$$\sum_{k=1}^{n-1}(n-k)^2+\sum_{k=1}^{n-1}(n-k)=\frac{1}{3}(n^3-n)$$

次乘法和

$$\sum_{k=1}^{n-1}(n-k)=\frac{1}{2}(n^2-n)$$

次除法，在回代过程中需要做 n 次除法和

$$\sum_{k=1}^{n-1}(n-k)=\frac{1}{2}(n^2-n)$$

次乘法. 因此，有回代 Gauss 消元法的乘除法运算的总次数为

$$\frac{1}{3}(n^3-n)+\frac{1}{2}(n^2-n)+\frac{1}{2}(n^2-n)+n=\frac{1}{3}(n^3+3n^2-n) \tag{3.10}$$

在无回代 Gauss 消元法中，需要做

$$\sum_{k=1}^{n-1}(n-k)+n=\frac{1}{2}(n^2+n)$$

次除法和

$$\sum_{k=1}^{n-1}(n-1)(n-k)+\sum_{k=1}^{n-1}(n-1)+(n-1)=\frac{1}{2}(n^3-n)$$

次乘法. 因此，无回代 Gauss 消元法的乘除法总次数为

$$\frac{1}{2}(n^2+n)+\frac{1}{2}(n^3-n)=\frac{1}{2}(n^3+n^2) \tag{3.11}$$

由式（3.10）和式（3.11）可知，当 n 很大时，两种消元法的乘除法运算次数大约为 $\frac{1}{3}n^3$ 次和 $\frac{1}{2}n^3$ 次. 这就说明，当 n 很大时，无回代 Gauss 消元法的计算量比有回代 Gauss 消元法的计算量多近 50%.

3.1.4 主元素消元法

首先举一个例子.

例 3.2 求解方程组

$$\begin{cases}0.5x_1+1.1x_2+3.1x_3=6\\2x_1+4.5x_2+0.36x_3=0.02\\5x_1+0.96x_2+6.5x_3=0.96\end{cases} \tag{3.12}$$

解 用有回代 Gauss 消元法进行求解. 假设所用计算机只有三位字长，即每一次计算结果都只能保留三位有效数字，则求解过程如下：

消元过程为

$$\begin{pmatrix}0.5 & 1.1 & 3.1 & 6\\2 & 4.5 & 0.36 & 0.02\\5 & 0.96 & 6.5 & 0.96\end{pmatrix}\to\begin{pmatrix}0.5 & 1.1 & 3.1 & 6\\0 & 0.1 & -12.0 & -24.0\\0 & -10.0 & -24.5 & -59.0\end{pmatrix}$$

$$\to\begin{pmatrix}0.5 & 1.1 & 3.1 & 6\\0 & 0.1 & -12.0 & -24.0\\0 & 0 & -1220 & -2460\end{pmatrix}$$

再进行回代，求得 $x_3=2.02$，$x_2=2.40$，$x_1=-5.80$，与方程组的精确解 $\boldsymbol{x}=(-2.6,1,2)^{\mathrm{T}}$ 相比，求出的近似值误差很大.

造成如此大的误差的原因是：上述消元过程中主元素 0.5 和 0.1 与被消去元素相比，其绝对值太小.

由式（3.5）、式（3.7）和式（3.8）、式（3.9）容易看出，利用有（或无）回代 Gausss 消元法按方程的自然排列顺序进行消元时，如果遇到某一主元素 $a_{kk}^{(k)}=0$ 的情况，则消元法无法再进行下去. 即使 $a_{kk}^{(k)}\neq 0$，但是当 $|a_{kk}^{(k)}|$ 很小时，虽然能完成消元过程，但消元过程会产生误差，导致最终结果精确度很低（如例 3.2）.

为了避免上述两种情况发生，在消元之前应选择适当的主元素.

按列选主元有（无）回代 Gauss 消元法在做第 k 步（$k=1,2,\cdots,n-1$）消元之前，首先在增广矩阵第 k 列的后（$n-k+1$）个元素中选出绝对值最大的元素 $|a_{rk}^{(k)}|=\max\limits_{k\leqslant i\leqslant n}|a_{ik}^{(k)}|$，并把第 r 行与第 k 行交换位置，然后再用式（3.5）（或式（3.8））进行第 k 步消元，此时的除数 $a_{kk}^{(k)}$ 实际上是 $a_{rk}^{(k)}$ 的值.

例 3.3 用按列选主元有回代 Gauss 消元法求解例 3.2 中的方程组（3.12）.

解 在以下消元过程中，有下划线的元素为所选的主元素.

$$
（选主元）\begin{pmatrix}0.5 & 1.1 & 3.1 & 6\\ 2 & 4.5 & 0.36 & 0.02\\ \underline{5} & 0.96 & 6.5 & 0.96\end{pmatrix}\xrightarrow{换行}\begin{pmatrix}5 & 0.96 & 6.5 & 0.96\\ 2 & 4.5 & 0.36 & 0.02\\ 0.5 & 1.1 & 3.1 & 6\end{pmatrix}
$$

$$
\xrightarrow{消元}\begin{pmatrix}5 & 0.96 & 6.5 & 0.96\\ 0 & 4.12 & -2.24 & -0.364\\ 0 & 1.00 & 2.45 & 5.90\end{pmatrix}\xrightarrow{选主元}\begin{pmatrix}5 & 0.96 & 6.5 & 0.96\\ 0 & \underline{4.12} & -2.24 & -0.364\\ 0 & 1.00 & 2.45 & 5.90\end{pmatrix}
$$

$$
\xrightarrow{消元}\begin{pmatrix}5 & 0.96 & 6.5 & 0.96\\ 0 & 4.12 & -2.24 & -0.364\\ 0 & 0 & 2.99 & 5.99\end{pmatrix}
$$

到此，按列选主元有回代消元过程全部完成. 再由回代过程求得 $x_3=2.00$，$x_2=1.00$，$x_1=-2.60$，这些结果均具有三位有效数字.

总体选主元有（无）回代 Gauss 消元法在做第 k 步（$k=1,2,\cdots,n-1$）消元之前，首先选取主元素 $|a_{rm}^{(k)}|=\max\limits_{k\leqslant i,j\leqslant n}|a_{ij}^{(k)}|$，并把第 r 行与第 k 行进行交换，再把第 m 列与第 k 列进行交换，将主元素 $a_{rm}^{(k)}$ 移到第 k 行第 k 列的位置上，然后再用式（3.5）（或式（3.8））进行第 k 步消元.

从理论上说，总体选主元消元法比按列选主元消元法具有更高的数值精确度. 但实践表明二者的精确度相差不多. 由于总体选主元法不仅编程序复杂，而且程序运行时间也长，所以在实际计算时更多的是采用按列选主元方法.

可以证明，当 $\boldsymbol{A}$ 对称而且严格对角占优（即满足式（3.53）或式（3.54））时，不需要选主元，此时自然顺序消元过程中的 $a_{kk}^{(k)}$ 恰好为按列选主元时的主元素.

习 题 3.1

1. 利用有回代 Gauss 消元法求解方程组（用四位小数计算）

$$\begin{cases} 0.3x+2.5y+3.8z=4.7 \\ 4.7x+6.3y+2.5z=3.0 \\ 1.3x+4.9y+6.8z=2.4 \end{cases}$$

2. 利用按列选主元有回代 Gauss 消元法求解第 1 题中的方程组（用四位小数计算）.
3. 利用无回代 Gauss 消元法求解方程组（用四位小数计算）

$$\begin{cases} 1.6x+3.8y+4.5z=2.3 \\ 2.7x+2.9y+3.7z=1.2 \\ 4.3x+1.5y+2.4z=3.4 \end{cases}$$

4. 利用按列选主元无回代 Gauss 消元法求解第 3 题中的方程组（用四位小数计算）.

3.2 解线性方程组的三角分解法

3.2.1 LU 分解法

LU 分解法的基本思想是：对方程组（3.2）的系数矩阵进行三角分解 $\boldsymbol{A}=\boldsymbol{LU}$，其中 $\boldsymbol{L}$ 是主对角线元素都是 1 的单位下三角矩阵，$\boldsymbol{U}$ 是非奇异的上三角矩阵，将方程组（3.2）化为 $\boldsymbol{LUx}=\boldsymbol{b}$，它又等价于两个三角方程组

$$\boldsymbol{Ly}=\boldsymbol{b} \tag{3.13}$$

$$\boldsymbol{Ux}=\boldsymbol{y} \tag{3.14}$$

由于式（3.13）和式（3.14）都是三角方程组，所以很容易求解. 先由式（3.13）解出 $\boldsymbol{y}$，将其代入式（3.14），再用回代法解出 $\boldsymbol{x}$，即得方程组（3.2）的解.

以上想法能否实现，关键在于三角分解 $\boldsymbol{A}=\boldsymbol{LU}$ 是否存在以及怎样进行分解？

关于三角分解的存在惟一性问题，不加证明地给出如下结论.

定理 3.1 n 阶方阵 $\boldsymbol{A}$ 有惟一的 LU 分解 $\boldsymbol{A}=\boldsymbol{LU}$ 的充分必要条件是：$\boldsymbol{A}$ 的各阶顺序主子式均不为零，即

$$\begin{vmatrix} a_{11} & a_{12} & \cdots & a_{1r} \\ a_{21} & a_{22} & \cdots & a_{2r} \\ \vdots & \vdots & & \vdots \\ a_{r1} & a_{r2} & \cdots & a_{rr} \end{vmatrix} \neq 0, r=1,2,\cdots,n \tag{3.15}$$

证明略.

下面讨论矩阵 $\boldsymbol{A}$ 的 LU 分解问题. 当条件式（3.15）满足时，设 $\boldsymbol{A}=\boldsymbol{LU}$，即

$$\begin{pmatrix} a_{11} & a_{12} & \cdots & a_{1n} \\ a_{21} & a_{22} & \cdots & a_{2n} \\ \vdots & \vdots & & \vdots \\ a_{n1} & a_{n2} & \cdots & a_{nn} \end{pmatrix} = \begin{pmatrix} 1 & & & & \\ l_{21} & 1 & & \boldsymbol{0} & \\ l_{31} & l_{32} & 1 & & \\ \vdots & \vdots & \ddots & \ddots & \\ l_{n1} & l_{n2} & \cdots & l_{n,n-1} & 1 \end{pmatrix} \begin{pmatrix} u_{11} & u_{12} & \cdots & u_{1n} \\ & u_{22} & \cdots & u_{2n} \\ & & \ddots & \vdots \\ \boldsymbol{0} & & & u_{nn} \end{pmatrix} \tag{3.16}$$

其中，l_{ij} 和 u_{ij} 都是待定的元素. 将式（3.16）右端两个矩阵乘开，并比较等式两端相应的元素，可知

$$a_{1j}=u_{1j}\,,\quad j=1,\ 2,\ \cdots,\ n$$

$$a_{ij}=\begin{cases} \sum\limits_{k=1}^{j} l_{ik}u_{kj}\,, & j<i \\ \sum\limits_{k=1}^{i-1} l_{ik}u_{kj}+u_{ij}\,, & j\geqslant i \end{cases}$$

由此得 LU 分解的计算公式

$$\begin{cases} u_{1j}=a_{1j}\,,\quad j=1,2,\cdots,n \\ \text{对于 } i=2,3,\cdots,n \text{ 依次计算} \\ l_{ij}=\left(a_{ij}-\sum\limits_{k=1}^{j-1} l_{ik}u_{kj}\right)/u_{jj}\,,\quad j=1,2,\cdots,i-1 \\ u_{ij}=a_{ij}-\sum\limits_{k=1}^{i-1} l_{ik}u_{kj}\,,\quad j=i,i+1,\cdots,n \end{cases} \tag{3.17}$$

利用式（3.17）计算 l_{ij} 和 u_{ij} 的顺序如下面表格中从上到下、从左到右的顺序：

$$\begin{matrix} u_{11} & u_{12} & u_{13} & \cdots & u_{1n} \\ l_{21} & u_{22} & u_{23} & \cdots & u_{2n} \\ l_{31} & l_{32} & u_{33} & \cdots & u_{3n} \\ \vdots & \vdots & \vdots & & \vdots \\ l_{n1} & l_{n2} & \cdots & l_{n,n-1} & u_{nn} \end{matrix}$$

求解两个三角方程组式（3.13）和式（3.14）的计算公式为

$$\begin{cases} y_i=b_i-\sum\limits_{k=1}^{i-1} l_{ik}y_k\,, & i=1,2,\cdots,n \\ x_i=\left(y_i-\sum\limits_{k=i+1}^{n} u_{ik}x_k\right)/u_{ii}\,, & i=n,n-1,\cdots,1 \end{cases} \tag{3.18}$$

将计算公式（3.17）和式（3.18）合起来，就构成了 LU 分解法的整个计算过程.

例 3.4 试用 LU 分解法求解方程组

$$\begin{cases}2x_1+x_3+3x_4=1\\4x_1+3x_2+x_3+7x_4=-1\\2x_1-3x_2+6x_3+4x_4=10\\6x_1+6x_2+5x_3+18x_4=-2\end{cases}\tag{3.19}$$

解 利用公式（3.17）将方程组（3.19）的系数矩阵做三角分解 $\boldsymbol{A}=\boldsymbol{LU}$，得

$$\boldsymbol{L}=\begin{pmatrix}1&&&\boldsymbol{0}\\2&1&&\\1&-1&1&\\3&2&1&1\end{pmatrix},\quad \boldsymbol{U}=\begin{pmatrix}2&0&1&3\\&3&-1&1\\&&4&2\\\boldsymbol{0}&&&5\end{pmatrix}$$

由 $\boldsymbol{Ly}=\boldsymbol{b}$ 解得 $\boldsymbol{y}=(1,\ -3,\ 6,\ -5)^{\mathrm{T}}$，再由 $\boldsymbol{Ux}=\boldsymbol{y}$ 解得 $\boldsymbol{x}=(1,\ 0,\ 2,\ -1)^{\mathrm{T}}$.

3.2.2 Cholesky 分解法

设 $\boldsymbol{A}$ 是 n 阶的对称正定矩阵，则由正定性知 $\boldsymbol{A}$ 的各阶顺序主子式全大于零，这就保证了矩阵 $\boldsymbol{A}$ 有惟一的 LU 分解，其中 $\boldsymbol{L}$ 是单位下三角矩阵，$\boldsymbol{U}$ 是非奇异上三角矩阵. 现在把 $\boldsymbol{U}$ 进一步分解为 $\boldsymbol{U}=\boldsymbol{DR}$，其中 $\boldsymbol{D}$ 是非奇异的对角矩阵，$\boldsymbol{R}$ 是单位上三角矩阵，因此矩阵 $\boldsymbol{A}$ 又可分解为

$$\boldsymbol{A}=\boldsymbol{LDR}\tag{3.20}$$

又因为 $\boldsymbol{A}$ 是对称的，所以 $\boldsymbol{A}=\boldsymbol{A}^{\mathrm{T}}$，即

$$\boldsymbol{LDR}=\boldsymbol{R}^{\mathrm{T}}\boldsymbol{DL}^{\mathrm{T}}$$

可见 $\boldsymbol{R}=\boldsymbol{L}^{\mathrm{T}}$，故式（3.20）成为

$$\boldsymbol{A}=\boldsymbol{LDL}^{\mathrm{T}}\tag{3.21}$$

设 $\boldsymbol{D}=\mathrm{diag}(d_1,\ d_2,\ \cdots,\ d_n)$，则由 $\boldsymbol{A}$ 的正定性知 $d_i>0$ $(i=1,\ 2,\ \cdots,\ n)$. 记

$$\boldsymbol{D}_1=\mathrm{diag}(\sqrt{d_1},\ \sqrt{d_2},\ \cdots,\ \sqrt{d_n})$$

则 $\boldsymbol{D}=\boldsymbol{D}_1^2$，所以式（3.21）又可以写成

$$\boldsymbol{A}=(\boldsymbol{LD}_1)(\boldsymbol{LD}_1)^{\mathrm{T}}=\boldsymbol{L}_1\boldsymbol{L}_1^{\mathrm{T}}$$

其中，$\boldsymbol{L}_1=\boldsymbol{LD}_1$ 为下三角矩阵.

综上所述，有如下结论.

定理 3.2 如果 $\boldsymbol{A}$ 是 $n\times n$ 阶的对称正定矩阵，则存在惟一的主对角线元素都是正数的下三角矩阵

$$\boldsymbol{L}=\begin{pmatrix}l_{11}&&&\boldsymbol{0}\\l_{21}&l_{22}&&\\\vdots&\vdots&\ddots&\\l_{n1}&l_{n2}&\cdots&l_{nn}\end{pmatrix}\quad(l_{ii}>0,\ i=1,\ 2,\ \cdots,\ n)$$

使得

$$A = LL^{\mathrm{T}} \tag{3.22}$$

分解式（3.22）称为 Cholesky 分解.

比较分解式两端的相应元素，容易得

$$a_{ij} = l_{i1}l_{j1} + l_{i2}l_{j2} + \cdots + l_{ij}l_{jj} \quad (i > j)$$

$$a_{ii} = l_{i1}^2 + l_{i2}^2 + \cdots + l_{ii}^2, \quad i = 1, 2, \cdots, n$$

由此得 Cholesky 分解的计算公式

$$\begin{cases} l_{11} = \sqrt{a_{11}} \\ \text{对于 } i = 2,3,\cdots,n \text{ 依次计算} \\ l_{ij} = \left(a_{ij} - \sum\limits_{k=1}^{j-1} l_{ik}l_{jk}\right)/l_{jj}, \quad j = 1,2,\cdots,i-1 \\ l_{ii} = \sqrt{a_{ii} - \sum\limits_{k=1}^{i-1} l_{ik}^2} \end{cases} \tag{3.23}$$

完成了以上分解之后，将分解式（3.22）代入方程组（3.2），得

$$LL^{\mathrm{T}}x = b \tag{3.24}$$

该方程组又进一步等价于两个方程组

$$Ly = b \tag{3.25}$$

$$L^{\mathrm{T}}x = y \tag{3.26}$$

于是，从下三角方程组（3.25）中解出 y，代入上三角方程组（3.26），就可以把 x 解出来，其求解公式为

$$\begin{cases} y_i = \left(b_i - \sum\limits_{k=1}^{i-1} l_{ik}y_k\right)/l_{ii}, \quad i = 1,2,\cdots,n \\ x_i = \left(y_i - \sum\limits_{k=i+1}^{n} l_{ki}x_k\right)/l_{ii}, \quad i = n,n-1,\cdots,1 \end{cases} \tag{3.27}$$

3.2.3 追赶法

在三次样条插值、常微分方程边值问题以及偏微分方程的有限差分法等数值计算过程中，经常遇到三对角线性方程组

$$Ax = d \tag{3.28}$$

其中

$$A = \begin{pmatrix} a_1 & c_1 & & & & \\ b_2 & a_2 & c_2 & & \mathbf{0} & \\ & b_3 & a_3 & c_3 & & \\ & & \ddots & \ddots & \ddots & \\ & \mathbf{0} & & b_{n-1} & a_{n-1} & c_{n-1} \\ & & & & b_n & a_n \end{pmatrix}, \quad d = \begin{pmatrix} d_1 \\ d_2 \\ d_3 \\ \vdots \\ d_{n-1} \\ d_n \end{pmatrix}$$

三对角矩阵 $\boldsymbol{A}$ 是特殊的稀疏矩阵，其非零元素都集中在主对角线及其相邻两条次对角线上．当它满足条件

$$\begin{cases} |a_1| > |c_1| > 0 \\ |a_i| \geqslant |b_i| + |c_i|, \quad b_i,\ c_i \neq 0,\ i = 1,\ 2,\ \cdots,\ n-1 \\ |a_n| > |b_n| > 0 \end{cases}$$

时，矩阵 $\boldsymbol{A}$ 非奇异，而且可以分解成

$$\boldsymbol{A} = \boldsymbol{LU} = \begin{pmatrix} p_1 & & & \boldsymbol{0} \\ b_2 & p_2 & & \\ & \ddots & \ddots & \\ \boldsymbol{0} & & b_n & p_n \end{pmatrix} \begin{pmatrix} 1 & q_1 & & \boldsymbol{0} \\ & 1 & \ddots & \\ & & \ddots & q_{n-1} \\ \boldsymbol{0} & & & 1 \end{pmatrix} \tag{3.29}$$

其中

$$\begin{cases} p_1 = a_1 \\ q_1 = c_1/a_1 \\ p_i = a_i - b_i q_{i-1}, \quad i = 2,3,\cdots,n \\ q_i = c_i/p_i, \quad i = 2,3,\cdots,n-1 \end{cases} \tag{3.30}$$

将分解式（3.29）代入方程组（3.28），得等价方程组

$$\boldsymbol{Ly} = \boldsymbol{d} \tag{3.31}$$

$$\boldsymbol{Ux} = \boldsymbol{y} \tag{3.32}$$

方程组（3.31）的求解公式为

$$\begin{cases} y_1 = d_1/p_1 \\ y_i = (d_i - b_i y_{i-1})/p_i, \quad i = 2,3,\cdots,n \end{cases} \tag{3.33}$$

方程组（3.32）的求解公式为

$$\begin{cases} x_n = y_n \\ x_i = y_i - q_i x_{i+1}, \quad i = n-1, n-2, \cdots, 1 \end{cases} \tag{3.34}$$

以上求解过程式（3.30）、式（3.33）、式（3.34）叫做求解三对角方程组的追赶法.

习　题　3.2

1. 利用 LU 分解法求解方程组

$$\begin{pmatrix} 2 & -1 & -1 & -1 \\ 4 & 1 & -1 & -1 \\ 6 & 3 & 3 & 0 \\ 8 & 5 & 7 & 6 \end{pmatrix} \begin{pmatrix} x_1 \\ x_2 \\ x_3 \\ x_4 \end{pmatrix} = \begin{pmatrix} 3 \\ 5 \\ 3 \\ 1 \end{pmatrix}$$

2. 利用 Cholesky 分解法求解方程组

$$\begin{pmatrix} 1 & -1 & 0 & 1 \\ -1 & 5 & 6 & -1 \\ 0 & 6 & 10 & 2 \\ 1 & -1 & 2 & 6 \end{pmatrix}\begin{pmatrix} x_1 \\ x_2 \\ x_3 \\ x_4 \end{pmatrix}=\begin{pmatrix} 2 \\ -8 \\ -10 \\ 0 \end{pmatrix}$$

3. 利用追赶法求解方程组

$$\begin{pmatrix} 2 & 1 & 0 & 0 \\ 1 & 2 & 1 & 0 \\ 0 & 2 & 3 & 1 \\ 0 & 0 & 3 & 4 \end{pmatrix}\begin{pmatrix} x_1 \\ x_2 \\ x_3 \\ x_4 \end{pmatrix}=\begin{pmatrix} -1 \\ 1 \\ 4 \\ 8 \end{pmatrix}$$

3.3 解线性方程组的迭代法

3.1 节和 3.2 节介绍了求解线性代数方程组

$$\boldsymbol{A}\boldsymbol{x}=\boldsymbol{b}$$

的直接法，其中 $\boldsymbol{A}$ 是非奇异矩阵. 本节介绍求解方程组（3.2）的迭代法. 所谓迭代法，就是从任意向量 $\boldsymbol{x}^{(0)}$ 出发，按照一定的法则逐次产生向量序列 $\{\boldsymbol{x}^{(k)}\}$，使得该向量序列收敛于方程组（3.2）的解向量 $\boldsymbol{x}^*$ 的计算过程.

为了建立一般的迭代法，当系数矩阵 $\boldsymbol{A}$ 非奇异时，将其分解为两个矩阵之差

$$\boldsymbol{A}=\boldsymbol{N}-\boldsymbol{P} \tag{3.35}$$

其中，$\boldsymbol{N}$ 是非奇异矩阵（故 $\boldsymbol{N}^{-1}$存在），并将式（3.35）代入到方程（3.2），得

$$\boldsymbol{N}\boldsymbol{x}=\boldsymbol{P}\boldsymbol{x}+\boldsymbol{b} \tag{3.36}$$

由此有

$$\boldsymbol{x}=\boldsymbol{N}^{-1}\boldsymbol{P}\boldsymbol{x}+\boldsymbol{N}^{-1}\boldsymbol{b} \tag{3.37}$$

记 $\boldsymbol{M}=\boldsymbol{N}^{-1}\boldsymbol{P}$，$\boldsymbol{d}=\boldsymbol{N}^{-1}\boldsymbol{b}$，则式（3.37）可以简写成

$$\boldsymbol{x}=\boldsymbol{M}\boldsymbol{x}+\boldsymbol{d} \tag{3.38}$$

由以上推导过程可以看出，方程组（3.2）与式（3.38）等价. 从任何一个向量 $\boldsymbol{x}^{(0)}$ 出发，使用递推公式

$$\boldsymbol{x}^{(k+1)}=\boldsymbol{M}\boldsymbol{x}^{(k)}+\boldsymbol{d},k=0,1,2,\cdots \tag{3.39}$$

反复进行计算，就可以产生向量序列

$$\boldsymbol{x}^{(1)},\boldsymbol{x}^{(2)},\cdots,\boldsymbol{x}^{(k)},\cdots \tag{3.40}$$

如果序列式（3.40）收敛于向量 $\boldsymbol{x}^*$，即

$$\lim_{k\to\infty}\boldsymbol{x}^{(k)}=\boldsymbol{x}^* \tag{3.41}$$

则对式（3.39）两端同时取极限，得

$$\boldsymbol{x}^*=\boldsymbol{M}\boldsymbol{x}^*+\boldsymbol{d} \tag{3.42}$$

可见，序列式（3.40）的极限 $\boldsymbol{x}^*$ 就是方程组（3.2）的解向量.

这里，向量极限

$$\lim_{k\to\infty}\boldsymbol{x}^{(k)}=\lim_{k\to\infty}(x_1^{(k)},x_2^{(k)},\cdots,x_n^{(k)})^{\mathrm T}=\boldsymbol{x}^*=(x_1^*,x_2^*,\cdots,x_n^*)^{\mathrm T}$$

是指

$$\lim_{k\to\infty}x_i^{(k)}=x_i^*,\qquad i=1,\ 2,\ \cdots,\ n$$

即向量序列收敛是指按分量序列收敛.

递推公式（3.39）称为解方程组（3.2）的一般迭代公式，其中 $\boldsymbol{M}$ 称为迭代矩阵.

定理 3.3 以任意 n 维向量 $\boldsymbol{x}^{(0)}$ 为初始值，由迭代公式（3.39）产生的向量序列（3.40）收敛于方程组（3.2）的解 $\boldsymbol{x}^*$ 的充分必要条件是

$$\lim_{k\to\infty}\boldsymbol{M}^k=\boldsymbol{0} \tag{3.43}$$

即 $\boldsymbol{M}^k$ 的所有元素都趋于零.

证 将式（3.42）与式（3.39）相减，得误差的递推公式

$$\boldsymbol{x}^*-\boldsymbol{x}^{(k+1)}=\boldsymbol{M}(\boldsymbol{x}^*-\boldsymbol{x}^{(k)})$$

由此递推得

$$\boldsymbol{x}^*-\boldsymbol{x}^{(k)}=\boldsymbol{M}^k(\boldsymbol{x}^*-\boldsymbol{x}^{(0)})$$

可见，极限式（3.41）成立的充分必要条件是极限式（3.43）成立. 证毕.

下面再给出比较简便的判别法.

定理 3.4 如果迭代矩阵 $\boldsymbol{M}=(m_{ij})_{n\times n}$ 满足以下四个条件之一：

（1）$\|\boldsymbol{M}\|_1\equiv\max\limits_{1\leqslant j\leqslant n}\left(\sum\limits_{i=1}^{n}|m_{ij}|\right)<1$；

（2）$\|\boldsymbol{M}\|_\infty\equiv\max\limits_{1\leqslant i\leqslant n}\left(\sum\limits_{j=1}^{n}|m_{ij}|\right)<1$；

（3）$\|\boldsymbol{M}\|_E\equiv\sqrt{\sum\limits_{i=1}^{n}\sum\limits_{j=1}^{n}m_{ij}^2}<1$；

（4）$\|\boldsymbol{M}\|_2\equiv\sqrt{\boldsymbol{M}^{\mathrm T}\boldsymbol{M}\text{ 的最大特征值}}<1$

则对任意初始值 $\boldsymbol{x}^{(0)}$，由迭代公式（3.39）产生的向量序列（3.40）收敛于方程组（3.2）的解 $\boldsymbol{x}^*$，而且 $\|\boldsymbol{M}\|$ 的值越小，收敛速度越快.

证明略.

例 3.5 写出求解方程组

$$\begin{cases}3x_1-4x_2=5\\x_1-2x_2=2\end{cases}$$

的收敛迭代公式.

解 首先将方程组改写成等价形式

$$\begin{cases}10x_1=7x_1+4x_2+5\\2x_2=x_1-2\end{cases}$$

由此构造迭代公式

$$\begin{cases} x_1^{(k+1)} = 0.7x_1^{(k)} + 0.4x_2^{(k)} + 0.5 \\ x_2^{(k+1)} = 0.5x_1^{(k)} - 1 \end{cases} \tag{3.44}$$

其迭代矩阵为

$$\boldsymbol{M} = \begin{pmatrix} 0.7 & 0.4 \\ 0.5 & 0 \end{pmatrix}$$

虽然 $\|\boldsymbol{M}\|_1 = 1.2 > 1$，$\|\boldsymbol{M}\|_\infty = 1.1 > 1$，但由于 $\|\boldsymbol{M}\|_E = \sqrt{0.9} < 1$，所以由定理 3.4 知迭代公式（3.44）收敛.

例 3.6 判别迭代过程

$$\begin{pmatrix} x_1^{(k+1)} \\ x_2^{(k+1)} \end{pmatrix} = \begin{pmatrix} -3.5 & 10 \\ -1.2 & 3.5 \end{pmatrix} \begin{pmatrix} x_1^{(k)} \\ x_2^{(k)} \end{pmatrix} \tag{3.45}$$

的收敛性.

解 迭代矩阵为 $\boldsymbol{M} = \begin{pmatrix} -3.5 & 10 \\ -1.2 & 3.5 \end{pmatrix}$. 因为 $\|\boldsymbol{M}\|_1 = \|\boldsymbol{M}\|_\infty = 13.5 > 1$，$\|\boldsymbol{M}\|_E = 11.22229923 > 1$，$\|\boldsymbol{M}\|_2 = 11.7108723 > 1$，所以定理 3.4 中的四个条件都不满足，无法用定理 3.4 进行判别. 下面就用定理 3.3 进行判别. 因为

$$\boldsymbol{M}^2 = \begin{pmatrix} 0.25 & 0 \\ 0 & 0.25 \end{pmatrix}$$

所以

$$\lim_{k\to\infty} \boldsymbol{M}^{2k} = \lim_{k\to\infty} \begin{pmatrix} 0.25 & 0 \\ 0 & 0.25 \end{pmatrix}^k = \lim_{k\to\infty} \begin{pmatrix} 0.25^k & 0 \\ 0 & 0.25^k \end{pmatrix} = \begin{pmatrix} 0 & 0 \\ 0 & 0 \end{pmatrix} = \boldsymbol{0}$$

$$\lim_{k\to\infty} \boldsymbol{M}^{2k+1} = \lim_{k\to\infty} \boldsymbol{M}^{2k}\boldsymbol{M} = \boldsymbol{0}\boldsymbol{M} = \boldsymbol{0}$$

所以，由定理 3.3 知迭代过程式（3.45）收敛.

这个例子进一步说明，定理 3.4 中的条件 $\|\boldsymbol{M}\| < 1$ 只是迭代法收敛的充分条件，而不是必要条件.

习 题 3.3

对以下方程组，建立收敛的迭代公式.

（1）$\begin{cases} x_1 + 2x_2 = 2 \\ x_1 + 4x_2 = 4 \end{cases}$ （2）$\begin{cases} x_1 + 8x_2 - 2x_3 = 4 \\ x_1 - 2x_2 + 4x_3 = 6 \\ 10x_1 + x_2 - 3x_3 = 5 \end{cases}$

3.4 几个常用的迭代法

3.4.1 Jacobi 迭代法

首先用一个具体的例子来说明 Jacobi 迭代法的基本思想.

例 3.7 求解线性方程组

$$\begin{cases} 8x_1 + 2x_2 - x_3 = 3 \\ 3x_1 + 10x_2 + x_3 = -16 \\ -x_1 + 2x_2 + 20x_3 = 15 \end{cases}$$

解 从以上三个方程中依次解出 x_1, x_2, x_3, 得

$$\begin{cases} x_1 = (3 - 2x_2 + x_3)/8 \\ x_2 = (-16 - 3x_1 - x_3)/10 \\ x_3 = (15 + x_1 - 2x_2)/20 \end{cases}$$

由此建立迭代公式

$$\begin{cases} x_1^{(k+1)} = (3 - 2x_2^{(k)} + x_3^{(k)})/8 \\ x_2^{(k+1)} = (-16 - 3x_1^{(k)} - x_3^{(k)})/10 \\ x_3^{(k+1)} = (15 + x_1^{(k)} - 2x_2^{(k)})/20 \end{cases} \tag{3.46}$$

取初始值 $x_1^{(0)} = x_2^{(0)} = x_3^{(0)} = 0$, 由式 (3.46) 进行迭代得迭代序列如表 3.1.

容易验证, 原方程组的精确解为 $x_1 = 1$, $x_2 = -2$, $x_3 = 1$. 由表 3.1 可以看出, 迭代法 (3.46) 是收敛的.

表 3.1

k	$x_1^{(k)}$	$x_2^{(k)}$	$x_3^{(k)}$
0	0	0	0
1	0.3750	-1.6000	0.7500
2	0.8688	-1.7875	0.9288
3	0.9380	-1.9535	0.9722
4	0.9849	-1.9786	0.9923
5	0.9937	-1.9947	0.9971
6	0.9983	-1.9978	0.9992
7	0.9994	-1.9994	0.9997
8	0.9998	-1.9998	0.9999
9	0.9999	-1.9999	1.0000
10	1.0000	-2.0000	1.0000

对于一般的 n 阶线性方程组（3.1），当系数矩阵 $\boldsymbol{A}$ 的主对角线元素 $a_{ii}\neq 0$（$i=1$，2，…，n）时，依次从第 i 个方程中解出变量 x_i，得

$$x_i = \left(b_i - \sum_{\substack{j=1\\ j\neq i}}^{n} a_{ij}x_j\right)/a_{ii}, i=1,2,\cdots,n \tag{3.47}$$

由此建立迭代公式，有

$$x_i^{(k+1)} = \left(b_i - \sum_{\substack{j=1\\ j\neq i}}^{n} a_{ij}x_j^{(k)}\right)/a_{ii}, i=1,2,\cdots,n;k=0,1,2,\cdots \tag{3.48}$$

为了用矩阵来表示迭代公式（3.48），将 $\boldsymbol{A}$ 的主对角线元素构成的对角矩阵记为 $\boldsymbol{D}$，即 $\boldsymbol{D}=\mathrm{diag}(a_{11}, a_{22}, \cdots, a_{nn})$，并将分解式

$$\boldsymbol{A}=\boldsymbol{D}+(\boldsymbol{A}-\boldsymbol{D}) \tag{3.49}$$

代入式（3.2），得等价方程组

$$\boldsymbol{Dx}=(\boldsymbol{D}-\boldsymbol{A})\boldsymbol{x}+\boldsymbol{b}$$

由此解得

$$\boldsymbol{x}=\boldsymbol{M}_J\boldsymbol{x}+\boldsymbol{D}^{-1}\boldsymbol{b} \tag{3.50}$$

其中

$$\boldsymbol{M}_J=\boldsymbol{D}^{-1}(\boldsymbol{D}-\boldsymbol{A}) \tag{3.51}$$

由式（3.50）可得迭代公式

$$\boldsymbol{x}^{(k+1)}=\boldsymbol{M}_J\boldsymbol{x}^{(k)}+\boldsymbol{D}^{-1}\boldsymbol{b} \tag{3.52}$$

将式（3.52）写成分量形式，就是式（3.48）. 将迭代公式（3.48）或式（3.52）叫做 Jacobi 迭代公式，也称为简单迭代公式，其迭代矩阵 $\boldsymbol{M}_J$ 由式（3.51）给出.

关于 Jacobi 迭代法的收敛性，有如下简便的判别法.

定理 3.5 如果方程组（3.2）的系数矩阵 $\boldsymbol{A}$ 按行或按列严格对角占优，即

$$\sum_{\substack{j=1\\ j\neq i}}^{n} |a_{ij}| < |a_{ii}|, i=1,2,\cdots,n \tag{3.53}$$

或

$$\sum_{\substack{i=1\\ i\neq j}}^{n} |a_{ij}| < |a_{jj}|, j=1,2,\cdots,n \tag{3.54}$$

则 Jacobi 迭代法对任意初始值 $\boldsymbol{x}^{(0)}$ 都收敛.

证 当式（3.53）或式（3.54）成立时，$\|\boldsymbol{M}_J\|_\infty<1$ 或 $\|\boldsymbol{M}_J\|_1<1$ 显然成立，所以由定理 3.4，结论得证. 证毕.

3.4.2 Gauss-Seidel 迭代法

首先来看一下例 3.7 中的迭代公式（3.46）. 在进行第 $k+1$ 次迭代时，首先算出 $x_1^{(k+1)}$，然后计算 $x_2^{(k+1)}$. 在计算 $x_2^{(k+1)}$ 时，虽然 x_1^* 的最新的近似值 $x_1^{(k+1)}$ 已经算出，但是仍然利用旧的近似值 $x_1^{(k)}$ 来计算 $x_2^{(k+1)}$. 当 $x_1^{(k+1)}$ 和 $x_2^{(k+1)}$ 都算出

之后，还是利用旧的近似值 $x_1^{(k)}$ 和 $x_2^{(k)}$ 来计算 $x_3^{(k+1)}$. 当迭代法收敛时，新的结果放着不用，而用旧的结果进行迭代，可能造成信息资源的浪费. 因此，在迭代过程中尽量采用最新的结果（信息）计算下一个迭代值，有可能提高计算效率. 根据这种思想，将迭代公式（3.46）改写成

$$\begin{cases} x_1^{(k+1)} = (3 - 2x_2^{(k)} + x_3^{(k)})/8 \\ x_2^{(k+1)} = (-16 - 3x_1^{(k+1)} - x_3^{(k)})/10 \\ x_3^{(k+1)} = (15 + x_1^{(k+1)} - 2x_2^{(k+1)})/20 \end{cases} \tag{3.55}$$

仍然取初始值 $x_1^{(0)} = x_2^{(0)} = x_3^{(0)} = 0$，利用式（3.55）进行迭代，结果见表 3.2.

表 3.2

k	$x_1^{(k)}$	$x_2^{(k)}$	$x_3^{(k)}$
0	0	0	0
1	0.3750	−1.7125	0.9400
2	0.9206	−1.9702	0.9931
3	0.9917	−1.9968	0.9993
4	0.9991	−1.9997	0.9999
5	0.9999	−2.0000	1.0000
6	1.0000	−2.0000	1.0000

由表 3.2 及表 3.1 可以看出，迭代法式（3.55）比迭代法式（3.46）收敛速度更快.

与上类似，在用 Jacobi 迭代公式（3.48）计算 $x_i^{(k+1)}$ 时，利用已经算出的最新结果 $x_1^{(k+1)}, \cdots, x_{i-1}^{(k+1)}$ $(i>1)$ 代替旧的结果 $x_1^{(k)}, \cdots, x_{i-1}^{(k)}$，便得到 Gauss-Seidel 迭代公式

$$x_i^{(k+1)} = \left(b_i - \sum_{j=1}^{i-1} a_{ij}x_j^{(k+1)} - \sum_{j=i+1}^{n} a_{ij}x_j^{(k)}\right)/a_{ii} \tag{3.56}$$

$$i = 1, 2, \cdots, n; \ k = 0, 1, 2, \cdots$$

下面推导迭代公式（3.56）的矩阵形式. 为此，将系数矩阵 $\boldsymbol{A}$ 分解为

$$\boldsymbol{A} = \boldsymbol{L} + \boldsymbol{D} + \boldsymbol{U} \tag{3.57}$$

其中，$\boldsymbol{L}$、$\boldsymbol{D}$、$\boldsymbol{U}$ 分别为由系数矩阵 $\boldsymbol{A}$ 的主对角线以下元素、主对角线元素、主对角线以上元素按原来的位置排列成的矩阵，即 $\boldsymbol{D} = \mathrm{diag}(a_{11}, a_{22}, \cdots, a_{nn})$，而 $\boldsymbol{L}$ 和 $\boldsymbol{U}$ 的元素分别为

$$l_{ij} = \begin{cases} 0, & i \leqslant j \\ a_{ij}, & i > j \end{cases}$$

$$u_{ij} = \begin{cases} a_{ij}, & i < j \\ 0, & i \geqslant j \end{cases}$$

将分解式（3.57）代入方程组（3.2），得等价方程组

$$(\boldsymbol{L}+\boldsymbol{D})\boldsymbol{x} = -\boldsymbol{U}\boldsymbol{x}+\boldsymbol{b}$$

进而有

$$\boldsymbol{x} = \boldsymbol{M}_G\boldsymbol{x}+\boldsymbol{d} \tag{3.58}$$

其中

$$\boldsymbol{M}_G = -(\boldsymbol{L}+\boldsymbol{D})^{-1}\boldsymbol{U} \tag{3.59}$$

$$\boldsymbol{d} = (\boldsymbol{L}+\boldsymbol{D})^{-1}\boldsymbol{b} \tag{3.60}$$

由式（3.58）可得 Gauss-Seidel 迭代公式的矩阵形式

$$\boldsymbol{x}^{(k+1)} = \boldsymbol{M}_G\boldsymbol{x}^{(k)}+\boldsymbol{d}, k=0,1,2,\cdots \tag{3.61}$$

当迭代矩阵 $\boldsymbol{M}_G$ 满足定理 3.4 的条件 $\|\boldsymbol{M}_G\|<1$ 时，Gauss-Seidel 迭代法收敛. 下面再给出两个简便的判别法.

定理 3.6 若方程组（3.2）的系数矩阵 $\boldsymbol{A}$ 按行或按列严格对角占优，则 Gauss-Seidel 迭代法收敛.

定理 3.7 若方程组（3.2）的系数矩阵 $\boldsymbol{A}$ 对称正定，则 Gauss-Seidel 迭代法收敛.

以上两个定理的证明从略.

最后，将 Gauss-Seidel 迭代法与 Jacobi 迭代法作一下比较.

从所需要的存储量来说，Gauss-Seidel 迭代法比 Jacobi 迭代法更节省存储单元. 这是因为，用 Jacobi 迭代法进行迭代时，在算出 $\boldsymbol{x}^{(k+1)}$ 的全部分量之前，必须保存 $\boldsymbol{x}^{(k)}$ 的全部分量. 因此，Jacobi 迭代法需要用 $2n$ 个存储单元存放迭代值 $x_1^{(k)}$，$x_2^{(k)}$，…，$x_n^{(k)}$ 和 $x_1^{(k+1)}$，$x_2^{(k+1)}$，…，$x_n^{(k+1)}$. 而用 Gauss-Seidel 迭代法进行迭代时，算出 $x_i^{(k+1)}$ 之后 $x_i^{(k)}$ 就没有必要保存了，因此可以把 $x_i^{(k+1)}$ 存放在 $x_i^{(k)}$ 所在的单元内. 这样，Gauss-Seidel 迭代法只需用 n 个存储单元来存放迭代值即可.

从收敛速度来说，一般情况下 Gauss-Seidel 迭代法的收敛速度比 Jacobi 迭代法的收敛速度快.

习 题 3.4

1. 分别用 Jacobi 迭代法和 Gauss-Seidel 迭代法求解方程组（精确到第三位小数）

$$\begin{cases} 8x_1-x_2+2x_3+x_4=2 \\ -x_1-10x_2+x_3-3x_4=3 \\ x_1-2x_2+10x_3-x_4=4 \\ -x_1-x_2+x_3+5x_4=5 \end{cases}$$

2. 试用迭代法求解方程组（精确到第三位小数）

$$\begin{cases} 2x_1 + x_2 = 1 \\ x_1 + 2x_2 + x_3 = 2 \\ x_2 + 2x_3 = 4 \end{cases}$$

3. 设线性方程组 $\boldsymbol{Ax}=\boldsymbol{b}$ 的系数矩阵为

$$\boldsymbol{A} = \begin{pmatrix} 1 & a & a \\ a & 1 & a \\ a & a & 1 \end{pmatrix}$$

证明：（1）当 $-0.5<a<1$ 时，用 Gauss-Seidel 迭代法求解 $\boldsymbol{Ax}=\boldsymbol{b}$ 收敛.

（2）当 $-0.5<a<0.5$ 时，用 Jacobi 迭代法求解 $\boldsymbol{Ax}=\boldsymbol{b}$ 收敛.

3.5 行列式与逆矩阵的计算

3.5.1 行列式计算

1. 利用三角分解法

利用矩阵的 LU 分解公式（3.17），将矩阵 $\boldsymbol{A}$ 分解成式（3.16）的形式 $\boldsymbol{A}=\boldsymbol{LU}$，此时矩阵 $\boldsymbol{A}$ 的行列式

$$|\boldsymbol{A}| = |\boldsymbol{L}||\boldsymbol{U}| = u_{11}u_{22}\cdots u_{nn}$$

如果 $\boldsymbol{A}$ 是 n 阶的对称正定矩阵，则可以用 Cholesky 分解公式（3.23）将 $\boldsymbol{A}$ 分解成式（3.22）的形式

$$\boldsymbol{A} = \boldsymbol{LL}^{\mathrm{T}} \qquad (\boldsymbol{L}\text{ 为下三角矩阵})$$

此时有

$$|\boldsymbol{A}| = |\boldsymbol{L}||\boldsymbol{L}^{\mathrm{T}}| = |\boldsymbol{L}|^2 = (l_{11}l_{22}\cdots l_{nn})^2$$

2. 利用消元法

设 n 阶方阵 $\boldsymbol{A}$ 经过按列选主元有回代消元法化为上三角矩阵 $\boldsymbol{R}$，在消元过程中行交换的总次数为 k，则有

$$|\boldsymbol{A}| = (-1)^k|\boldsymbol{R}| = (-1)^k r_{11}r_{22}\cdots r_{nn}$$

3.5.2 矩阵求逆

1. 利用消元法

设 $\boldsymbol{A}$ 是 n 阶非奇异矩阵，则 $\boldsymbol{A}^{-1}$ 存在. 令

$$\boldsymbol{A}^{-1} = \boldsymbol{X} = (\boldsymbol{X}_1, \boldsymbol{X}_2, \cdots, \boldsymbol{X}_n)$$

则

$$\boldsymbol{AX} = \boldsymbol{E} \tag{3.62}$$

其中，$\boldsymbol{E}=(\boldsymbol{E}_1, \boldsymbol{E}_2, \cdots, \boldsymbol{E}_n)$ 是单位矩阵. 于是，由式（3.62）得

$$(\boldsymbol{AX}_1, \boldsymbol{AX}_2, \cdots, \boldsymbol{AX}_n) = (\boldsymbol{E}_1, \boldsymbol{E}_2, \cdots, \boldsymbol{E}_n)$$

即

$$\boldsymbol{AX}_k = \boldsymbol{E}_k, \quad k = 1, 2, \cdots, n \tag{3.63}$$

由式（3.63）解出 $X_k(k=1,2,\cdots,n)$，即可求得逆矩阵 $X=A^{-1}$.

利用消元法求解 n 个方程组（3.63）时，因为式（3.63）中每一个方程的系数矩阵均为同一个矩阵 A，所以将它们的增广矩阵（A，E_k）合并为

$$(A,E)=\begin{pmatrix} a_{11} & a_{12} & \cdots & a_{1n} & 1 & 0 & \cdots & 0 \\ a_{21} & a_{22} & \cdots & a_{2n} & 0 & 1 & \cdots & 0 \\ \vdots & \vdots & \ddots & \vdots & \vdots & \vdots & \ddots & \vdots \\ a_{n1} & a_{n2} & \cdots & a_{nn} & 0 & 0 & \cdots & 1 \end{pmatrix} \tag{3.64}$$

然后用按列选主元的无回代 Gauss 消元法对式（3.64）进行消元，得 $n\times 2n$ 阶矩阵

$$(E,B)=(E_1,E_2,\cdots,E_n,B_1,B_2,\cdots,B_n) \tag{3.65}$$

显然，列向量 B_k 是方程组 $AX_k=E_k$ 的解．因此，$X=B$，即矩阵（3.65）的右半部分 B 就是所求的逆矩阵 A^{-1}.

2. 利用 Cholesky 分解法

如果 A 是 $n\times n$ 阶的对称正定矩阵，则由计算公式（3.23）将 A 分解为式（3.22），即

$$A=LL^{\mathrm{T}}$$

此时

$$A^{-1}=(LL^{\mathrm{T}})^{-1}=(L^{\mathrm{T}})^{-1}L^{-1}=(L^{-1})^{\mathrm{T}}L^{-1} \tag{3.66}$$

这样，就把 A^{-1} 的计算问题转化为 L^{-1} 的计算问题．为了方便起见，记 L^{-1} 的第 k 列为 $X_k=(x_{1k},x_{2k},\cdots,x_{nk})^{\mathrm{T}}$，则由 $LL^{\mathrm{T}}=E$ 得

$$LX_k=E_k,\quad k=1,2,\cdots,n \tag{3.67}$$

由此易得 $X_k(k=1,2,\cdots,n)$ 的计算公式

$$\begin{cases} x_{ik}=0, & i=1,2,\cdots,k-1;\quad k>1 \\ x_{kk}=1/l_{kk} & \\ x_{ik}=\left(-\sum\limits_{j=k}^{i-1} l_{ij}x_{jk}\right)/l_{ii}, & i=k+1,k+2,\cdots,n;\quad k<n \end{cases} \tag{3.68}$$

由式（3.68）算出 $L^{-1}=(X_1,X_2,\cdots,X_n)$ 之后，将其代入式（3.66）就可以算出 A^{-1}．因为对称矩阵的逆仍然是对称矩阵，所以在实际计算时只需算出 A^{-1} 的下三角部分即可．

习　题　3.5

1. 计算下列行列式.

（1）$\begin{vmatrix} 2 & -1 & -1 & -1 \\ 4 & 1 & -1 & -1 \\ 6 & 3 & 3 & 0 \\ 8 & 5 & 7 & 6 \end{vmatrix}$　　　（2）$\begin{vmatrix} 0.3 & 2.5 & 3.8 \\ 4.7 & 6.3 & 2.5 \\ 1.3 & 4.9 & 6.8 \end{vmatrix}$

(3) $\begin{vmatrix} 0.32 & 2.65 & 1.58 & 4.96 & 0.64 \\ 3.40 & 0.27 & 4.31 & 4.58 & 2.57 \\ 5.35 & 0.08 & 6.37 & 9.16 & 6.39 \\ 2.53 & 7.34 & 6.78 & 1.20 & 3.14 \\ 4.81 & 3.16 & 3.05 & 4.36 & 4.19 \end{vmatrix}$

2. 求下列矩阵的逆矩阵.

(1) $\boldsymbol{A}=\begin{pmatrix} 1.6 & 3.8 & 4.5 \\ 2.7 & 2.9 & 3.7 \\ 4.3 & 1.5 & 2.4 \end{pmatrix}$　　(2) $\boldsymbol{A}=\begin{pmatrix} 1 & -1 & 0 & 1 \\ -1 & 5 & 6 & -1 \\ 0 & 6 & 10 & 2 \\ 1 & -1 & 2 & 6 \end{pmatrix}$

3.6　求矩阵主特征值的乘幂法

3.6.1　乘幂法

本节介绍求矩阵的主特征值（即按模最大的特征值）及其相应的特征向量的乘幂法.

设 n 阶实矩阵 $\boldsymbol{A}$ 有 n 个线性无关的特征向量 $\boldsymbol{x}_1$，$\boldsymbol{x}_2$，…，$\boldsymbol{x}_n$，其相应的特征值分别为 λ_1，λ_2，…，λ_n，即

$$\boldsymbol{A}\boldsymbol{x}_i=\lambda_i\boldsymbol{x}_i, i=1,2,\cdots,n \tag{3.69}$$

若特征值满足

$$|\lambda_1|>|\lambda_2|\geqslant\cdots\geqslant|\lambda_n| \tag{3.70}$$

而且 λ_1 是实数，则计算主特征值 λ_1 及相应的特征向量的乘幂法如下：

任意取一个 n 维的非零向量 $\boldsymbol{v}_0$，并利用公式

$$\boldsymbol{v}_k=\boldsymbol{A}\boldsymbol{v}_{k-1}, k=1,2,\cdots \tag{3.71}$$

反复进行迭代，得向量序列 $\boldsymbol{v}_1$，$\boldsymbol{v}_2$，…，$\boldsymbol{v}_k$，….

因为 n 维向量组 $\boldsymbol{x}_1$，$\boldsymbol{x}_2$，…，$\boldsymbol{x}_n$ 线性无关，所以存在惟一的一组常数 α_1，α_2，…，α_n，使得 $\boldsymbol{v}_0=\alpha_1\boldsymbol{x}_1+\alpha_2\boldsymbol{x}_2+\cdots+\alpha_n\boldsymbol{x}_n$.

定理 3.8　如果用 $(\boldsymbol{v}_k)_i$ 表示向量 $\boldsymbol{v}_k$ 的第 i 个分量，则当 $(\boldsymbol{x}_1)_i\neq0$，且 $\alpha_1\neq0$ 时，有

$$\lim_{k\to\infty}\frac{(\boldsymbol{v}_{k+1})_i}{(\boldsymbol{v}_k)_i}=\lambda_1 \tag{3.72}$$

$$\lim_{k\to\infty}\frac{\boldsymbol{v}_k}{\lambda_1^k}=\alpha_1\boldsymbol{x}_1 \tag{3.73}$$

证　因为

$$\boldsymbol{v}_k=\boldsymbol{A}\boldsymbol{v}_{k-1}=\cdots=\boldsymbol{A}^k\boldsymbol{v}_0=\boldsymbol{A}^k\sum_{i=1}^{n}\alpha_i\boldsymbol{x}_i$$

$$= \sum_{i=1}^{n} \alpha_i \boldsymbol{A}^k \boldsymbol{x}_i = \sum_{i=1}^{n} \alpha_i \lambda_i^k \boldsymbol{x}_i$$

所以

$$\lim_{k\to\infty} \frac{\boldsymbol{v}_k}{\lambda_1^k} = \lim_{k\to\infty}\left[\alpha_1 \boldsymbol{x}_1 + \sum_{i=2}^{n} \alpha_i \left(\frac{\lambda_i}{\lambda_1}\right)^k \boldsymbol{x}_i\right] = \alpha_1 \boldsymbol{x}_1$$

$$\lim_{k\to\infty} \frac{(\boldsymbol{v}_k)_i}{\lambda_1^k} = (\alpha_1 \boldsymbol{x}_1)_i = \alpha_1 (\boldsymbol{x}_1)_i$$

故

$$\lim_{k\to\infty} \frac{(\boldsymbol{v}_{k+1})_i}{(\boldsymbol{v}_k)_i} = \lim_{k\to\infty} \frac{(\boldsymbol{v}_{k+1})_i / \lambda_1^{k+1}}{(\boldsymbol{v}_k)_i / \lambda_1^k} \lambda_1 = \frac{\alpha_1 (\boldsymbol{x}_1)_i}{\alpha_1 (\boldsymbol{x}_1)_i} \lambda_1 = \lambda_1$$

证毕.

注：若矩阵 $\boldsymbol{A}$ 的主特征值为 r 重的实特征值，即

$$|\lambda_1| = |\lambda_2| = \cdots = |\lambda_r| > |\lambda_{r+1}| \geqslant \cdots \geqslant |\lambda_n|$$

而且矩阵 $\boldsymbol{A}$ 有 n 个线性无关的特征向量 $\boldsymbol{x}_1$，$\boldsymbol{x}_2$，…，$\boldsymbol{x}_n$，满足式（3.69），则与定理 3.8 类似，由公式（3.71）求得的向量序列 $\{\boldsymbol{v}_k\}$ 满足

$$\lim_{k\to\infty} \frac{(\boldsymbol{v}_{k+1})_i}{(\boldsymbol{v}_k)_i} = \lambda_1 \tag{3.74}$$

$$\lim_{k\to\infty} \frac{\boldsymbol{v}_k}{\lambda_1^k} = \sum_{i=1}^{r} \alpha_i \boldsymbol{x}_i \quad \left(\text{当} \sum_{i=1}^{r} \alpha_i \boldsymbol{x}_i \neq 0 \text{ 时}\right) \tag{3.75}$$

例 3.8 求矩阵 $\boldsymbol{A} = \begin{pmatrix} 1 & 2 \\ 1 & 1 \end{pmatrix}$ 的主特征值及相应的特征向量.

解 取初始向量 $\boldsymbol{v}_0 = (1, 2)^{\mathrm{T}}$，则由公式（3.71）得向量序列 $\{\boldsymbol{v}_k\}$ 和主特征值的近似值序列 $\{(\boldsymbol{v}_{k+1})_2/(\boldsymbol{v}_k)_2\}$，见表 3.3.

表 3.3

k	$\boldsymbol{v}_k^{\mathrm{T}}$	$(\boldsymbol{v}_{k+1})_2/(\boldsymbol{v}_k)_2$
0	(1, 2)	
1	(5, 3)	1.5
2	(11, 8)	2.6667
3	(27, 19)	2.3750
4	(65, 46)	2.4211
5	(157, 111)	2.4130
6	(379, 268)	2.4144
7	(915, 647)	2.4142
8	(2209, 1562)	2.4142

由表 3.3 可知，主特征值 $\lambda_1 = 2.4142$. 又因为

$$\frac{\boldsymbol{v}_7}{\lambda_1^7} = \frac{\boldsymbol{v}_8}{\lambda_1^8} = (1.9143,\ 1.3536)^{\mathrm{T}}$$

所以与主特征值 $\lambda_1 = 2.4142$ 相对应的一个特征向量为 $(1.9143,\ 1.3536)^{\mathrm{T}}$.

3.6.2 乘幂法的规范化

用乘幂法计算矩阵的主特征值与相应的特征向量时，如果 $|\lambda_1| > 1$（或 $|\lambda_1| < 1$），则迭代向量序列 $\{\boldsymbol{v}_k\}$ 的非零分量将随着 $k \to \infty$ 而趋于 ∞（或 0），这样在计算机上实现时可能“溢出”. 为了克服这个缺点，对乘幂法加以规范化，计算过程如下：

取非零向量 $\boldsymbol{v}_0 = \boldsymbol{u}_0$（$\boldsymbol{v}_0 = \alpha_1\boldsymbol{x}_1 + \alpha_2\boldsymbol{x}_2 + \cdots + \alpha_n\boldsymbol{x}_n$，$\alpha_1 \neq 0$），用迭代公式

$$\begin{cases} \boldsymbol{v}_k = \boldsymbol{A}\boldsymbol{u}_{k-1} \\ \boldsymbol{u}_k = \dfrac{\boldsymbol{v}_k}{\max(\boldsymbol{v}_k)} \\ k = 1, 2, \cdots \end{cases} \tag{3.76}$$

计算，得向量序列 $\{\boldsymbol{u}_k\}$、$\{\boldsymbol{v}_k\}$. 公式（3.76）中 $\max(\boldsymbol{v})$ 表示向量 $\boldsymbol{v}$ 的按绝对值最大的分量，例如 $\boldsymbol{v} = (1,\ 2,\ -4)^{\mathrm{T}}$，$\max(\boldsymbol{v}) = -4$.

定理 3.9 由公式（3.76）所得向量序列 $\{\boldsymbol{u}_k\}$、$\{\boldsymbol{v}_k\}$ 满足

$$\lim_{k\to\infty} \boldsymbol{u}_k = \frac{\boldsymbol{x}_1}{\max(\boldsymbol{x}_1)} \tag{3.77}$$

$$\lim_{k\to\infty} \max(\boldsymbol{v}_k) = \lambda_1 \tag{3.78}$$

证 由数学归纳法易得

$$\boldsymbol{u}_k = \frac{\boldsymbol{A}^k\boldsymbol{v}_0}{\max(\boldsymbol{A}^k\boldsymbol{v}_0)}, k = 1, 2, \cdots$$

$$\boldsymbol{v}_k = \frac{\boldsymbol{A}^k\boldsymbol{v}_0}{\max(\boldsymbol{A}^{k-1}\boldsymbol{v}_0)}, k = 2, 3, \cdots$$

因为

$$\boldsymbol{v}_0 = \alpha_1\boldsymbol{x}_1 + \alpha_2\boldsymbol{x}_2 + \cdots + \alpha_n\boldsymbol{x}_n,\quad \alpha_1 \neq 0$$

$$\boldsymbol{A}^k\boldsymbol{x}_i = \lambda_i^k\boldsymbol{x}_i$$

所以

$$\lim_{k\to\infty} \boldsymbol{u}_k = \lim_{k\to\infty} \frac{\boldsymbol{A}^k\boldsymbol{v}_0}{\max(\boldsymbol{A}^k\boldsymbol{v}_0)} = \lim_{k\to\infty} \frac{\sum\limits_{i=1}^{n} \alpha_i\lambda_i^k\boldsymbol{x}_i}{\max\left(\sum\limits_{i=1}^{n} \alpha_i\lambda_i^k\boldsymbol{x}_i\right)}$$

$$= \lim_{k\to\infty} \frac{\alpha_1\boldsymbol{x}_1 + \sum\limits_{i=2}^{n} \alpha_i\left(\dfrac{\lambda_i}{\lambda_1}\right)^k\boldsymbol{x}_i}{\max\left[\alpha_1\boldsymbol{x}_1 + \sum\limits_{i=2}^{n} \alpha_i\left(\dfrac{\lambda_i}{\lambda_1}\right)^k\boldsymbol{x}_i\right]} = \frac{\alpha_1\boldsymbol{x}_1}{\max(\alpha_1\boldsymbol{x}_1)} = \frac{\boldsymbol{x}_1}{\max(\boldsymbol{x}_1)}$$

而

$$\lim_{k\to\infty}\max(\boldsymbol{v}_k) = \lim_{k\to\infty}\max\left(\frac{\boldsymbol{A}^k\boldsymbol{v}_0}{\max(\boldsymbol{A}^{k-1}\boldsymbol{v}_0)}\right)$$

$$= \lim_{k\to\infty}\frac{\max(\boldsymbol{A}^k\boldsymbol{v}_0)}{\max(\boldsymbol{A}^{k-1}\boldsymbol{v}_0)} = \lim_{k\to\infty}\frac{\max\left(\sum_{i=1}^{n}\alpha_i\lambda_i^k\boldsymbol{x}_i\right)}{\max\left(\sum_{i=1}^{n}\alpha_i\lambda_i^{k-1}\boldsymbol{x}_i\right)}$$

$$= \lim_{k\to\infty}\frac{\lambda_1^k\cdot\max\left[\alpha_1\boldsymbol{x}_1+\sum_{i=1}^{n}\alpha_i\left(\frac{\lambda_i}{\lambda_1}\right)^k\boldsymbol{x}_i\right]}{\lambda_1^{k-1}\cdot\max\left[\alpha_1\boldsymbol{x}_1+\sum_{i=1}^{n}\alpha_i\left(\frac{\lambda_i}{\lambda_1}\right)^{k-1}\boldsymbol{x}_i\right]} = \lambda_1$$

证毕.

例 3.9 用乘幂法的规范化求矩阵 $\boldsymbol{A}=\begin{pmatrix}3&1&2\\5&2&8\\4&0&1\end{pmatrix}$ 的主特征值及相应的特征向量.

解 取初始向量 $\boldsymbol{u}_0=(1,1,1)^{\mathrm{T}}$，由公式（3.76）和式（3.78）求得主特征值 $\lambda_1=6.6803$，相应的特征向量 $\boldsymbol{x}_1/\max(\boldsymbol{x}_1)=(0.4401, 1, 0.3099)^{\mathrm{T}}$，计算过程见表 3.4.

表 3.4

k	$\boldsymbol{u}_k^{\mathrm{T}}$	$\max(\boldsymbol{v}_k)$
0	(1, 1, 1)	1
1	(0.4000, 1, 0.3333)	15
2	(0.4300, 1, 0.2900)	6.6667
3	(0.4436, 1, 0.3107)	6.4700
4	(0.4404, 1, 0.3110)	6.7032
5	(0.4399, 1, 0.3098)	6.6903
6	(0.4402, 1, 0.3099)	6.6780
7	(0.4402, 1, 0.3100)	6.6800
8	(0.4401, 1, 0.3099)	6.6805
9	(0.4401, 1, 0.3099)	6.6803
10	(0.4401, 1, 0.3099)	6.6803

3.6.3 反幂法

反幂法用来计算矩阵按模最小的特征值及其相应的特征向量.

设 n 阶实矩阵 $\boldsymbol{A}$ 非奇异，并有 n 个线性无关的特征向量 $\boldsymbol{x}_1$，$\boldsymbol{x}_2$，…，$\boldsymbol{x}_n$，其相应的特征值分别为 λ_1，λ_2，…，λ_n，即

$$\boldsymbol{A}\boldsymbol{x}_i=\lambda_i\boldsymbol{x}_i,\ i=1,\ 2,\ \cdots,\ n$$

若 $\boldsymbol{A}$ 的特征值满足

$$|\lambda_1|\geqslant|\lambda_2|\geqslant\cdots\geqslant|\lambda_{n-1}|>|\lambda_n|>0 \tag{3.79}$$

则逆矩阵 $\boldsymbol{A}^{-1}$ 的特征值满足

$$\left|\frac{1}{\lambda_n}\right|>\left|\frac{1}{\lambda_{n-1}}\right|\geqslant\cdots\geqslant\left|\frac{1}{\lambda_1}\right| \tag{3.80}$$

相应的特征向量为 $\boldsymbol{x}_n$，$\boldsymbol{x}_{n-1}$，…，$\boldsymbol{x}_1$.

对于逆矩阵 $\boldsymbol{A}^{-1}$ 应用乘幂法（称为 $\boldsymbol{A}$ 的反幂法），可以求得 $\boldsymbol{A}^{-1}$ 的主特征值 $1/\lambda_n$，从而可以求得 $\boldsymbol{A}$ 的按模最小的特征值 λ_n. 其计算过程为：任取初始向量 $\boldsymbol{v}_0=\boldsymbol{u}_0$，（$\boldsymbol{v}_0=\alpha_1\boldsymbol{x}_1+\alpha_2\boldsymbol{x}_2+\cdots+\alpha_n\boldsymbol{x}_n$，$\alpha_n\neq0$），用迭代公式

$$\begin{cases}\boldsymbol{v}_k=\boldsymbol{A}^{-1}\boldsymbol{u}_{k-1} & (\text{解方程组 } \boldsymbol{A}\,\boldsymbol{v}_k=\boldsymbol{u}_{k-1} \text{ 得 } \boldsymbol{v}_k)\\ \boldsymbol{u}_k=\dfrac{\boldsymbol{v}_k}{\max(\boldsymbol{v}_k)} & \\ k=1,2,\cdots & \end{cases} \tag{3.81}$$

进行迭代，则有

$$\lim_{k\to\infty}\boldsymbol{u}_k=\frac{\boldsymbol{x}_n}{\max(\boldsymbol{x}_n)} \tag{3.82}$$

$$\lim_{k\to\infty}\max(\boldsymbol{v}_k)=\frac{1}{\lambda_n} \tag{3.83}$$

习　题　3.6

1. 用乘幂法的规范化计算矩阵的主特征值及相应的特征向量.

（1）$\boldsymbol{A}=\begin{pmatrix}3&5\\2&1\end{pmatrix}$　　（2）$\boldsymbol{A}=\begin{pmatrix}2&0&1\\1&2&4\\3&1&3\end{pmatrix}$

2. 用反幂法计算矩阵 $\boldsymbol{A}=\begin{pmatrix}3&5\\2&1\end{pmatrix}$ 的按模最小的特征值及相应的特征向量.

上机实习二

1. 实习题目　用按列选主元消元法求解方程组 $\begin{cases}1.6x+3.8y+4.5z=2.3\\2.7x+2.9y+3.7z=1.2\\4.3x+1.5y+2.4z=3.4\end{cases}$

实习要求　打印出计算程序与计算结果.

实习目的　培养选主元的意识，熟悉按列选主元的过程.

2. 实习题目 分别用 Jacobi 迭代法和 Gauss-Seidel 迭代法求解方程组

$$\begin{cases} 9.6x + 3.4y + 4.5z = 2.1 \\ 1.7x + 8.9y + 3.7z = 5.2 \\ 2.4x + 2.5y + 7.4z = 1.1 \end{cases}$$

实习要求 精确到五位有效数字，打印出计算程序，并打印出每一种迭代法的最后三次迭代结果.

实习目的 熟悉这两种迭代方法的计算过程，并比较这两种迭代方法的收敛速度.

3. 实习题目 用乘幂法和反幂法计算矩阵 $\boldsymbol{A} = \begin{pmatrix} 6 & 5 & 1 \\ 2 & 2 & 1 \\ 1 & 4 & 3 \end{pmatrix}$ 的按模最大和按模最小的特征值，并求出相应的特征向量.

实习要求 精确到五位有效数字，并打印出计算程序和计算结果.

实习目的 掌握乘幂法和反幂法的计算过程.

第 4 章　代数插值与曲线拟合

插值法与曲线拟合是函数逼近的重要方法. 在科学实验和工程技术中，有时无法知道函数 $f(x)$ 的解析表达式，只是知道 $f(x)$ 的若干个函数值或导数值. 例如，通过试验或测量等方法获得函数 $f(x)$ 在 $n+1$ 个互异点处的函数值 $f(x_i)$ $(i=0, 1, \cdots, n)$，或者同时知道在这些点处的导数值 $f'(x_i)(i=0, 1, \cdots, n)$. 我们的任务是，根据这些已知的数据寻求某一简单函数 $g(x)$ 去逼近未知函数 $f(x)$，使得在一定的精度要求下可以用 $g(x)$ 近似代替 $f(x)$ 进行各种运算. 这类函数逼近问题可分为两种：第一种是要求 $g(x)$ 在每一个点 x_i 处的函数值与 $f(x_i)$ 相等，这样的函数逼近问题称为插值问题，并称 $g(x)$ 为 $f(x)$ 的插值函数，称 $f(x)$ 为被插值函数，称 x_i 为插值节点，称插值节点所在的最小区间 $[\min\limits_{0\leqslant i\leqslant n} x_i, \max\limits_{0\leqslant i\leqslant n} x_i]$ 为插值区间；第二种是要求 $g(x)$ 使误差向量 $[g(x_0)-f(x_0), g(x_1)-f(x_1), \cdots, g(x_n)-f(x_n)]^{\mathrm{T}}$ 按照某一范数取得最小值，这样的函数逼近问题称为数据拟合或曲线拟合问题，并称 $g(x)$ 为拟合函数或经验公式，称 $f(x)$ 为被拟合函数，称 x_i 为节点.

在函数逼近问题中，寻找函数 $g(x)$ 的方法是很多的，$g(x)$ 既可以是代数多项式或三角多项式，也可以是有理分式；$g(x)$ 既可以是充分光滑的函数，也可以是分段光滑的函数. 可以肯定的是，选择 $g(x)$ 的函数类不同，逼近 $f(x)$ 的效果就不同. 所以，函数逼近问题的第一步是根据实际问题选择适当的函数类，第二步是具体构造 $g(x)$ 的表达式.

以代数多项式作为插值函数的插值问题称为代数插值问题，并称这种插值函数为代数插值多项式（简称插值多项式）. 以代数多项式作为拟合函数的曲线拟合问题称为多项式曲线拟合问题（简称多项式拟合）.

本章重点讨论代数插值问题与多项式拟合问题.

4.1　Lagrange 插值

4.1.1　代数插值问题

设函数 $f(x)$ 在 $n+1$ 个互异的点 $x_0, x_1, \cdots, x_n$ 处的函数值 $f(x_i)=y_i$ $(i=0, 1, \cdots, n)$ 已知，即已知表格函数

x	x_0	x_1	$\cdots$	x_n
$f(x)$	y_0	y_1	$\cdots$	y_n

求一个次数不大于 n 的代数多项式

$$p_n(x) = a_0 + a_1x + a_2x^2 + \cdots + a_nx^n \tag{4.1}$$

使它满足插值条件

$$p_n(x_i) = y_i, i = 0, 1, \cdots, n \tag{4.2}$$

上述问题称为 n 次代数插值问题. 接下来便有一系列的相关问题：上述代数插值问题的解是否存在？解是否惟一？插值多项式 $p_n(x)$ 如何构造？插值多项式 $p_n(x)$ 逼近于 $f(x)$ 的误差如何估计？当插值节点无限加密时，插值多项式 $p_n(x)$是否收敛于$f(x)$？后面的几节将陆续回答这些问题.

定理 4.1 代数插值问题式（4.1）、（4.2）的解 $p_n(x)$ 存在而且惟一.

证 设 $p_n(x)$ 满足插值条件式（4.2），得 $n+1$ 阶线性方程组

$$a_0 + a_1x_i + a_2x_i^2 + \cdots + a_nx_i^n = y_i, i = 0, 1, \cdots, n \tag{4.3}$$

其中，a_0，a_1，…，a_n是待定的未知系数，而 x_i，y_i（$i=0$，1，…，n）是已知数据. 方程组（4.3）的系数行列式是范德蒙（Vandermonde）行列式

$$V = \begin{vmatrix} 1 & x_0 & x_0^2 & \cdots & x_0^n \\ 1 & x_1 & x_1^2 & \cdots & x_1^n \\ 1 & x_2 & x_2^2 & \cdots & x_2^n \\ \vdots & \vdots & \vdots & & \vdots \\ 1 & x_n & x_n^2 & \cdots & x_n^n \end{vmatrix} = \prod_{n \geqslant i > j \geqslant 0} (x_i - x_j)$$

因为节点 x_0，x_1，…，x_n互不相同，所以$V \neq 0$，故方程组（4.3）存在惟一解 a_0，a_1，…，a_n，即代数插值问题式（4.1）、（4.2）的解 $p_n(x)$ 存在而且惟一. 证毕.

代数插值法的几何意义是：通过 $n+1$ 个点 (x_0, y_0)，(x_1, y_1)，…，(x_n, y_n) 作一条代数多项式曲线 $y = p_n(x)$，用来近似代替未知函数曲线 $y = f(x)$，如图 4.1 所示.

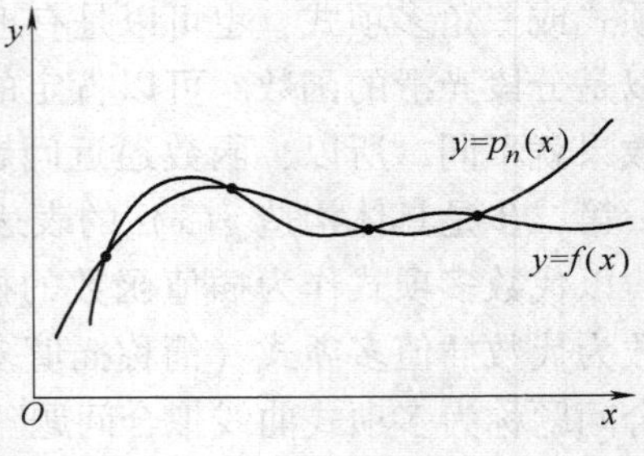

图 4.1

4.1.2 Lagrange 插值公式

现在考虑插值多项式 $p_n(x)$ 的构造方法. 从定理 4.1 的证明过程可以看出，确定 a_0，a_1，…，a_n的最自然、最朴素的方法是直接求解 $n+1$ 阶的线性方程组（4.3）. 但是，这种方法不能给出 $p_n(x)$ 的具体表达式，使用起来很不方便.

下面采用构造性的方法推导 $p_n(x)$ 的一般表达式. 为此，令

$$p_n(x) = \sum_{k=0}^{n} l_k(x) y_k \tag{4.4}$$

其中，$l_k(x)$（$k=0$，1，…，n）是待定的 n 次多项式．为使 $p_n(x)$ 满足条件式（4.2），令

$$l_k(x_i) = \begin{cases} 1 & i=k \\ 0 & i \neq k \end{cases} \quad (k=0,1,\cdots,n) \tag{4.5}$$

则式（4.4）为次数不大于 n 的多项式，并满足插值条件式（4.2）．

由条件式（4.5）知 $x_i(i=0，1，\cdots，n；i \neq k)$ 是 n 次多项式 $l_k(x)$ 的 n 个零点，所以可因式分解为

$$l_k(x) = A(x-x_0)(x-x_1)\cdots(x-x_{k-1})(x-x_{k+1})\cdots(x-x_n) \tag{4.6}$$

其中，A 是待定常数．又因为 $l_k(x_k)=1$，所以

$$A \prod_{\substack{i=0 \\ i \neq k}}^{n} (x_k - x_i) = 1$$

由此得

$$A = \frac{1}{\prod\limits_{\substack{i=0 \\ i \neq k}}^{n} (x_k - x_i)}$$

代入式（4.6），得

$$l_k(x) = \prod_{\substack{i=0 \\ i \neq k}}^{n} \frac{x - x_i}{x_k - x_i}, \qquad k = 0,1,\cdots,n \tag{4.7}$$

再将式（4.7）代入式（4.4），得

$$p_n(x) = \sum_{k=0}^{n} \left(\prod_{\substack{i=0 \\ i \neq k}}^{n} \frac{x - x_i}{x_k - x_i} \right) y_k \tag{4.8}$$

式（4.8）所表示的 n 次多项式称为 Lagrange 插值多项式，式（4.7）所表示的 n 次多项式 $l_k(x)$（$k=0$，1，…，n）称为以 x_0，x_1，…，x_n 为节点的 Lagrange 插值基函数，近似公式

$$f(x) \approx \sum_{k=0}^{n} \left(\prod_{\substack{i=0 \\ i \neq k}}^{n} \frac{x - x_i}{x_k - x_i} \right) y_k \tag{4.9}$$

叫做 n 次的 Lagrange 插值公式．

特别地，当 $n=1$ 时，一次 Lagrange 插值公式

$$f(x) \approx p_1(x) = \frac{x - x_1}{x_0 - x_1} y_0 + \frac{x - x_0}{x_1 - x_0} y_1 \tag{4.10}$$

又被称为线性插值公式．

当 $n=2$ 时，二次 Lagrange 插值公式

$$f(x) \approx p_2(x) = \frac{(x-x_1)(x-x_2)}{(x_0-x_1)(x_0-x_2)}y_0 + \frac{(x-x_0)(x-x_2)}{(x_1-x_0)(x_1-x_2)}y_1 + \frac{(x-x_0)(x-x_1)}{(x_2-x_0)(x_2-x_1)}y_2 \quad (4.11)$$

又被称为抛物插值公式.

例 4.1 已知数表函数

x	1	4	9
$\sqrt{x}$	1	2	3

试分别用线性插值公式和抛物插值公式计算$\sqrt{3}$，并与精确值作比较.

解 首先，取 $x=3$ 两侧的节点 $x=1$ 和 $x=4$ 构造线性插值多项式

$$p_1(x) = \frac{x-4}{1-4}\times 1 + \frac{x-1}{4-1}\times 2 = \frac{x+2}{3}$$

由此得

$$\sqrt{3} \approx p_1(3) = \frac{5}{3} \approx 1.6667$$

其次，利用数表构造抛物插值多项式

$$p_2(x) = \frac{(x-4)(x-9)}{(1-4)(1-9)}\times 1 + \frac{(x-1)(x-9)}{(4-1)(4-9)}\times 2 + \frac{(x-1)(x-4)}{(9-1)(9-4)}\times 3$$

由此得

$$\sqrt{3} \approx p_2(3) = 1.7$$

与精确值$\sqrt{3}=1.7320\cdots$相比，近似值 $p_1(3)$ 和 $p_2(3)$ 分别有一位和两位有效数字.

Lagrange 插值多项式（4.8）形式对称、结构紧凑，很容易编制计算程序. 在程序结构上，插值多项式（4.8）表现为二重循环，内循环（i 循环）累次相乘得 $l_k(x)$，外循环（k 循环）累次相加求得插值结果 $f(x) \approx p_n(x)$.

图 4.2 所示为 Lagrange 插值法的计算框图.

容易看出，利用多项式（4.8）进行计算时，需要做 n 次加法、$n(n+1)$ 次乘法、$n(n+1)$ 次除法、$2n(n+1)$ 次减法. 因此，Lagrange 插值法的总计算量为 $2n^2+2n$ 次乘除法和 $2n^2+3n$ 次加减法.

4.1.3 插值余项

设 $p_n(x)$ 是 $f(x)$ 的 n 次插值多项式，则称

$$R_n(x) = f(x) - p_n(x)$$

为 $p_n(x)$ 的插值余项或截断误差.

定理 4.2（Lagrange 余项定理） 设闭区间 $[a, b]$ 含有节点 $x_0, x_1, \cdots, x_n$，而被插值函数 $f(x)$ 在 $[a, b]$ 内具有直到 $n+1$ 阶的导数，$p_n(x)$ 是 $f(x)$

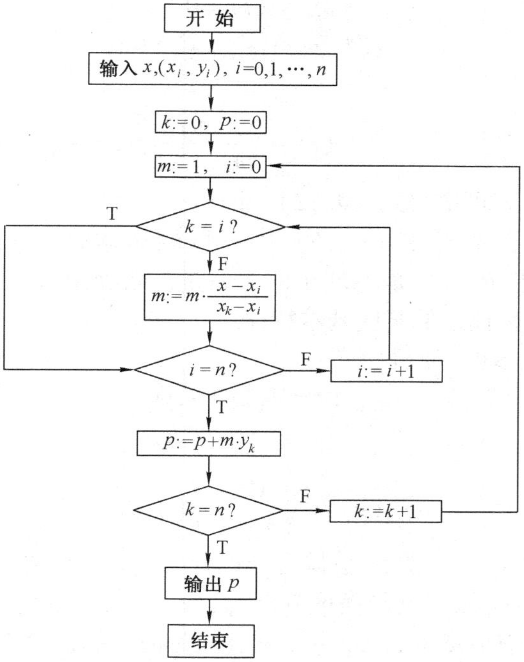

图 4.2

的 n 次插值多项式（即式（4.1）、（4.2）的解），则对任意 $x\in[a,\ b]$ 余项公式

$$R_n(x) = f(x) - p_n(x) = \frac{f^{(n+1)}(\xi)}{(n+1)!}\prod_{k=0}^{n}(x - x_k) \tag{4.12}$$

均成立．其中，$\xi\in(a,\ b)$ 是与 x 有关的点．

证 若 $x = x_i$ 是某一节点，则式（4.12）两端均为零，故式（4.12）必成立．下面考虑 x 不是插值节点的情形．引进辅助函数

$$F(t) = f(t) - p_n(t) - \frac{\omega_n(t)}{\omega_n(x)}[f(x) - p_n(x)] \tag{4.13}$$

其中

$$\omega_n(x) = \prod_{i=0}^{n}(x - x_i) \tag{4.14}$$

显然，$F(x) = F(x_0) = F(x_1) = \cdots = F(x_n) = 0$，即 $F(t)$ 在 $[a,\ b]$ 上有 $n+2$ 个互异的零点，所以由罗尔（Rolle）定理知 $F'(t)$ 在 $(a,\ b)$ 上至少有 $n+1$ 个互异的零点，再由罗尔定理知 $F''(t)$ 在 $(a,\ b)$ 上至少有 n 个互异的零点．如此反复用罗尔定理即可推得 $F^{(n+1)}(t)$ 在 $(a,\ b)$ 内至少有一个零点 ξ，即 $F^{(n+1)}(\xi) = 0$．由于

$$p_n^{(n+1)}(t)=0$$
$$\omega_n^{(n+1)}(t)=(n+1)!$$

所以有

$$F^{(n+1)}(t)=f^{(n+1)}(t)-\frac{(n+1)!}{\omega_n(x)}[f(x)-p_n(x)] \tag{4.15}$$

再由 $F^{(n+1)}(\xi)=0$ 即可推得式（4.12）. 证毕.

需要指出的是，由于在（a，b）内不可能具体给出 ξ，所以用余项公式（4.12）来计算误差 $R_n(x)$ 是不现实的. 但是，余项定理在理论上具有重要的价值，它刻画了代数插值的某些基本特征.

如果存在 $M_{n+1}>0$，使得

$$\max_{a\leqslant t\leqslant b}|f^{(n+1)}(t)|\leqslant M_{n+1}$$

则有余项估计式

$$|R_n(x)|\leqslant\frac{M_{n+1}}{(n+1)!}|\omega_n(x)| \tag{4.16}$$

由此可见，误差 $|R_n(x)|$ 的大小除了与 $|f^{(n+1)}(x)|$ 有关系之外，还与因子 $|\omega_n(x)|$ 有关，而 $|\omega_n(x)|$ 又与插值节点 x_0，x_1，…，x_n 的选择及 x 的位置有关. 当插值点 x 距离插值节点 x_0，x_1，…，x_n 比较远时，插值效果很可能不理想. 如果插值点 x 位于插值区间内，则称这种插值过程为内插，否则称为外插或外推. 公式（4.16）表明，外推是不可靠的.

例 4.2 设 $f(x)=\ln x$，若取 $x_0=10$，$x_1=11$，$x_2=12$ 作为插值节点，用抛物插值计算 $f(10.8)$ 的近似值，则其误差限是多少？

解 因为 $x=10.8\in[x_0, x_2]$，所以本题属于内插问题. 易知

$$|f'''(x)|=\left|\frac{2}{x^3}\right|\leqslant\frac{2}{10^3},\quad x\in[10,12]$$

因此由估计式（4.16）得

$$|R_2(10.8)|=|f(10.8)-p_2(10.8)|$$
$$\leqslant\frac{2}{3!\ 10^3}|(10.8-10)(10.8-11)(10.8-12)|=0.4444\times10^{-4}$$

4.1.4 事后估计

余项估计式（4.16）的使用条件是：事先知道被插值函数的 $n+1$ 阶导数 $f^{(n+1)}(x)$ 的取值范围，但在很多情况下这是不可能的. 因此，有必要讨论不需要知道 $f^{(n+1)}(x)$ 的取值范围就能估计误差的方法.

利用插值节点 x_0，x_1，…，x_{n-1}，x_n 和 x_0，x_1，…，x_{n-1}，x_{n+1} 分别作两个 n 次插值多项式 $p_n(x)$ 和 $q_n(x)$，它们的余项分别为

$$f(x)-p_n(x)=\frac{f^{(n+1)}(\xi_1)}{(n+1)!}\omega_{n-1}(x)(x-x_n)$$

$$f(x)-q_n(x)=\frac{f^{(n+1)}(\xi_2)}{(n+1)!}\omega_{n-1}(x)(x-x_{n+1})$$

当x_n与x_{n+1}比较接近，且$f^{(n+1)}(x)$连续时，可以认为

$$f^{(n+1)}(\xi_1)\approx f^{(n+1)}(\xi_2)$$

于是，有

$$\frac{f(x)-p_n(x)}{f(x)-q_n(x)}\approx\frac{x-x_n}{x-x_{n+1}}$$

整理得

$$f(x)-p_n(x)\approx\frac{x-x_n}{x_n-x_{n+1}}[p_n(x)-q_n(x)] \tag{4.17}$$

式（4.17）称为插值余项的事后估计式.

例 4.3 设

x	10	11	12
$\ln x$	2.3026	2.3979	2.4849

试用线性插值法计算 ln10.8 的值，并用事后估计式（4.17）估计误差.

解 用节点$x_0=10$，$x_1=11$作线性插值，经计算得

$$p_1(10.8)=\frac{10.8-11}{10-11}\times 2.3026+\frac{10.8-10}{11-10}\times 2.3979=2.3788$$

再用节点$x_0=10$，$x_2=12$作线性插值，经计算得

$$q_1(10.8)=\frac{10.8-12}{10-12}\times 2.3026+\frac{10.8-10}{12-10}\times 2.4849=2.3755$$

由事后估计式（4.17）有

$$\ln 10.8-P_1(10.8)\approx\frac{10.8-11}{11-12}\times(2.3788-2.3755)=0.00066$$

现将误差的估计值加到$p_1(10.8)$中去，可得修正后的近似值

$$\ln 10.8\approx p_1(10.8)+0.00066=2.37946$$

它作为精确值 $\ln 10.8=2.37954\cdots$的近似值具有四位有效数字，而$p_1(10.8)=2.3788$只有三位有效数字. 可见，经过修正后的近似值要比p_1（10.8）多一位有效数字. 例 4.3 说明，事后估计法是提高插值精确度的一种有效方法.

习 题 4.1

1. 已知$f(x)=\ln x$，取节点$x_0=5$，$x_1=6$，利用线性插值法计算 ln5.7 的近似值，并估计其误差.

2. 已知$f(x)=\sin 2x$，取节点$x_0=1$，$x_1=1.5$，$x_2=2$，利用抛物插值法计算$f(1.8)$的近似值，并估计其误差.

3. 已知数表

x	1	1.5	1.8
$f(x)$	3.7	4.3	4.8

试利用线性插值法计算 $f(1.2)$ 的近似值，并用事后估计法估计其误差.

4. 已知 $f(1.5)=-0.12$，$f(1.6)=0.09$，试利用线性反插值法求方程 $f(x)=0$ 在区间 $(1.5,1.6)$ 上的实根.

5. 证明

(1) $\sum_{k=0}^{n} l_k(x) \equiv 1$

(2) $\sum_{k=0}^{n} x_k^m l_k(x) \equiv x^m \qquad (m=0,1,2,\cdots,n)$

其中，$l_k(x)$ 是以 x_0，x_1，…，x_n 为节点的 Lagrange 插值基函数.

6. 设 $p_1(x)$ 是函数 $f(x)$ 的一次插值多项式，其插值节点为 $x_0<x_1$，证明误差估计式

$$|f(x)-p_1(x)| \leqslant \frac{(x_1-x_0)^2}{8}\max_{x_0\leqslant x\leqslant x_1}|f''(x)| \qquad (x_0\leqslant x\leqslant x_1)$$

7. 设 $f(x)$ 是次数不超过 n 的代数多项式，证明：以任意 $n+1$ 个不同点为节点的 n 次插值多项式 $p_n(x) \equiv f(x)$.

8. 设 $f(x)$ 在 $[a, b]$ 区间上具有连续的二阶导数，且 $f(a)=f(b)=0$，证明

$$\max_{a\leqslant x\leqslant b}|f(x)| \leqslant \frac{(b-a)^2}{8}\max_{a\leqslant x\leqslant b}|f''(x)|$$

9. 证明：一次和二次 Lagrange 插值多项式可以分别写成

$$p_1(x)=y_0+\frac{y_1-y_0}{x_1-x_0}(x-x_0)$$

$$p_2(x)=y_0+\frac{y_1-y_0}{x_1-x_0}(x-x_0)+\frac{\dfrac{y_2-y_0}{x_2-x_0}-\dfrac{y_1-y_0}{x_1-x_0}}{x_2-x_1}(x-x_0)(x-x_1)$$

的形式.

4.2 Newton 插值

4.1 节给出的 Lagrange 插值多项式具有形式对称、容易编程序的优点. 但是，对于给定的 $\bar{x}$，当 $p_n(\bar{x})$ 的值算出以后，若又临时增加插值节点 x_{n+1}，则在计算 $p_{n+1}(\bar{x})$ 时前面已经算出的结果 $p_n(\bar{x})$ 只好废弃，从头开始重新计算 $p_{n+1}(\bar{x})$. 为了克服这个缺点，下面再给出插值多项式的另一种表达式——Newton 插值多项式. 为此，先介绍差商的概念.

定义 4.1 对于给定的函数 $f(x)$，用记号 $f[x_0, x_1, \cdots, x_n]$ 表示关于节点 x_0，x_1，…，x_n 的 n 阶差商. 一阶差商定义为

$$f[x_0,x_1]=\frac{f(x_1)-f(x_0)}{x_1-x_0}$$

二阶差商定义为一阶差商的差商

$$f[x_0,x_1,x_2]=\frac{f[x_0,x_2]-f[x_0,x_1]}{x_2-x_1}$$

一般地，用递推法定义 k 阶差商为 $k-1$ 阶差商的差商

$$f[x_0,x_1,\cdots,x_k]=\frac{f[x_0,x_1,\cdots,x_{k-2},x_k]-f[x_0,x_1,\cdots,x_{k-2},x_{k-1}]}{x_k-x_{k-1}} \tag{4.18}$$

有了差商的概念，就可以很方便地导出 Newton 插值多项式. 设 n 次插值多项式形如

$$\begin{aligned}p_n(x)&=c_0+c_1(x-x_0)+c_2(x-x_0)(x-x_1)+\cdots+\\&\quad c_n(x-x_0)(x-x_1)\cdots(x-x_{n-1})\\&=\sum_{k=0}^{n}\left[c_k\prod_{j=0}^{k-1}(x-x_j)\right]\end{aligned} \tag{4.19}$$

其中，c_0，c_1，…，c_n 是待定系数，并规定 $\prod_{j=0}^{-1}(x-x_j)=1$. 由插值条件式（4.2）得 $n+1$ 个等式

$$\begin{aligned}&c_0=y_0\\&c_0+c_1(x_1-x_0)=y_1\\&c_0+c_1(x_2-x_0)+c_2(x_2-x_0)(x_2-x_1)=y_2\\&\qquad\vdots\\&c_0+c_1(x_n-x_0)+c_2(x_n-x_0)(x_n-x_1)+\cdots+\\&c_n(x_n-x_0)(x_n-x_1)\cdots(x_n-x_{n-1})=y_n\end{aligned}$$

由此很容易解出 c_0，c_1，…，c_n，并用差商表示为

$$\begin{aligned}&c_0=y_0=f(x_0)=f[x_0]\qquad\text{（称为零阶差商）}\\&c_1=f[x_0,\ x_1]\\&c_2=f[x_0,\ x_1,\ x_2]\\&\qquad\vdots\\&c_n=f[x_0,\ x_1,\ x_2,\ \cdots,\ x_n]\end{aligned}$$

代入式（4.19），得

$$\begin{aligned}p_n(x)&=f[x_0]+f[x_0,x_1](x-x_0)+f[x_0,x_1,x_2](x-x_0)(x-x_1)+\cdots+\\&\quad f[x_0,x_1,\cdots,x_n](x-x_0)(x-x_1)\cdots(x-x_{n-1})\\&=\sum_{k=0}^{n}\left[f[x_0,x_1,\cdots,x_k]\prod_{j=0}^{k-1}(x-x_j)\right]\end{aligned} \tag{4.20}$$

称 n 次多项式（4.20）为 Newton 插值多项式，称近似表达式

$$f(x)\approx\sum_{k=0}^{n}\left[f[x_0,x_1,\cdots,x_k]\prod_{j=0}^{k-1}(x-x_j)\right] \tag{4.21}$$

为 Newton 插值公式.

注意 ①因为代数插值问题的解惟一，所以对同一个代数插值问题来讲，Newton 插值多项式与 Lagrange 插值多项式是相同的，只不过它们的形式不同而已；②应用 Newton 插值公式的关键在于计算差商，因此有必要给出计算差商的简便方法.

定理 4.3 差商与其所含节点的排列次序无关.

证 对于给定的$f(x)$ 和$n+1$ 个互异的节点x_0，x_1，…，x_n，按照节点的不同排列次序所作的 Newton 插值多项式应该是同一个多项式，所以它们的同次幂的系数也应该相等. 其中，x^n的系数是关于x_0，x_1，…，x_n按不同排列次序所作的n阶差商，它们都相等. 证毕.

推论 k阶差商式（4.18）又可以写成

$$f[x_0,x_1,\cdots,x_k]=\frac{f[x_1,x_2,\cdots,x_k]-f[x_0,x_1,\cdots,x_{k-1}]}{x_k-x_0} \tag{4.22}$$

证 由定理 4.3 知

$$\begin{aligned}f[x_0,x_1,\cdots,x_k]&=f[x_1,x_2,\cdots,x_{k-1},x_0,x_k]\\&=\frac{f[x_1,x_2,\cdots,x_{k-1},x_k]-f[x_1,x_2,\cdots,x_{k-1},x_0]}{x_k-x_0}\\&=\frac{f[x_1,x_2,\cdots,x_k]-f[x_0,x_1,\cdots,x_{k-1}]}{x_k-x_0}\end{aligned}$$

证毕.

应用公式（4.22），可按表 4.1 逐行地计算各阶差商，其中加下划线的各阶差商就是 Newton 插值多项式的系数.

表 4.1

x_i	$f(x_i)$	一阶差商	二阶差商	…	n阶差商
x_0	$\underline{f(x_0)}$				
x_1	$f(x_1)$	$\underline{f[x_0,x_1]}$			
x_2	$f(x_2)$	$f[x_1,x_2]$	$\underline{f[x_0,x_1,x_2]}$		
⋮	⋮	⋮	⋮	⋱	
x_n	$f(x_n)$	$f[x_{n-1},x_n]$	$f[x_{n-2},x_{n-1},x_n]$	…	$\underline{f[x_0,x_1,\cdots x_n]}$

利用表 4.1 计算各阶差商共需作n^2+n次减法和$\frac{1}{2}(n^2+n)$次除法. 当求得各阶差商后，用公式（4.20）按秦九韶方法计算所需的计算量为n次加法、n次减法、n次乘法. 因此，Newton 插值法的总计算量为n^2+3n次加减法和$\frac{1}{2}(n^2+3n)$次乘除法，比 Lagrange 插值法节省工作量.

例 4.4 已知数表函数

x	1.5	2.6	3.1	4.0
$f(x)$	5.7	8.2	10.3	11.5

试用 Newton 插值法计算 $f(2.1)$.

解 首先作差商表，见表 4.2.

表 4.2

x	$f(x)$	一阶差商	二阶差商	三阶差商
1.5	5.7			
2.6	8.2	2.2727		
3.1	10.3	4.2000	1.2046	
4.0	11.5	1.3333	-2.0476	-1.3009

由此得 Newton 插值多项式

$$p_3(x)=5.7+2.2727(x-1.5)+1.2046(x-1.5)(x-2.6)-1.3009(x-1.5)(x-2.6)(x-3.1)$$

将 $x=2.1$ 代入上式，得

$$f(2.1)\approx p_3(2.1)=6.31197$$

下面再讨论差商与导数的关系.

在定理 4.2 的条件下，假设 $x\neq x_i(i=0,1,\cdots,n)$，则有

$$\begin{aligned}
f(x)&=f(x_0)+f(x)-f(x_0)=f(x_0)+f[x,x_0](x-x_0)\\
&=f(x_0)+(f[x_0,x_1]+f[x,x_0]-f[x_0,x_1])(x-x_0)\\
&=f(x_0)+f[x_0,x_1](x-x_0)+f[x,x_0,x_1](x-x_0)(x-x_1)\\
&=f(x_0)+f[x_0,x_1](x-x_0)+f[x_0,x_1,x_2](x-x_0)(x-x_1)+\\
&\quad f[x,x_0,x_1,x_2](x-x_0)(x-x_1)(x-x_2)\\
&=\cdots\\
&=\sum_{k=0}^{n}\left[f[x_0,x_1,\cdots,x_k]\prod_{j=0}^{k-1}(x-x_j)\right]+f[x,x_0,x_1,\cdots,x_n]\prod_{j=0}^{n}(x-x_j)\\
&=p_n(x)+R_n(x)
\end{aligned}\tag{4.23}$$

其中，$p_n(x)$ 是 Newton 插值多项式（4.20），而

$$R_n(x)=f(x)-p_n(x)=f[x,x_0,x_1,\cdots,x_n]\prod_{j=0}^{n}(x-x_j)\tag{4.24}$$

是 Newton 插值公式的余项. 由定理 4.1 知，Lagrange 插值多项式（4.8）与 Newton 插值多项式（4.20）实际上是同一个多项式，因此它们的余项式（4.12）与式（4.24）也应该相等，即

$$f[x,x_0,x_1,\cdots,x_n]\prod_{k=0}^{n}(x-x_k)=\frac{f^{(n+1)}(\xi)}{(n+1)!}\prod_{k=0}^{n}(x-x_k)\tag{4.25}$$

或

$$f[x,x_0,x_1,\cdots,x_n]=\frac{f^{(n+1)}(\xi)}{(n+1)!} \tag{4.26}$$

上式也可进一步简化为

$$f[x_0,x_1,\cdots,x_n]=\frac{f^{(n)}(\xi)}{n!} \tag{4.27}$$

这就是差商与导数的关系．其中，ξ 是与节点 x_0，x_1，…，x_n 有关的某一个值．

习　题　4.2

1. 已知数表

x	0	1	4	9	16
$\sqrt{x}$	0	1	2	3	4

试利用 Newton 插值公式计算 $\sqrt{6}$ 的近似值，并与精确值作比较．

2. 证明：由插值条件

x	0.5	1	1.5	2	2.5	3
$f(x)$	0.25	2	4.25	7	10.25	14

所确定的插值多项式是一个二次多项式，并说明其原因．

3. 已知 $f(x)=x^5-3x^2+2x-1$，求差商 $f[0,\ 1,\ \cdots,\ 5]$ 和 $f[0,\ 1,\ \cdots,\ 6]$．

4. 证明：n 阶差商的性质

（1）若 $F(x)=kf(x)$，则 $F[x_0,\ x_1,\ \cdots,\ x_n]=kf[x_0,\ x_1,\ \cdots,\ x_n]$

（2）若 $F(x)=f(x)+g(x)$，则

$$F[x_0,\ x_1,\ \cdots,\ x_n]=f[x_0,\ x_1,\ \cdots,\ x_n]+g[x_0,\ x_1,\ \cdots,\ x_n]$$

5. 证明：

$$f[x_0,x_1,\cdots,x_n]=\sum_{k=0}^{n}\frac{f(x_k)}{\prod\limits_{\substack{i=0\\ i\neq k}}^{n}(x_k-x_i)}$$

4.3　Runge 现象与分段插值

前面已经介绍了代数插值多项式的两种形式：Lagrange 插值多项式和 Newton 插值多项式，二者实质上是相等的．当插值节点无限加密时，插值多项式 $p_n(x)$ 是否一定收敛于 $f(x)$？在回答这个问题之前，先看下面的例子．

例 4.5　对于函数

$$f(x)=\frac{1}{1+25x^2},\quad x\in[-1,\ 1] \tag{4.28}$$

取等距节点 $x_i=-1+\frac{2}{10}i$（$i=0,\ 1,\ \cdots,\ 10$）构造 10 次插值多项式 $p_{10}(x)$，并

讨论 $p_{10}(x)$ 逼近 $f(x)$ 的情况.

解 由 Lagrange 插值多项式，有

$$p_{10}(x)=\sum_{k=0}^{10}l_k(x)f(x_k)=\sum_{k=0}^{10}\left(\prod_{\substack{i=0\\i\neq k}}^{10}\frac{x-x_i}{x_k-x_i}\right)\frac{1}{1+25x_k^2}$$

其计算结果见表 4.3（由对称性，表中只列出 $x\in[0,1]$ 时的结果，下面画有横线的是插值节点）.

表 4.3

x	$f(x)$	$p_{10}(x)$	x	$f(x)$	$p_{10}(x)$
<u>0.00</u>	1.0000	1.0000	0.55	0.11679	0.21559
0.05	0.94118	0.95863	<u>0.60</u>	0.10000	0.10000
0.10	0.80000	0.84341	0.65	0.08649	−0.07260
0.15	0.64000	0.67899	0.70	0.07547	−0.22620
<u>0.20</u>	0.50000	0.50000	0.75	0.06639	−0.23146
0.25	0.39024	0.34264	<u>0.80</u>	0.05882	0.05882
0.30	0.30769	0.23535	0.85	0.05246	0.71946
0.35	0.24615	0.19058	0.90	0.04706	1.57872
<u>0.40</u>	0.20000	0.20000	0.95	0.04244	1.92363
0.45	0.16495	0.23497	<u>1.00</u>	0.03846	0.03846
0.50	0.13793	0.25376			

图 4.3 给出的是函数 $y=f(x)$ 与插值多项式 $p_{10}(x)$ 的图形比较. 从表 4.3 或图 4.3 中容易看出，在区间 $[-0.2,0.2]$ 内 $p_{10}(x)$ 较好地逼近 $f(x)$，而在 $[-1,-0.8]$ 和 $[0.8,1]$ 内逼近效果很差，可以说已经面目全非.

进一步的研究表明，在区间 $[-1,1]$ 上用等距节点作式（4.28）的 n 次插值多项式 $p_n(x)$，则当 $n\to\infty$ 时在区间 $0.726\cdots\leqslant|x|\leqslant 1$ 上 $p_n(x)$ 不趋于 $f(x)$ 在对应点上的值. 对于等距节点，高次插值多项式所出现的这种现象称为 Runge（龙格）现象（20 世纪初 Runge 首先发现了这种现象）.

Runge 现象说明，插值节点的无限加密不一定能保证在两个节点之间 $|f(x)-p_n(x)|$ 很小，更谈不上趋于零.

由于高次插值会出现 Runge 现象，而且计算量也大，所以在实际计算中很少采用高次插值，而是采用下面介绍的分段低次插值.

设 $x_0<x_1<x_2<\cdots<x_n$ 是 $n+1$ 个插值节点，则分段线性插值公式为

$$f(x)\approx\frac{x-x_k}{x_{k-1}-x_k}f(x_{k-1})+\frac{x-x_{k-1}}{x_k-x_{k-1}}f(x_k)\equiv S_1(x) \tag{4.29}$$

其中

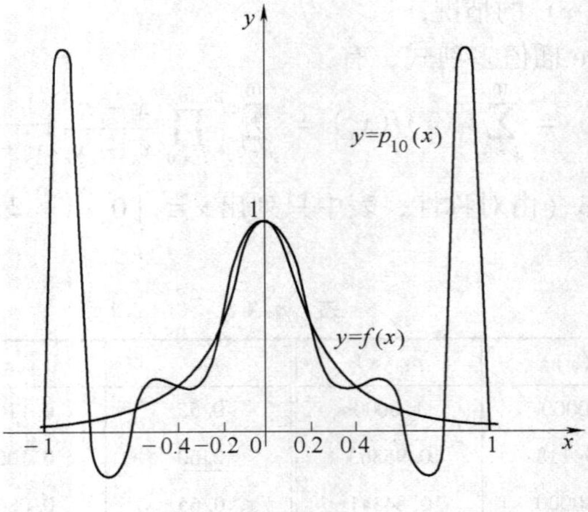

图 4.3

$$k=\begin{cases}1, & x\leqslant x_0\\ i, & x_{i-1}<x\leqslant x_i \qquad (1\leqslant i\leqslant n)\\ n, & x>x_n\end{cases}$$

关于分段线性插值法的收敛性与误差估计，有如下结论.

定理 4.4 如果 $f(x)$ 在插值区间 $[x_0, x_n]$ 上具有连续的二阶导数，则分段线性插值公式（4.29）有误差估计式

$$|f(x)-S_1(x)|\leqslant\frac{h^2}{8}\max_{x_0\leqslant x\leqslant x_n}|f''(x)| \qquad (x_0\leqslant x\leqslant x_n) \tag{4.30}$$

其中，$h=\max\limits_{0\leqslant i\leqslant n-1}(x_{i+1}-x_i)$. 因而 $S_1(x)$ 在插值区间 $[x_0, x_n]$ 上一致收敛于 $f(x)$.

证 在每一个小区间 $[x_i, x_{i+1}]$（$i=0, 1, \cdots, n-1$）上，根据习题 4.1 中题 6 的结果，有

$$|f(x)-S_1(x)|\leqslant\frac{(x_{i+1}-x_i)^2}{8}\max_{x_i\leqslant x\leqslant x_{i+1}}|f''(x)| \quad (x_i\leqslant x\leqslant x_{i+1})$$

所以在整个插值区间 $[x_0, x_n]$ 上估计式（4.30）成立. 证毕.

分段抛物插值公式为

$$f(x)\approx\frac{(x-x_k)(x-{}_{k+1})}{(x_{k-1}-x_k)(x_{k-1}-x_{k+1})}f(x_{k-1})+\frac{(x-x_{k-1})(x-{}_{k+1})}{(x_k-x_{k-1})(x_k-x_{k+1})}f(x_k)+$$
$$\frac{(x-x_{k-1})(x-x_k)}{(x_{k+1}-x_{k-1})(x_{k+1}-x_k)}f(x_{k+1})\equiv S_2(x) \tag{4.31}$$

其中

$$k=\begin{cases}1 & x\leqslant x_1\\ i-1 & x_{i-1}<x\leqslant x_i \quad 且\ |x-x_{i-1}|\leqslant|x-x_i| \quad (2\leqslant i\leqslant n-1)\\ i & x_{i-1}<x\leqslant x_i \quad 且\ |x-x_{i-1}|>|x-x_i| \quad (2\leqslant i\leqslant n-1)\\ n-1 & x>x_{n-1}\end{cases}$$

习 题 4.3

1. 已知数表

x	1	2	3	4	5
$f(x)$	0.5	3.4	4.6	6.8	9.1

试利用分段线性插值法计算 $f(1.5)$, $f(3.7)$ 的近似值，再利用分段抛物插值法计算 $f(2.2)$, $f(3.7)$ 的近似值.

2. 列出 $\ln x$ 在［2，4］上按等距节点分布的函数表，要求用分段线性插值法计算非节点 $x\in(2,4)$ 处的函数值 $\ln x$，使误差限不超过 10^{-5}，问节点间的距离 h 最大不应超过多少？

4.4 Hermite 插值

前面讨论的各种插值公式都只要求插值多项式 $p_n(x)$ 满足插值条件式（4.2），即只对 $p_n(x)$ 在节点处的函数值作了约束. 可以想象，这样构造的 $p_n(x)$ 不能很好地反映被插值函数 $f(x)$ 的性态. 为了保证 $p_n(x)$ 能够更好地逼近 $f(x)$，对 $p_n(x)$ 再增加一些约束条件，如要求 $p_n(x)$ 在某些节点处与 $f(x)$ 相切，即具有相同的导数值. 这样，就有如下的 Hermite（埃尔米特）插值问题.

求一个次数不大于 $n+r+1$ 的代数多项式 $H(x)$，使其满足插值条件

$$\begin{cases}H(x_i)=f(x_i), & i=0,1,\cdots,n\\ H'(x_i)=f'(x_i), & i=0,1,\cdots,r \qquad (r\leqslant n)\end{cases} \tag{4.32}$$

因为式（4.32）包含了 $n+r+2$ 个约束条件，所以确定次数不大于 $n+r+1$ 的代数多项式 $H(x)$（含有 $n+r+2$ 个待定系数）是可能的. 令

$$H(x)=\sum_{k=0}^{n}h_k(x)f(x_k)+\sum_{k=0}^{r}\bar{h}_k(x)f'(x_k) \tag{4.33}$$

其中，$h_k(x)$ $(k=0,1,\cdots,n)$ 和 $\bar{h}_k(x)$ $(k=0,1,\cdots,r)$ 都是 $n+r+1$ 次的待定多项式，而且满足

$$\begin{cases}h_k(x_i)=\begin{cases}1, i=k,\\ 0, i\neq k,\end{cases} & i,k=0,1,\cdots,n\\ h'_k(x_i)=0, k=0,1,\cdots,n; i=0,1,\cdots,r\\ \bar{h}_k(x_i)=0, \quad k=0,1,\cdots,r; i=0,1,\cdots,n\\ \bar{h}'_k(x_i)=\begin{cases}1, & i=k,\\ 0, & i\neq k,\end{cases} & i,k=0,1,\cdots,r\end{cases} \tag{4.34}$$

显然，由式（4.33）所表示的多项式是次数不大于 $n+r+1$ 的多项式，而且满足插值条件式（4.32）.

下面，首先推导待定多项式 $h_k(x)$ 的表达式. 当 $0\leqslant k\leqslant r$ 时，由于 $h_k(x_i)=h'_k(x_i)=0(i=0,1,\cdots,r;\ i\neq k)$，且 $h_k(x_i)=0(i=r+1,r+2,\cdots,n)$，所以 $n+r+1$ 次多项式 $h_k(x)$ 应具有如下形式：

$$\begin{aligned} h_k(x) &= (Ax+B)(x-x_0)^2\cdots(x-x_{k-1})^2(x-x_{k+1})^2 \\ &\quad \cdots(x-x_r)^2(x-x_{r+1})\cdots(x-x_n) \\ &= (Ax+B)\prod_{\substack{i=0\\ i\neq k}}^{r}(x-x_i)^2\prod_{i=r+1}^{n}(x-x_i) \end{aligned} \tag{4.35}$$

其中，A 和 B 是待定常数. 由条件 $h_k(x_k)=1$ 和 $h'_k(x_k)=0$ 确定出 A 和 B，并代入式（4.35）得

$$h_k(x)=\{1-(x-x_k)[l'_{kn}(x_k)+l'_{kr}(x_k)]\}l_{kn}(x)l_{kr}(x) \tag{4.36}$$

$$k=0,1,\cdots,r$$

其中，$l_{kn}(x)$ 和 $l_{kr}(x)$ 分别表示以 $x_0, x_1, \cdots, x_n$ 和 $x_0, x_1, \cdots, x_r$ 为插值节点的 Lagrange 插值基函数式（4.7），而且

$$l'_{kn}(x_k)=\sum_{\substack{i=0\\ i\neq k}}^{n}\frac{1}{x_k-x_i} \tag{4.37}$$

当 $r+1\leqslant k\leqslant n$ 时，由于

$$h_k(x_i)=h'_k(x_i)=0,\quad i=0,1,\cdots,r$$

且

$$h_k(x_i)=0,\quad i=r+1,r+2,\cdots,n;i\neq k$$

所以，此时 $h_k(x)$ 的表达式应该形如

$$h_k(x)=C\prod_{i=0}^{r}(x-x_i)\prod_{\substack{i=0\\ i\neq k}}^{n}(x-x_i) \tag{4.38}$$

其中，C 为待定常数. 由 $h_k(x_k)=1$ 确定出常数 C，并代入式（4.38）得

$$h_k(x)=\frac{\omega_r(x)}{\omega_r(x_k)}l_{kn}(x),\quad k=r+1,r+2,\cdots,n \tag{4.39}$$

这样，$h_k(x)$ 的表达式就由式（4.36）和式（4.39）全部给出.

其次，再推导 $\bar{h}_k(x)$ 的表达式. 对于 $0\leqslant k\leqslant r$，因为

$$h_k(x_i)=0,\quad i=0,1,\cdots,n$$

且

$$\bar{h}'_k(x_i)=0,\quad i=0,1,\cdots,r,i\neq k$$

所以 $n+r+1$ 次多项式 $\bar{h}_k(x)$ 的表达式应具有

$$\bar{h}_k(x)=D\prod_{i=0}^{n}(x-x_i)\prod_{\substack{i=0\\ i\neq k}}^{r}(x-x_i) \tag{4.40}$$

的形式．再由 $\bar{h}'_k(x_k)=1$ 确定出待定系数 D，并代入式（4.40）得

$$\bar{h}_k(x)=(x-x_k)l_{kn}(x)l_{kr}(x),\quad k=0,1,\cdots,r \tag{4.41}$$

由式（4.33）、式（4.36）、式（4.39）、式（4.41）所表示的多项式称为 Hermite 插值多项式，其中由式（4.36）、式（4.39）、式（4.41）所表示的多项式称为 Hermite 插值基函数．因为插值节点互不相等，所以 Hermite 插值基函数都有意义，即 $H(x)$ 完全由 Hermite 插值问题所确定．由此得到的近似表达式

$$f(x)\approx H(x) \tag{4.42}$$

称为 Hermite 插值公式．

定理 4.5 Hermite 插值问题式（4.32）的解 $H(x)$ 存在而且惟一．

证 存在性已由上面的推导完成，下面证明惟一性．用反证法，假设插值问题式（4.32）有两个不相同的解 $H_1(x)$ 和 $H_2(x)$，则 $G(x)=H_1(x)-H_2(x)$ 是次数不大于 $n+r+1$ 的多项式，且满足

$$G(x_i)=0,\ i=0,\ 1,\ \cdots,\ n$$
$$G'(x_i)=0,\ i=0,\ 1,\ \cdots,\ r$$

于是，$G(x)$ 必含有因式 $(x-x_i)^2$ $(i=0,\ 1,\ \cdots,\ r)$ 和 $(x-x_i)$ $(i=r+1,\ r+2,\ \cdots,\ n)$，故 $G(x)$ 的次数至少为 $n+r+2$，矛盾．证毕．

定理 4.6 （Hermite 插值余项定理）Hermite 插值公式（4.42）的余项

$$f(x)-H(x)=\frac{f^{(n+r+2)}(\xi)}{(n+r+2)!}\omega_n(x)\omega_r(x) \tag{4.43}$$

其中，ξ 是插值区间 $(a,\ b)$ 内的某一点．

证 引进辅助函数

$$F(t)=f(t)-H(t)-\frac{\omega_n(t)\omega_r(t)}{\omega_n(x)\omega_r(x)}[f(x)-H(x)]$$

则由插值条件式（4.32）知

$$F(x)=F(x_0)=F(x_1)=\cdots=F(x_n)=0$$
$$F'(x_0)=F'(x_1)=\cdots=F'(x_r)=0$$

即 $F(t)=0$ 有 $n-r+1$ 个单根 x，x_{r+1}，x_{r+2}，$\cdots$，x_n 和 $r+1$ 个二重根 x_0，x_1，$\cdots$，x_r．于是，由 Rolle 定理知，$F'(t)$ 在 $(a,\ b)$ 内至少有 $n+r+2$ 个零点，进而 $F''(t)$ 在 $(a,\ b)$ 内至少有 $n+r+1$ 个零点．依次类推，可知 $F^{(n+r+2)}(t)$ 在 $(a,\ b)$ 内至少有一个零点 ξ，因此

$$f^{(n+r+2)}(\xi)-\frac{(n+r+2)!}{\omega_n(x)\omega_r(x)}[f(x)-H(x)]=0$$

由此可得余项公式（4.43）．证毕．

如果 $r=n$，则相应的 Hermite 插值多项式为

$$H(x)=\sum_{k=0}^{n}h_k(x)f(x_k)+\sum_{k=0}^{n}\bar{h}_k(x)f'(x_k) \tag{4.44}$$

$$h_k(x)=[1-2(x-x_k)l'_k(x_k)]l_k^2(x),\qquad k=0,1,\cdots,n$$

$$\bar{h}_k(x)=(x-x_k)l_k^2(x),k=0,1,\cdots,n$$

其余项公式为

$$f(x)-H(x)=\frac{f^{(2n+2)}(\xi)}{(2n+2)!}\omega_n^2(x),\xi\in(a,b)\tag{4.45}$$

特别地，当 $r=n=1$ 时，插值条件式（4.32）为

$$H(x_i)=f(x_i),H'(x_i)=f'(x_i),i=0,1\tag{4.46}$$

由此得三次 Hermite 插值多项式

$$H(x)=h_0(x)f(x_0)+h_1(x)f(x_1)+\bar{h}_0(x)f'(x_0)+\bar{h}_1(x)f'(x_1)\tag{4.47}$$

$$h_0(x)=\left(1+2\frac{x-x_0}{x_1-x_0}\right)\left(\frac{x-x_1}{x_0-x_1}\right)^2$$

$$h_1(x)=\left(1+2\frac{x-x_1}{x_0-x_1}\right)\left(\frac{x-x_0}{x_1-x_0}\right)^2$$

$$\bar{h}_0(x)=(x-x_0)\left(\frac{x-x_1}{x_0-x_1}\right)^2$$

$$\bar{h}_1(x)=(x-x_1)\left(\frac{x-x_0}{x_1-x_0}\right)^2$$

多项式（4.47）常用来作分段低次插值，称为分段三次 Hermite 插值. 由于分段三次 Hermite 插值多项式在整个插值区间内具有连续的一阶导数，所以它比分段线性插值和分段抛物插值更光滑.

例 4.6　已知函数 $f(x)=\sqrt{x}$的函数值与导数值为

$$f(1)=1,f(4)=2,f'(1)=0.5,f'(4)=0.25$$

试用三次 Hermite 插值法计算 f（3）的近似值.

解　取 $x_0=1$，$x_1=4$，$x=3$，则由公式（4.47）得

$$h_0(3)=\frac{7}{27},h_1(3)=\frac{20}{27},\bar{h}_0(3)=\frac{2}{9},\bar{h}_1(3)=-\frac{4}{9}$$

$$f(3)\approx H(3)=\frac{7}{27}+\frac{20}{27}\times2+\frac{2}{9}\times0.5-\frac{4}{9}\times0.25=\frac{47}{27}=1.7407$$

这个结果比例 4.1 中用线性插值和抛物插值所计算的结果更精确.

思　考　题

1. Hermite 插值的几何意义是什么？
2. Hermite 插值是否优越于 Lagrange 插值？

习　题　4.4

1. 已知 $f(0)=0,f(1)=1,f'(0)=3,f'(1)=9$，试利用三次 Hermite 插值公式计算 f（0.5）

的近似值.

2. 已知自然对数 $\ln x$ 与其导数 $\frac{1}{x}$ 的数表

x	1.0	1.6	2.0
$\ln x$	0.0	0.470	0.693
$\frac{1}{x}$	1.0	0.625	0.5

试利用 Hermite 插值公式计算 ln1.4 的近似值，并估计误差.

3. 把区间 $[a, b]$ 分成 n 等份，写出 $f(x)=e^{-x}$ 在区间 $[a, b]$ 上的分段三次 Hermite 插值公式.

4.5 三次样条插值

4.5.1 三次样条插值问题

设函数 $f(x)$ 在 $n+1$ 个互异的点 $a=x_0<x_1<\cdots<x_n=b$ 处的函数值 $f(x_i)=y_i$ $(i=0, 1, \cdots, n)$ 为已知，即已知表格函数

x	x_0	x_1	$\cdots$	x_n
$f(x)$	y_0	y_1	$\cdots$	y_n

求一个函数 $S(x)$，要求满足：

1) $S(x)$ 在区间 $[a, b]$ 上具有连续的二阶导数；

2) $S(x)$ 在每一个小区间 $[x_i, x_{i+1}]$ 上是三次多项式；

3) $S(x_i)=y_i,\qquad i=0, 1, \cdots, n$ (4.48)

上述问题称为三次样条插值问题，并称 $S(x)$ 为三次样条插值函数.

因为 $S(x)$ 在每一个小区间 $[x_i, x_{i+1}]$ 上是三次多项式，所以在每一个小区间 $[x_i, x_{i+1}]$ 上需要确定 4 个待定系数，共有 n 个小区间，所以共有 $4n$ 个待定系数. 又因为 $S(x)$ 在区间 $[a, b]$ 上具有连续的二阶导数，所以在每一个内节点 $x_i(i=1, 2, \cdots, n-1)$ 处都应该满足连续性条件

$$S^{(k)}(x_i-0)=S^{(k)}(x_i+0),\qquad i=1,2,\cdots,n-1;\quad k=0,1,2 \tag{4.49}$$

共有 $3n-3$ 个条件. 再加上插值条件 (4.48)，总共有 $4n-2$ 个条件，因此还需要两个条件才能确定函数 $S(x)$. 通常，在区间 $[a, b]$ 的两个端点上各加上一个附加条件（称为边界条件），常见的有以下三种：

1) 已知两个端点处的一阶导数值，即

$$S'(x_0)=f'_0, S'(x_n)=f'_n \tag{4.50}$$

2) 已知两个端点处的二阶导数值，即

$$S''(x_0)=f''_0, S''(x_n)=f''_n \tag{4.51}$$

3）当 $f(x)$ 是以 $b-a$ 为周期的周期函数时，要求 $S(x)$ 也是周期函数，即

$$S^{(k)}(x_0+0)=S^{(k)}(x_n-0), k=0,1,2 \tag{4.52}$$

此时式（4.48）中 $y_0=y_n$.

下面构造三次样条插值函数 $S(x)$. 为此，记 $S(x)$ 在节点处的二阶导数值为 $S''(x_i)=M_i$，$i=0$，1，⋯，n. 由于函数 $S(x)$ 在区间 $[x_i, x_{i+1}]$ 上是三次多项式，所以二阶导函数 $S''(x)$ 在区间 $[x_i, x_{i+1}]$ 上是一次多项式，可以表示为

$$S''(x)=M_i\frac{x_{i+1}-x}{h_i}+M_{i+1}\frac{x-x_i}{h_i}, x\in[x_i,x_{i+1}] \tag{4.53}$$

其中，$h_i=x_{i+1}-x_i$. 对式（4.53）两边积分两次，并利用条件 $S(x_i)=y_i$ 和 $S(x_{i+1})=y_{i+1}$ 确定积分常数，得三次样条插值函数 $S(x)$ 的分段表达式

$$S(x)=M_i\frac{(x_{i+1}-x)^3}{6h_i}+M_{i+1}\frac{(x-x_i)^3}{6h_i}+\left(y_i-\frac{M_ih_i^2}{6}\right)\frac{x_{i+1}-x}{h_i}+\left(y_{i+1}-\frac{M_{i+1}h_i^2}{6}\right)\frac{x-x_i}{h_i}, x\in[x_i,x_{i+1}] \tag{4.54}$$

其中，M_i（$i=0$，1，⋯，n）是未知的. 为了确定 M_i（$i=0$，1，⋯，n），对 $S(x)$ 求导得

$$S'(x)=-M_i\frac{(x_{i+1}-x)^2}{2h_i}+M_{i+1}\frac{(x-x_i)^2}{2h_i}+\frac{y_{i+1}-y_i}{h_i}-\frac{M_{i+1}-M_i}{6}h_i, x\in[x_i,x_{i+1}] \tag{4.55}$$

类似地，在区间 $[x_{i-1}, x_i]$ 上有

$$S'(x)=-M_{i-1}\frac{(x_i-x)^2}{2h_{i-1}}+M_i\frac{(x-x_{i-1})^2}{2h_{i-1}}+\frac{y_i-y_{i-1}}{h_{i-1}}-\frac{M_i-M_{i-1}}{6}h_{i-1}, x\in[x_{i-1},x_i] \tag{4.56}$$

利用条件 $S'(x_i-0)=S'(x_i+0)$　　（$i=1$，2，⋯，$n-1$），可得

$$M_i\frac{h_{i-1}}{2}+\frac{y_i-y_{i-1}}{h_{i-1}}-\frac{M_i-M_{i-1}}{6}h_{i-1}=-M_i\frac{h_i}{2}+\frac{y_{i+1}-y_i}{h_i}-\frac{M_{i+1}-M_i}{6}h_i$$

整理得

$$\mu_iM_{i-1}+2M_i+\lambda_iM_{i+1}=d_i, \quad i=1,2,\cdots,n-1 \tag{4.57}$$

其中

$$\mu_i=\frac{h_{i-1}}{h_{i-1}+h_i}, \lambda_i=\frac{h_i}{h_{i-1}+h_i}, d_i=6f[x_{i-1},x_i,x_{i+1}] \tag{4.58}$$

下面再考虑边界条件. 在第一种边界条件下，由 $S'(x_0)=f'_0, S'(x_n)=$

f'_n得

$$2M_0+M_1=\frac{6}{h_0}(f[x_0,x_1]-f'_0) \tag{4.59}$$

$$M_{n-1}+2M_n=\frac{6}{h_{n-1}}(f'_n-f[x_{n-1},x_n]) \tag{4.60}$$

记

$$\lambda_0=1, d_0=\frac{6}{h_0}(f[x_0,x_1]-f'_0) \tag{4.61}$$

$$\mu_n=1, d_n=\frac{6}{h_{n-1}}(f'_n-f[x_{n-1},x_n]) \tag{4.62}$$

则由式（4.57）、式（4.59）和式（4.60）得关于M_0，M_1，…，M_n的$n+1$阶三对角线性方程组

$$\begin{pmatrix} 2 & \lambda_0 & & & \\ \mu_1 & 2 & \lambda_1 & & \\ & \ddots & \ddots & \ddots & \\ & & \mu_{n-1} & 2 & \lambda_{n-1} \\ & & & \mu_n & 2 \end{pmatrix}\begin{pmatrix} M_0 \\ M_1 \\ \vdots \\ M_{n-1} \\ M_n \end{pmatrix}=\begin{pmatrix} d_0 \\ d_1 \\ \vdots \\ d_{n-1} \\ d_n \end{pmatrix} \tag{4.63}$$

由于方程组（4.63）的系数矩阵严格对角占优，所以方程组（4.63）存在惟一解. 利用3.2节里的追赶法从方程组（4.63）中解出M_0，M_1，…，M_n，并带入到式（4.54）即得三次样条插值函数$S(x)$的分段表达式.

在第二种边界条件下，由$S''(x_0)=f''_0$，$S''(x_n)=f''_n$知$M_0=f''_0$，$M_n=f''_n$，所以由式（4.57）得方程组

$$\begin{pmatrix} 2 & \lambda_1 & & & \\ \mu_2 & 2 & \lambda_2 & & \\ & \ddots & \ddots & \ddots & \\ & & \mu_{n-2} & 2 & \lambda_{n-2} \\ & & & \mu_{n-1} & 2 \end{pmatrix}\begin{pmatrix} M_1 \\ M_2 \\ \vdots \\ M_{n-2} \\ M_{n-1} \end{pmatrix}=\begin{pmatrix} d_1-\mu_1 f''_0 \\ d_2 \\ \vdots \\ d_{n-2} \\ d_{n-1}-\lambda_{n-1} f''_n \end{pmatrix} \tag{4.64}$$

从方程组（4.64）中解出M_1，M_2，…，M_{n-1}，即得三次样条插值函数$S(x)$的分段表达式（4.54）.

在第三种边界条件下，由$S''(x_0+0)=S''(x_n-0)$知$M_0=M_n$，所以由式（4.57）得关于方程组M_1，M_2，…，M_n的线性方程组

$$\begin{pmatrix} 2 & \lambda_1 & & & \mu_1 \\ \mu_2 & 2 & \lambda_2 & & \\ & \ddots & \ddots & \ddots & \\ & & \mu_{n-1} & 2 & \lambda_{n-1} \\ \lambda_n & & & \mu_n & 2 \end{pmatrix} \begin{pmatrix} M_1 \\ M_2 \\ \vdots \\ M_{n-1} \\ M_n \end{pmatrix} = \begin{pmatrix} d_1 \\ d_2 \\ \vdots \\ d_{n-1} \\ d_n \end{pmatrix} \tag{4.65}$$

其中

$$\mu_n = \frac{h_{n-1}}{h_{n-1}+h_0},\ \lambda_n = \frac{h_0}{h_{n-1}+h_0},\ d_n = 6\frac{f[x_0,\ x_1]-f[x_{n-1},\ x_n]}{h_{n-1}+h_0}$$

从方程组（4.65）中解出 M_1，M_2，…，M_n，即得三次样条插值函数 $S(x)$ 的分段表达式（4.54）.

例 4.7 已知表格函数

x	0	1	2	3
$f(x)$	1	2	4	6
$f'(x)$	1			3

求 $f(x)$ 在［0，3］上的三次样条插值函数 $S(x)$.

解 首先由式（4.58）、式（4.61）和式（4.62）计算，得

$$h_0 = h_1 = h_2 = 1$$

$$\mu_1 = \mu_2 = 0.5,\ \mu_3 = 1$$

$$\lambda_1 = \lambda_2 = 0.5,\ \lambda_0 = 1$$

$$d_0 = \frac{6}{h_0}\ (f[x_0,\ x_1] - f'_0) = 0$$

$$d_1 = 6f[x_0, x_1, x_2] = 3$$

$$d_2 = 6f[x_1, x_2, x_3] = 0$$

$$d_3 = \frac{6}{h_2}(f'_3 - f[x_2, x_3]) = 6$$

然后由式（4.63）写出关于 M_0，M_1，M_2，M_3 的三对角线性方程组

$$\begin{pmatrix} 2 & 1 & & \\ 0.5 & 2 & 0.5 & \\ & 0.5 & 2 & 0.5 \\ & & 1 & 2 \end{pmatrix} \begin{pmatrix} M_0 \\ M_1 \\ M_2 \\ M_3 \end{pmatrix} = \begin{pmatrix} 0 \\ 3 \\ 0 \\ 6 \end{pmatrix}$$

由此方程组解得

$$M_0 = -1.0667,\ M_1 = 2.1333,\ M_2 = -1.4667,\ M_3 = 3.7333$$

再将 M_0，M_1，M_2，M_3 代入表达式（4.54），得三次样条插值函数

$$S(x)=\begin{cases}S_1(x),x\in[0,1]\\S_2(x),x\in[1,2]\\S_3(x),x\in[2,3]\end{cases}$$

$$S_1(x)=0.1778(x-1)^3+0.3556x^3+0.4667x+1.1778$$

$$S_2(x)=-0.2445(x-1)^3+0.3556(2-x)^3+2.6000x-0.9556$$

$$S_3(x)=0.2445(x-3)^3+0.6222(x-2)^3+1.1333x+1.9779$$

关于三次样条插值函数的收敛性与误差估计，不加证明地给出如下定理.

定理 4.7 若 $f(x)\in C^4[a,b]$，$S(x)$ 为满足第一种或第二种边界条件的三次样条插值函数，则有误差估计式

$$\max_{a\leqslant x\leqslant b}|f^{(k)}(x)-S^{(k)}(x)|\leqslant C_k\cdot\max_{a\leqslant x\leqslant b}|f^{(4)}(x)|h^{4-k},k=0,1,2 \qquad (4.66)$$

其中，$C_0=\dfrac{5}{384},C_1=\dfrac{1}{24},C_2=\dfrac{3}{8},h=\max\{h_0,h_1,\cdots,h_{n-1}\}$.

定理 4.7 表明，当 $f^{(4)}(x)$ 在 $[a,b]$ 内有界时，$S(x)$、$S'(x)$ 和 $S''(x)$ 分别一致收敛于 $f(x)$、$f'(x)$ 和 $f''(x)$（当 $h\to 0$ 时）.

习　题　4.5

1. 已知表格函数

x	0	0.5	1
$f(x)$	1	2	4
$f'(x)$	3		2

求 $f(x)$ 在 [0, 1] 上的三次样条插值函数 $S(x)$.

2. 已知表格函数

x	1	1.2	1.6
$f(x)$	3	3.6	5.2
$f''(x)$	1.8		1

求 $f(x)$ 在 [0, 1] 上的三次样条插值函数 $S(x)$.

4.6 数据拟合与最小二乘法

4.6.1 问题的提出

在生产实践和科学研究中，会遇到各种各样的变量，而变量之间的关系可表现为：

（1）确定性关系：如球体体积

$$V=\frac{4}{3}\pi r^3$$

其中，V 表示球体体积，π 表示圆周率，r 表示球的半径.

（2）非确定性关系：如人口数量 y 随时间 t 的变化情况，某地的气温 y 随时间 t 的变化情况，农业收成 y 与降雨量 t 的关系等. 虽然 y 与 t 之间有密切联系，但由于影响 y 值的因素很多，而且又很复杂，所以很难找出 y 与 t 之间的确切关系. 对于这类问题，可通过大量的观测或试验，获得一组数据，然后对数据进行拟合得到变量之间的一个近似表达式.

例 4.8 通过试验获得变量 x 与 y 之间的相应数据为

x	1.0	1.6	2.0	2.8	3.5	4.0
y	1.0	2.1	3.0	4.7	5.9	6.8

下面研究变量 y 与 x 之间的关系.

第一步，将已知数据 $(x_i,\ y_i)$ 描绘在平面坐标系中，如图 4.4 所示.

第二步，由几何直观容易看出，已知数据对应的点基本上呈线性分布，所以猜测 y 与 x 之间的关系近似于线性关系

$$y=a+bx \tag{4.67}$$

第三步，为了确定表达式（4.67）中的系数 a 和 b，将已知数据代入式（4.67），得线性方程组

$$\begin{cases} a+b=1.0 \\ a+1.6b=2.1 \\ a+2b=3.0 \\ a+2.8b=4.7 \\ a+3.5b=5.9 \\ a+4b=6.8 \end{cases} \tag{4.68}$$

第四步，从方程组（4.68）中解出 a 和 b，并代入式（4.67）便得 y 与 x 之间的表达式.

问题 （1）对于给定的一组数据 $(x_i,\ y_i)$，$i=1,\ 2,\ \cdots,\ n$，是否可以用前面已经介绍过的插值法来构造近似表达式 $y(x)$？

（2）近似表达式 $y(x)$ 的函数类型如何确定？

（3）形如式（4.68）的超定方程组如何求解？

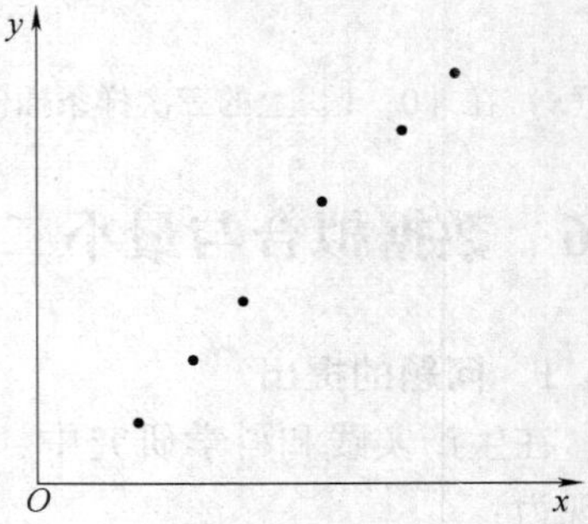

图 4.4

在解决实际问题时，为了降低偶然因素

的影响，要做大量的观测（或试验）以获得原始数据，这些数据不仅数量大，而且都带有观测误差（个别数据的误差可能很大），因此对这些数据采用插值法进行处理是不合适的．另外，根据实际问题的专业知识，变量之间的近似表达式的函数类型往往事先已知．否则，就要由已知数据的分布情况确定函数类型，这需要有直观的判别能力．

至于形如式（4.68）的超定方程组，往往不存在一般意义下的解，只能在某种意义下求其近似解．下面介绍超定方程组的一种近似解法，即最小二乘法．

4.6.2　最小二乘法

考虑一般的线性超定方程组

$$\begin{cases} a_{11}x_1 + a_{12}x_2 + \cdots + a_{1n}x_n = b_1 \\ a_{21}x_1 + a_{22}x_2 + \cdots + a_{2n}x_n = b_2 \\ \qquad\vdots \\ a_{m1}x_1 + a_{m2}x_2 + \cdots a_{mn}x_n = b_m \qquad (m > n) \end{cases} \tag{4.69}$$

写成矩阵形式有

$$\boldsymbol{Ax} = \boldsymbol{b}$$

其中，$\boldsymbol{A} = (a_{ij})_{m\times n}$，$\boldsymbol{x} = (x_1, x_2, \cdots, x_n)^{\mathrm{T}}$，$\boldsymbol{b} = (b_1, b_2, \cdots, b_m)^{\mathrm{T}}$．由于方程的个数 m 大于未知量的个数 n，所以方程组（4.69）往往不存在一般意义下的解，也就是说，在一般情况下对任意一组数 x_1，x_2，…，x_n，方程组（4.69）中的 m 个等式不可能同时精确成立，即等式两端的数值可能不全相等．

记

$$r_i = (a_{i1}x_1 + a_{i2}x_2 + \cdots + a_{in}x_n) - b_i, \qquad i = 1,2,\cdots m \tag{4.70}$$

并称向量 $\boldsymbol{r} = (r_1, r_2, \cdots, r_m)^{\mathrm{T}}$ 为超定方程组（4.69）的余向量．

以下，可以用各种不同的原则来求超定方程组（4.69）的近似解．比如，按 $\|\boldsymbol{r}\|_\infty = \max\limits_{1\leqslant i\leqslant m} |r_i|$ 达到最小的原则，或按 $\|\boldsymbol{r}\|_1 = \sum\limits_{i=1}^{m} |r_i|$ 达到最小的原则，或按 $\|\boldsymbol{r}\|_2 = \sqrt{\sum\limits_{i=1}^{m} r_i^2}$ 达到最小的原则．由于前两种原则执行起来不方便，所以常用第三种原则来求解超定方程组（4.69）的近似解，并把按第三种原则求解的方法称为最小二乘法，用最小二乘法求得的解称为最小二乘解．严格地说，有如下定义

定义 4.2　称 n 维向量 $\boldsymbol{x} = (x_1, x_2, \cdots, x_n)^{\mathrm{T}}$ 为线性超定方程组（4.69）的最小二乘解，如果它使

$$F = \|\boldsymbol{r}\|_2^2 = \sum_{i=1}^{m} (a_{i1}x_1 + a_{i2}x_2 + \cdots + a_{in}x_n - b_i)^2 \tag{4.71}$$

达到最小值．

因为 F 是关于变量 x_1，x_2，…，x_n 的 n 元函数，所以求方程组（4.69）的最小二乘解等价于求 n 元函数 F 的最小值点. 由于 F 对每一个变量 x_i 均可导，而且 $F=\|\boldsymbol{r}\|_2^2\geqslant 0$，因此 F 必有最小值，并且在 $(x_1, x_2, \cdots, x_n)^{\mathrm{T}}$ 处取最小值的必要条件是

$$
\begin{aligned}
0 &= \frac{\partial F}{\partial x_k} \\
&= \sum_{i=1}^{m} 2(a_{i1}x_1 + a_{i2}x_2 + \cdots + a_{in}x_n - b_i)a_{ik} \\
&= 2\left[\sum_{i=1}^{m} a_{ik}(a_{i1}x_1 + a_{i2}x_2 + \cdots + a_{in}x_n) - \sum_{i=1}^{m} a_{ik}b_i\right] \\
&= 2\left[\sum_{i=1}^{m} a_{ik}\left(\sum_{j=1}^{n} a_{ij}x_j\right) - \sum_{i=1}^{m} a_{ik}b_i\right] \\
&= 2\left[\sum_{j=1}^{n}\left(\sum_{i=1}^{m} a_{ij}a_{ik}\right)x_j - \sum_{i=1}^{m} a_{ik}b_i\right] \qquad k = 1,2,\cdots,n
\end{aligned}
$$

即

$$\sum_{j=1}^{n}\left(\sum_{i=1}^{m} a_{ij}a_{ik}\right)x_j = \sum_{i=1}^{m} a_{ik}b_i, k = 1,2,\cdots,n \tag{4.72}$$

因为

$$\boldsymbol{A}^{\mathrm{T}}\boldsymbol{A} = (C_{kj})_{n\times n} = \left(\sum_{i=1}^{m} a_{ik}a_{ij}\right)_{n\times n}$$

所以式（4.72）又可以写成矩阵形式

$$\boldsymbol{A}^{\mathrm{T}}\boldsymbol{A}\boldsymbol{x} = \boldsymbol{A}^{\mathrm{T}}\boldsymbol{b} \tag{4.73}$$

将 n 元线性方程组（4.73）称为超定方程组（4.69）的正规方程组或法方程组. 由上述推导过程可知，正规方程组（4.73）的解是超定方程组（4.69）的最小二乘解.

例 4.9 求解超定方程组（4.68）.

解 因为

$$\boldsymbol{A} = \begin{pmatrix} 1 & 1 \\ 1 & 1.6 \\ 1 & 2 \\ 1 & 2.8 \\ 1 & 3.5 \\ 1 & 4 \end{pmatrix}, \quad \boldsymbol{b} = \begin{pmatrix} 1 \\ 2.1 \\ 3 \\ 4.7 \\ 5.9 \\ 6.8 \end{pmatrix}$$

$$\boldsymbol{A}^{\mathrm{T}}\boldsymbol{A} = \begin{pmatrix} 6 & 14.9 \\ 14.9 & 43.65 \end{pmatrix}, \qquad \boldsymbol{A}^{\mathrm{T}}\boldsymbol{b} = \begin{pmatrix} 23.5 \\ 71.37 \end{pmatrix}$$

所以解正规方程组

$$\begin{pmatrix} 6 & 14.9 \\ 14.9 & 43.65 \end{pmatrix}\begin{pmatrix} a \\ b \end{pmatrix} = \begin{pmatrix} 23.5 \\ 71.37 \end{pmatrix}$$

得最小二乘解

$$a = -0.943544751, \quad b = 1.957132115$$

定理 4.8 如果线性超定方程组（4.69）的系数矩阵 $\boldsymbol{A}$ 的列向量组线性无关，则其正规方程组（4.73）存在惟一的解向量 $\boldsymbol{x}$，而且 $\boldsymbol{x}$ 是式（4.69）的最小二乘解，即对任意 n 维向量 $\boldsymbol{y}$，当 $\boldsymbol{y} \neq \boldsymbol{x}$ 时有

$$\|\boldsymbol{Ax} - \boldsymbol{b}\|_2 < \|\boldsymbol{Ay} - \boldsymbol{b}\|_2$$

证 因为 $\boldsymbol{A}$ 的列向量组线性无关，所以由线性代数知识可以知道 $\boldsymbol{A}^{\mathrm{T}}\boldsymbol{A}$ 是对称正定矩阵，因此，正规方程组（4.73）存在惟一的解向量 $\boldsymbol{x}$. 下面再设 $\boldsymbol{y} = (y_1, y_2, \cdots, y_n)^{\mathrm{T}} \neq \boldsymbol{x}$ 是任意 n 维向量，并记

$$s_i = a_{i1}y_1 + a_{i2}y_2 + \cdots + a_{in}y$$
$$t_i = a_{i1}x_1 + a_{i2}x_2 + \cdots + a_{in}x_n$$

则

$$\begin{aligned}
&\|\boldsymbol{Ay} - \boldsymbol{b}\|_2^2 - \|\boldsymbol{Ax} - \boldsymbol{b}\|_2^2 \\
&= \sum_{i=1}^{m}(s_i - b_i)^2 - \sum_{i=1}^{m}(t_i - b_i)^2 \\
&= \sum_{i=1}^{m}(s_i^2 - 2s_ib_i - t_i^2 + 2t_ib_i) \\
&= \sum_{i=1}^{m}[(s_i - t_i)^2 + 2(s_i - t_i)(t_i - b_i)] \\
&= \sum_{i=1}^{m}(s_i - t_i)^2 + \sum_{i=1}^{m}2\left[\sum_{k=1}^{n}(y_k - x_k)a_{ik}\right](t_i - b_i) \\
&= \sum_{i=1}^{m}(s_i - t_i)^2 + \sum_{k=1}^{n}(y_k - x_k)2\sum_{i=1}^{m}a_{ik}(t_i - b_i) \\
&= \sum_{i=1}^{m}(s_i - t_i)^2 + \sum_{k=1}^{n}(y_k - x_k)\frac{\partial F}{\partial x_k} \\
&= \sum_{i=1}^{m}(s_i - t_i)^2 > 0 \qquad \left(因为\frac{\partial F}{\partial x_k} = 0\right)
\end{aligned}$$

证毕.

定理 4.8 表明，正规方程组（4.73）的解向量就是线性超定方程组（4.69）的最小二乘解，也就是使余向量 $\boldsymbol{r} = \boldsymbol{Ax} - \boldsymbol{b}$ 按欧氏范数 $\|\boldsymbol{r}\|_2$ 达到最小值的 n 维向量. 实际计算表明，当 n 较大（如 $n \geqslant 7$）时，正规方程组往往是病态的. 因此，近年来产生了一些直接求解线性最小二乘问题的新方法，如正交三角化法，镜

像映射法等，它们都具有较高的数值稳定性，有兴趣的读者可参考其他的有关计算方法的参考书.

4.6.3 数据拟合

已知 n 组实验数据

$$(x_i,\ y_i),\qquad i=1,\ 2,\ \cdots,\ n$$

求表达式 $y=y(x)$，使它尽可能地反映已知数据的变化趋势，也就是说，要求误差向量 $\boldsymbol{r}=[y(x_1)-y_1,y(x_2)-y_2,\cdots,y(x_n)-y_n]^{\mathrm{T}}$ 按某种范数达到最小. 这个问题称为数据拟合（或曲线拟合）问题，称 $y=y(x)$ 为拟合曲线或经验公式.

数据拟合的几何意义如图 4.5 所示.

经验公式 $y=y(x)$ 的函数类型是由实际问题或数据的变化趋势来决定的. 如果 $y(x)$ 是次数低于 $n-1$ 的代数多项式，则称其为多项式拟合. 比如，例 4.8 中的数据呈线性分布，所以用一次多项式（4.67）作拟合曲线，得线性拟合公式（见例 4.9）

$$y=-0.943544751+1.957132115x \tag{4.74}$$

容易验证，式（4.74）很好地逼近例 4.8 中所给的数据.

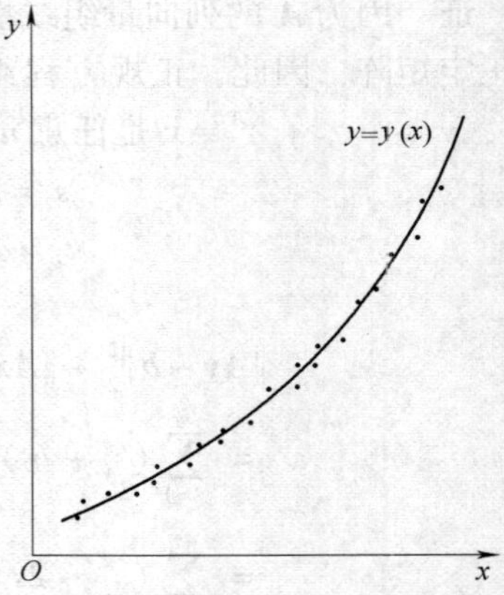

图 4.5

下面讨论多项式拟合的最小二乘法. 设 $(x_i,\ y_i)(i=1,\ 2,\ \cdots,\ n)$ 是已知的 n 组数据，求 m 次多项式

$$y(x)=a_0+a_1x+a_2x^2+\cdots+a_mx^m\quad(m<n-1) \tag{4.75}$$

使

$$F=\|\boldsymbol{r}\|_2^2=\sum_{i=1}^{n}[y(x_i)-y_i]^2 \tag{4.76}$$

取得最小值.

将 n 组数据 $(x_i,\ y_i)$ 分别代入多项式（4.75）的两端，得一个含有 $m+1$ 个未知数 $a_0,\ a_1,\ \cdots,\ a_m$ 的线性超定方程组

$$\begin{cases}a_0+a_1x_1+a_2x_1^2+\cdots+a_mx_1^m=y_1\\ a_0+a_1x_2+a_2x_2^2+\cdots+a_mx_2^m=y_2\\ \quad\vdots\\ a_0+a_1x_n+a_2x_n^2+\cdots+a_mx_n^m=y_n\end{cases} \tag{4.77}$$

写成矩阵形式，有

$$\boldsymbol{Ax}=\boldsymbol{b} \tag{4.78}$$

其中

$$A=\begin{pmatrix}1 & x_1 & x_1^2 & \cdots & x_1^m\\ 1 & x_2 & x_2^2 & \cdots & x_2^m\\ \vdots & \vdots & \vdots & & \vdots\\ 1 & x_n & x_n^2 & \cdots & x_n^m\end{pmatrix},\quad x=\begin{pmatrix}a_0\\ a_1\\ \vdots\\ a_m\end{pmatrix},\quad b=\begin{pmatrix}y_0\\ y_1\\ \vdots\\ y_n\end{pmatrix}$$

由前面的讨论知道，超定方程组（4.77）的最小二乘解 a_0，a_1，…，a_m就是使式（4.76）达到最小值的 m 次多项式 $y(x)$ 的系数．而最小二乘解 a_0，a_1，…，a_m是正规方程组

$$A^{\mathrm{T}}Ax=A^{\mathrm{T}}b \tag{4.79}$$

的解，其中

$$A^{\mathrm{T}}A=\begin{pmatrix}n & \sum_{i=1}^n x_i & \sum_{i=1}^n x_i^2\cdots\sum_{i=1}^n x_i^m\\ \sum_{i=1}^n x_i & \sum_{i=1}^n x_i^2 & \sum_{i=1}^n x_i^3\cdots\sum_{i=1}^n x_i^{m+1}\\ \vdots & \vdots & \vdots\quad\quad\vdots\\ \sum_{i=1}^n x_i^m & \sum_{i=1}^n x_i^{m+1} & \sum_{i=1}^n x_i^{m+2}\cdots\sum_{i=1}^n x_i^{2m}\end{pmatrix},A^{\mathrm{T}}\mathbf{b}=\begin{pmatrix}\sum_{i=1}^n y_i\\ \sum_{i=1}^n x_iy_i\\ \sum_{i=1}^n x_i^2y_i\\ \vdots\\ \sum_{i=1}^n x_i^my_i\end{pmatrix} \tag{4.80}$$

例 4.10 已知数据

x	0.5	1.0	1.3	1.8	2.4	3.0
y	2.3	2.6	2.5	2.0	0.6	-1.4

试用最小二乘法求二次多项式拟合曲线 $y=a_0+a_1x+a_2x^2$.

解 根据式（4.79）、式（4.80）知，a_0，a_1，a_2由正规方程组

$$\begin{pmatrix}6 & \sum_{i=1}^6 x_i & \sum_{i=1}^6 x_i^2\\ \sum_{i=1}^6 x_i & \sum_{i=1}^6 x_i^2 & \sum_{i=1}^6 x_i^3\\ \sum_{i=1}^6 x_i^2 & \sum_{i=1}^6 x_i^3 & \sum_{i=1}^6 x_i^4\end{pmatrix}\begin{pmatrix}a_0\\ a_1\\ a_2\end{pmatrix}=\begin{pmatrix}\sum_{i=1}^6 y_i\\ \sum_{i=1}^6 x_iy_i\\ \sum_{i=1}^6 x_i^2y_i\end{pmatrix}$$

确定．将已知数据代入上式，得方程组

$$\begin{pmatrix} 6 & 10 & 20.94 \\ 10 & 20.94 & 49.978 \\ 20.94 & 49.978 & 128.5938 \end{pmatrix} \begin{pmatrix} a_0 \\ a_1 \\ a_2 \end{pmatrix} = \begin{pmatrix} 8.6 \\ 7.84 \\ 4.736 \end{pmatrix}$$

由此解得

$$a_0 = 1.5184, \quad a_1 = 2.0926, \quad a_2 = -1.0237$$

故所求拟合曲线为

$$y = 1.5184 + 2.0926x - 1.0237x^2$$

例 4.11 已知数据

x	0.8	1.0	1.2	1.8	2.0
y	3.78	3.61	3.50	3.33	3.30

求形如 $y = a + \dfrac{b}{x}$ 的经验公式

解法 1 本题所求经验公式的类型不是多项式，故不能直接套用式（4.79）、式（4.80）. 现将已知数据代入 $y = a + \dfrac{b}{x}$ 的两端，得超定方程组

$$\begin{cases} a + 1.25b = 3.78 \\ a + b = 3.61 \\ a + 0.83333b = 3.5 \\ a + 0.55556b = 3.33 \\ a + 0.5b = 3.3 \end{cases} \tag{4.81}$$

其正规方程组为

$$\begin{pmatrix} 5 & 4.13889 \\ 4.13889 & 3.81559 \end{pmatrix} \begin{pmatrix} a \\ b \end{pmatrix} = \begin{pmatrix} 17.52 \\ 14.75167 \end{pmatrix} \tag{4.82}$$

由此解得

$$a = 2.97483, \quad b = 0.63927$$

故所求经验公式为

$$y = 2.97483 + \frac{0.63927}{x}$$

解法 2 作变量代换 $t = \dfrac{1}{x}$，则所求经验公式成为一次多项式 $y = a + bt$，由式（4.79）、式（4.80）知系数 a 和 b 满足

$$\begin{pmatrix} 5 & \sum_{i=1}^{5} t_i \\ \sum_{i=1}^{5} t_i & \sum_{i=1}^{5} t_i^2 \end{pmatrix} \begin{pmatrix} a \\ b \end{pmatrix} = \begin{pmatrix} \sum_{i=1}^{5} y_i \\ \sum_{i=1}^{5} t_i y_i \end{pmatrix}$$

将数据 $t_i=\frac{1}{x_i}$和 y_i（$i=1，2\cdots，5$）代入上式得方程组（4.82），解出 a 和 b 得经验公式

$$y=a+bt=2.97483+\frac{0.63927}{x}$$

例 4.12 已知数据

x	0	1	2	3	4	5	6
y	1.5	2.5	4.1	6.7	11.1	18.3	30.1

求形如 $y=ae^{bx}$的经验公式.

解 若将已知数据直接代入所求公式，则得非线性超定方程组

$$ae^{bx_i}=y_i \quad , \quad i=1，2，\cdots，7$$

由此很难直接解出最小二乘解 a 和 b. 那么，能否对经验公式作某种变换，使其成为多项式？答案是肯定的，只要对经验公式两端同时取自然对数，得

$$\ln y=\ln a+bx$$

再令

$$u=\ln y, \qquad A=\ln a$$

即得多项式经验公式

$$u=A+bx$$

由式（4.79）、式（4.80）知待定系数 A 和 b 由法方程组

$$\begin{pmatrix} 7 & \sum_{i=1}^{7} x_i \\ \sum_{i=1}^{7} x_i & \sum_{i=1}^{7} x_i^2 \end{pmatrix}\begin{pmatrix} A \\ b \end{pmatrix}=\begin{pmatrix} \sum_{i=1}^{7} u_i \\ \sum_{i=1}^{7} x_i u_i \end{pmatrix}$$

所确定，将已知数据 x_i 和 $u_i = \ln y_i$ 代入上式，得

$$\begin{pmatrix} 7 & 21 \\ 21 & 91 \end{pmatrix}\begin{pmatrix} A \\ b \end{pmatrix}=\begin{pmatrix} 13.3532 \\ 54.0340 \end{pmatrix}$$

解得

$$A=0.410342856, \qquad b=0.499085714$$

所以

$$a=e^A\approx 1.5073, \qquad b\approx 0.4991$$

故所求经验公式为

$$y=1.5073e^{0.4991x}$$

综上所述，有如下结论：

（1）若所求经验公式是不缺项的多项式曲线（式（4.75））

$$y(x)=a_0+a_1x+a_2x^2+\cdots+a_mx^m \quad (m<n-1)$$

则可直接求解式（4.79）、式（4.80）来获得待定系数 a_0，a_1，…，a_m.

（2）若所求经验公式 $y=y$（x）不是形如式（4.75）的多项式，则可通过变量代换先将经验公式 $y=y$（x）转换成形如式（4.75）的多项式，然后再用式（4.79）、式（4.80）来确定多项式的系数，最后用逆变换写出 $y=y$（x）的表达式.

习　题　4.6

1. 试用最小二乘法求解超定方程组

$$\begin{cases} x+y=3 \\ 2x-y=0 \\ 2x+y=4 \\ 3x+2y=8 \\ 4x+3y=11 \end{cases}$$

2. 已知数表

x	−1	0	1	2	3
y	3.3	2.0	1.3	1.1	1.6

试分别用最小二乘法求一次和二次多项式拟合曲线.

3. 已知数表

x	1.0	1.2	1.3	1.5	1.7
y	2.1	1.7	1.4	0.9	0.2

求形如 $y=a+bx^2$ 的经验公式.

4. 已知数表

x	0	1	2	3	4
y	3.8	1.2	0.7	0.5	0.4

求形如 $y=\dfrac{1}{a+bx}$ 的拟合曲线.

上机实习三

1. 实习题目　Lagrange 插值.

实习要求　对于函数 $f(x)=\dfrac{1}{1+25x^2}$，$x\in[-1,1]$，取等距节点 $x_i=-1+\dfrac{2}{10}i$（$i=0$，1，…，10），用 Lagrange 插值多项式计算 $f(0.05k)$（$k=0$，1，2，…，20）的近似值，并与精确值进行比较.

实习目的　熟悉 Lagrange 插值，感受高次多项式插值的 Runge 现象.

2. 实习题目 Hermite 插值.

实习要求 对于函数$f(x)=\frac{1}{1+25x^2}$，$x\in[-1,1]$，取等距节点$x_i=-1+\frac{2}{10}i$（$i=0$，1，…，10），用 Hermite 插值多项式计算$f(0.05k)$（$k=0$，1，2，…，20）的近似值，并与精确值进行比较.

实习目的 熟悉 Hermite 插值，感受 Hermite 插值的精确度.

3. 实习题目 分段三次 Hermite 插值.

实习要求 对于函数$f(x)=\frac{1}{1+25x^2}$，$x\in[-1,1]$，取等距节点$x_i=-1+\frac{2}{10}i$（$i=0$，1，…，10），用分段三次 Hermite 插值多项式计算$f(0.05k)$（$k=0$，1，2，…，20）的近似值，并与精确值进行比较.

实习目的 熟悉分段三次 Hermite 插值，感受分段三次 Hermite 插值的精确度.

第 5 章　数值积分与数值微分

在解决实际问题的过程中，经常要计算各种积分或微分. 对于定积分 $\int_a^b f(x)\,dx$，如果被积函数 $f(x)$ 在积分区间 $[a, b]$ 上连续，则可以用 Newton - Leibniz 公式

$$\int_a^b f(x)\,dx = F(b) - F(a)$$

来计算，其中 $F(x)$ 是 $f(x)$ 在 $[a, b]$ 上的一个原函数. 但在实际计算过程中，往往遇到如下情况：

(1) 被积函数 $f(x)$ 的原函数 $F(x)$ 无法用初等函数表示，例如 $f(x) = \frac{\sin x}{x}$，$\sin x^2$，e^{-x^2} 等，这些函数的原函数不能用有限形式来表示.

(2) 被积函数 $f(x)$ 是表格函数，而不是解析函数.

(3) 被积函数 $f(x)$ 的原函数很难找到或原函数过于复杂.

对于上述三种情况，可以用定积分的近似计算方法——数值积分方法来计算.

本章将介绍计算各种积分的数值积分方法和数值微分方法.

5.1　数值求积公式

5.1.1　数值求积公式的一般形式

众所周知，当函数 $f(x)$ 在区间 $[a, b]$ 上连续时，积分中值定理

$$\int_a^b f(x)\,dx = f(\xi)(b-a),\quad \xi \in [a,b] \tag{5.1}$$

成立. 其中，$f(\xi)$ 是 $f(x)$ 在 $[a, b]$ 上的平均值. 由于中值点 ξ 在区间 $[a, b]$ 内的具体位置无法知道，因此可以取若干个点 $a \leqslant x_0 < x_1 < \cdots < x_n \leqslant b$ 上的值做某种加权平均值来近似代替 $f(\xi)$，得

$$f(\xi) \approx e_0 f(x_0) + e_1 f(x_1) + \cdots + e_n f(x_n) \tag{5.2}$$

其中，$e_0 + e_1 + \cdots + e_n = 1$. 将其代入式 (5.1)，便得求积公式

$$\int_a^b f(x)\,dx \approx \sum_{i=0}^{n} A_i f(x_i)$$

其中，$A_i = (b-a)e_i (i = 0,1,\cdots,n)$.

定义 5.1 形如

$$\int_a^b f(x)\,\mathrm{d}x \approx \sum_{k=0}^{n} A_k f(x_k) \tag{5.3}$$

的公式称为数值求积公式的一般形式. 其中，A_k称为求积系数，x_k称为求积节点，A_k和x_k都不依赖于被积函数$f(x)$. 当求积节点和求积系数确定之后，一个数值求积公式也就完全确定了.

求积公式（5.3）的特点是，将函数的定积分求值问题转化为函数值的线性组合问题，其工作量主要集中在计算各求积节点处的函数值.

定义 5.2 如果求积公式（5.3）对于所有次数不超过m的多项式都精确成立，而对某一个$m+1$次多项式不能精确成立，则称求积公式（5.3）具有m次的代数精确度.

容易看出，如果求积公式（5.3）对$f(x)=1$，x，x^2，…，x^m都精确成立，而对$f(x)=x^{m+1}$不能精确成立，则公式（5.3）具有m次的代数精确度.

对于给定的一组节点x_0，x_1，…，x_n，为了构造至少具有n次代数精确度的求积公式（5.3），令公式（5.3）对于$f(x)=1$，x，x^2，…，x^n都精确成立，便得

$$\begin{cases} A_0 + A_1 + \cdots + A_n = b - a \\ A_0x_0 + A_1x_1 + \cdots + A_nx_n = \dfrac{b^2-a^2}{2} \\ \quad\vdots \\ A_0x_0^n + A_1x_1^n + \cdots + A_nx_n^n = \dfrac{b^{n+1}-a^{n+1}}{n+1} \end{cases} \tag{5.4}$$

由于方程组（5.4）中未知量A_0，A_1，…，A_n的系数行列式是范德蒙行列式，所以当节点x_0，x_1，…，x_n互异时行列式的值不为0，故方程组（5.4）的解必然存在. 可见，对于给定的一组节点，构造求积公式的本质是求解线性方程组（5.4）.

例 5.1 判别求积公式

$$\int_{-1}^{1} f(x)\,\mathrm{d}x \approx \frac{1}{3}\left[f(-1) + 4f(0) + f(1)\right] \tag{5.5}$$

的代数精确度.

解 当$f(x)$分别取1，x，x^2，x^3时，上式两端都取相同的值，分别为2，0，$\frac{2}{3}$，0. 当$f(x)=x^4$时，公式左端为$\frac{2}{5}$，右端为$\frac{2}{3}$. 可见，该求积公式的代数精确度是3.

从某种意义上说，用不同的求积公式计算同一个积分时，代数精确度越高的求积公式计算结果越精确.

5.1.2 插值型求积公式

除了求解线性方程组（5.4），构造数值求积公式的另一个重要途径是借助于被积函数 $f(x)$ 的 Lagrange 插值多项式

$$P_n(x) = \sum_{k=0}^{n} l_k(x) f(x_k) \tag{5.6}$$

$$l_k(x) = \prod_{\substack{i=0 \\ i \neq k}}^{n} \frac{x - x_i}{x_k - x_i}, k = 0,1,\cdots,n \tag{5.7}$$

由近似式

$$\int_a^b f(x)\,\mathrm{d}x \approx \int_a^b P_n(x)\,\mathrm{d}x$$

即可得出形如式（5.3）的求积公式，其中求积系数

$$A_k = \int_a^b l_k(x)\,\mathrm{d}x, \quad k = 0,1,\cdots,n \tag{5.8}$$

定义 5.3 系数由式（5.8）所确定的求积公式（5.3）称为插值型求积公式.

定理 5.1 利用 $n+1$ 个节点的求积公式（5.3）至少具有 n 次代数精确度的充分必要条件是，它是插值型的.

证 设求积公式（5.3）是插值型的，则由 4.1 节知

$$f(x) = P_n(x) + R_n(x) = P_n(x) + \frac{f^{(n+1)}(\xi)}{(n+1)!}\omega_n(x) \tag{5.9}$$

所以插值型求积公式（5.3）的余项为

$$\begin{aligned} R(f) &= \int_a^b f(x)\,\mathrm{d}x - \sum_{k=0}^{n} A_k f(x_k) = \int_a^b f(x)\,\mathrm{d}x - \int_a^b P_n(x)\,\mathrm{d}x \\ &= \int_a^b \frac{f^{(n+1)}(\xi)}{(n+1)!}\omega_n(x)\,\mathrm{d}x \end{aligned} \tag{5.10}$$

可见，当 $f(x)$ 为任何一个次数不超过 n 的多项式时，$f^{(n+1)}(x)=0$，因而由式（5.10）知 $R(f)=0$，故求积公式（5.3）至少有 n 次代数精度.

反之，如果求积公式（5.3）具有至少 n 次的代数精确度，则对每一个 n 次的基本插值多项式 $l_k(x)$（$k=0, 1, \cdots, n$），公式（5.3）都精确成立，故

$$\int_a^b l_k(x)\,\mathrm{d}x = \sum_{i=0}^{n} A_i l_k(x_i) = A_k, k = 0,1,\cdots,n$$

所以求积公式（5.3）是插值型的. 证毕.

推论 插值型求积公式（5.3）的系数满足

$$\sum_{k=0}^{n} A_k = b - a \tag{5.11}$$

证 因为插值型求积公式（5.3）对零次多项式必然精确成立，所以将

$f(x)=1$ 代入求积公式（5.3），即得等式（5.11）．证毕．

例 5.2 证明求积公式

$$\int_{-1}^{1} f(x)\,dx \approx f\left(-\frac{1}{\sqrt{3}}\right)+f\left(\frac{1}{\sqrt{3}}\right) \tag{5.12}$$

是插值型的求积公式．

证 当 $f(x)$ 分别取 1，x，x^2，x^3 时，公式（5.12）的两端都取相同的数值，分别为 2，0，$\frac{2}{3}$，0．但是当 $f(x)=x^4$ 时，公式（5.12）的左端为 $\frac{2}{5}$，右端为 $\frac{2}{9}$．可见，公式(5.12）的代数精确度是 3．由于公式（5.12）的节点个数是 2，而代数精确度是 3，所以公式（5.12）是插值型的求积公式．证毕．

同理可知，例 5.1 中的求积公式（5.5）也是插值型的．以上两个插值型求积公式表明，用 $n+1$ 个节点可以构造出代数精确度超过 n 次的插值型求积公式．

习　题　5.1

1. 求下列求积公式的代数精确度，并指出哪些是插值型求积公式．

(1) $\int_{-1}^{1} f(x)\,dx \approx 2f(0)$

(2) $\int_{-1}^{1} f(x)\,dx \approx \frac{1}{2}[f(-1)+2f(0)+f(1)]$

(3) $\int_{-1}^{1} f(x)\,dx \approx \frac{1}{9}[f(-1)+8f(-\frac{1}{2})+8f(\frac{1}{2})+f(1)]$

(4) $\int_{-1}^{1} f(x)\,dx \approx \frac{1}{9}[5f(-\sqrt{0.6})+8f(0)+5f(\sqrt{0.6})]$

2. 确定下列求积公式中的待定系数和节点，使其代数精确度尽量高，并指出所构造求积公式的代数精确度．

(1) $\int_{-a}^{a} f(x)\,dx \approx A_{-1}f(-a)+A_0f(0)+A_1f(a)$

(2) $\int_{-2a}^{2a} f(x)\,dx \approx A_{-1}f(-a)+A_0f(0)+A_1f(a)$

(3) $\int_{-1}^{1} f(x)\,dx \approx \frac{1}{3}[f(-1)+2f(x_1)+3f(x_2)]$

3. 已知求积公式

$$\int_{-1}^{1} x^2 f(x)\,dx \approx A_0 f(x_0)$$

具有一次代数精确度，求节点 x_0 和系数 A_0．

5.2 等距节点的插值型求积公式

5.2.1 公式的推导

将积分区间 [a, b] 等分成 n 个小区间，每一个小区间的长度（即步长）为 $h=\frac{b-a}{n}$. 以等分点

$$x_k=a+kh,\ k=0,1,2,\cdots,n$$

为节点，构造被积函数 $f(x)$ 的插值多项式

$$p_n(x)=\sum_{k=0}^{n}\left(\prod_{\substack{i=0\\i\neq k}}^{n}\frac{x-x_i}{x_k-x_i}\right)f(x_k) \tag{5.13}$$

记 $x=a+th$，代入式（5.13），得

$$p_n(x)=\sum_{k=0}^{n}\left(\prod_{\substack{i=0\\i\neq k}}^{n}\frac{t-i}{k-i}\right)f(x_k) \tag{5.14}$$

因为 $p_n(x)$ 是 n 次多项式，所以比较容易计算其积分值. 于是，有

$$\begin{aligned}\int_a^b f(x)\mathrm{d}x &\approx \int_a^b p_n(x)\mathrm{d}x = h\int_0^n p_n(a+th)\mathrm{d}t\\ &=\frac{b-a}{n}\sum_{k=0}^{n}\left(\int_0^n\prod_{\substack{i=0\\i\neq k}}^{n}\frac{t-i}{k-i}\mathrm{d}t\right)f(x_k)\\ &=(b-a)\sum_{k=0}^{n}C_kf(x_k)\end{aligned} \tag{5.15}$$

其中

$$C_k=\frac{1}{n}\int_0^n\prod_{\substack{i=0\\i\neq k}}^{n}\frac{t-i}{k-i}\mathrm{d}t,\quad k=0,1,\cdots,n \tag{5.16}$$

公式（5.15）称为等距节点的插值型求积公式，或称为 n 阶的牛顿－柯特斯（Newton-Cotes）求积公式，系数 C_k 称为 Cotes 系数.

下面讨论几个常用的 Newton-Cotes 求积公式.

1. 梯形公式（$n=1$ 的情况）

当 $n=1$ 时，由公式（5.16）得

$$C_0=-\int_0^1(t-1)\mathrm{d}t=\frac{1}{2}$$

$$C_1=\int_0^1 t\mathrm{d}t=\frac{1}{2}$$

因此有梯形公式

$$\int_a^b f(x)\,\mathrm{d}x \approx \frac{b-a}{2}[f(a)+f(b)] = T \tag{5.17}$$

其几何意义是，用梯形 $aABb$（如图 5.1 所示）的面积近似代替曲边梯形 $aABb$ 的面积.

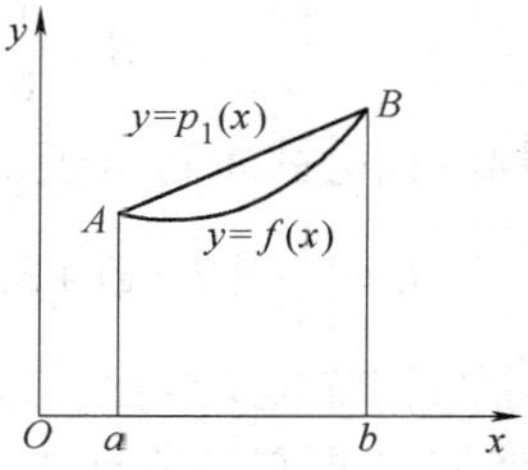

图 5.1

2. 辛浦生（Simpson）公式（$n=2$ 的情况）

当 $n=2$ 时，由公式（5.16）知

$$C_0 = \frac{1}{4}\int_0^2 (t-1)(t-2)\,\mathrm{d}t = \frac{1}{6}$$

$$C_1 = -\frac{1}{2}\int_0^2 t(t-2)\,\mathrm{d}t = \frac{4}{6}$$

$$C_2 = \frac{1}{4}\int_0^2 t(t-1)\,\mathrm{d}t = \frac{1}{6}$$

因此有 Simpson 公式

$$\int_a^b f(x)\,\mathrm{d}x \approx \frac{b-a}{6}\left[f(a)+4f\left(\frac{a+b}{2}\right)+f(b)\right] = S \tag{5.18}$$

其几何意义是，用以抛物线 $y=p_2(x)$ 为曲边的曲边梯形面积近似代替以曲线 $y=f(x)$为曲边的曲边梯形面积（如图 5.2 所示）. 因此，Simpson 公式也被称为抛物线公式.

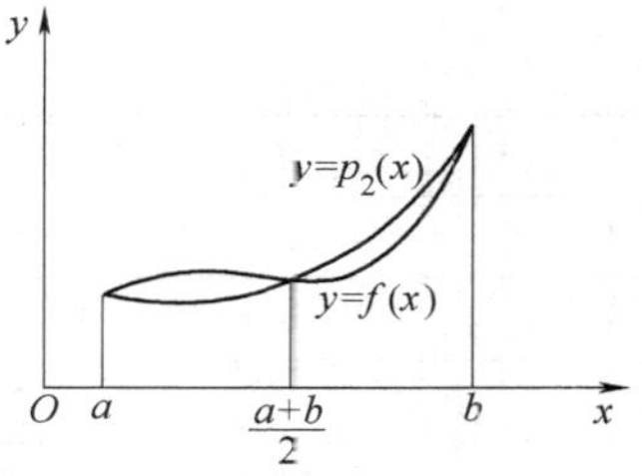

图 5.2

3. 柯特斯（Cotes）公式（$n=4$ 的情况）

当 $n=4$ 时，与上类似，可推得柯特斯公式

$$\int_a^b f(x)\,\mathrm{d}x \approx \frac{b-a}{90}[7f(x_0)+32f(x_1)+12f(x_2)+32f(x_3)+7f(x_4)] = C \tag{5.19}$$

其中

$$x_i = a+\frac{b-a}{4}i, \qquad i=0,1,\cdots,4$$

例 5.3 试分别用梯形公式、抛物线公式和柯特斯公式计算定积分 $I=\int_0^1 \sin 2x\,\mathrm{d}x$，并与精确值进行比较.

解 该定积分的精确值为

$$I = \int_0^1 \sin 2x\,\mathrm{d}x = -\frac{1}{2}(\cos 2-\cos 0) = 0.708073418$$

用梯形公式求得其近似值

$$T=\frac{1}{2}\ (\sin 0+\sin 2)\ =0.454648713$$

用抛物线公式求得其近似值

$$S=\frac{1}{6}\ (\sin 0+4\sin 1+\sin 2)\ =0.712530227$$

用柯特斯公式求得其近似值

$$C=\frac{1}{90}\ (7\sin 0+32\sin 0.5+12\sin 1+32\sin 1.5+7\sin 2)=0.708046562$$

与精确值 I 相比，近似值 T 没有有效数字，近似值 S 具有两位有效数字，而近似值 C 具有四位有效数字.

对于给定的 n，由式（5.16）算出来的 Cotes 系数 C_0，C_1，…，C_n 都是分数，如果记

$$C_k=\frac{B_k}{M},\qquad k=0,1,\cdots,n \tag{5.20}$$

则 C_k 的分母 M 和分子 B_k 的值见表 5.1

表 5.1

n	M	$B_k(k=0,\ 1,\ \cdots,\ n)$
1	2	1，1
2	6	1，4，1
3	8	1，3，3，1
4	90	7，32，12，32，7
5	288	19，75，50，50，75，19
6	840	41，216，27，272，27，216，41
7	17280	751，3577，1323，2989，2989，1323，3577，751
8	28350	989，5888，−928，10496，−4540，10496，−928，5888，989

因为式（5.15）对 $f(x)=1$ 精确成立，所以

$$\int_a^b 1\mathrm{d}x = (b-a)\sum_{k=0}^{n} C_k$$

由此得

$$\sum_{k=0}^{n} C_k = 1 \tag{5.21}$$

5.2.2 公式的稳定性

下面考察 Newton-Cotes 求积公式（5.15）的数值稳定性问题，即数值计算过程中舍入误差对计算结果的影响大小的问题. 为此，设函数值 $f(x_k)$ 具有计算误差 ε_k，即

$$f(x_k) - \tilde{f}(x_k) = \varepsilon_k$$

则用$\tilde{f}(x_k)$近似代替$f(x_k)$时，公式（5.15）所产生的误差

$$\begin{aligned} E &= (b-a)\sum_{k=0}^{n} C_k f(x_k) - (b-a)\sum_{k=0}^{n} C_k \tilde{f}(x_k) \\ &= (b-a)\sum_{k=0}^{n} C_k \varepsilon_k \end{aligned}$$

记$\varepsilon = \max\limits_{0\leqslant k\leqslant n} |\varepsilon_k|$，则当 Cotes 系数$C_k$全都大于零时，由式（5.21）易得

$$|E| \leqslant (b-a)\sum_{k=0}^{n} |C_k||\varepsilon_k| \leqslant (b-a)\varepsilon$$

即计算结果的误差可以控制，所以此时求积公式（5.15）的计算过程是稳定的.

如果 Cotes 系数C_k有正有负，则由式（5.21）知

$$\sum_{k=0}^{n} |C_k| > 1$$

而且n越大，$\sum\limits_{k=0}^{n} |C_k|$的值也越大，此时公式（5.15）的计算误差也越大.

计算表明，只有当$n\leqslant 7$和$n=9$时，Cotes 系数才全部为正数. 所以，高阶的 Newton-Cotes 求积公式很少使用.

5.2.3 公式的余项

n阶的 Newton-Cotes 求积公式（5.15）的余项为

$$\begin{aligned} R(f) &= \int_a^b f(x)\,\mathrm{d}x - \int_a^b P_n(x)\,\mathrm{d}x \\ &= \int_a^b \frac{f^{(n+1)}(\xi)}{(n+1)!}\prod_{i=0}^{n}(x-x_i)\,\mathrm{d}x \end{aligned} \tag{5.22}$$

其中，$\xi\in(a, b)$，且与x有关.

定理 5.2 如果n是偶数，则n阶的 Newton-Cotes 求积公式（5.15）至少具有$n+1$次的代数精确度.

证 只要证明对$f(x)=x^{n+1}$，$R(f)=0$成立即可. 当$f(x)=x^{n+1}$时，由式（5.22）知

$$R(f) = \int_a^b \prod_{i=0}^{n}(x-x_i)\,\mathrm{d}x$$

作变量代换$x=a+th$，则上式成为

$$R(f) = h^{n+2}\int_0^n \prod_{i=0}^{n}(t-i)\,\mathrm{d}t$$

由于n是偶数，所以$\frac{n}{2}=m$是整数，故再作变量代换$u=t-m$，得

$$R(f) = h^{n+2}\int_{-m}^{m}\prod_{i=0}^{2m}(u+m-i)\ \mathrm{d}u$$
$$= h^{n+2}\int_{-m}^{m}u\prod_{i=1}^{m}(u^2-i^2)\ \mathrm{d}u$$

注意到上式中的被积函数是奇函数，因此有

$$R(f)=0$$

所以当 n 为偶数时，n 阶 Newton-Cotes 求积公式的代数精度可以提高到 $n+1$ 次. 证毕.

下面研究梯形公式和抛物线公式的余项.

定理 5.3 如果 $f(x)$ 在 $[a,\ b]$ 上具有连续的二阶导数，则梯形公式 (5.17) 的余项表达式为

$$R_T(f)=I-T=-\frac{(b-a)^3}{12}f''(\eta),\quad \eta\in[a,b] \tag{5.23}$$

证 由余项公式 (5.22) 知

$$R_T(f) = \int_a^b \frac{f''(\xi)}{2!}(x-a)(x-b)\mathrm{d}x,\ \xi\in(a,b)$$

因为 $f''(\xi)$ 是依赖于 x 的连续函数，而 $(x-a)(x-b)$ 在 $[a,\ b]$ 上不变号，所以由积分中值定理，必存在 $\eta\in[a,\ b]$，使得

$$R_T(f) = \frac{f''(\eta)}{2!}\int_a^b (x-a)(x-b)\mathrm{d}x$$
$$= -\frac{(b-a)^3}{12}f''(\eta)$$

证毕.

定理 5.4 如果 $f^{(4)}(x)$ 在 $[a,\ b]$ 上连续，则抛物线公式 (5.18) 的余项表达式为

$$R_S(f)=I-S=-\frac{(b-a)^5}{2880}f^{(4)}(\eta),\quad \eta\in[a,b] \tag{5.24}$$

证 由定理 5.2 知，抛物线公式 $(n=2)$ 至少具有 3 次的代数精确度，所以考虑构造三次 Hermite 插值多项式 $H(x)$，使它满足插值条件

$$H(a)=f(a),H(b)=f(b),H(c)=f(c),H'(c)=f'(c) \tag{5.25}$$

其中，$c=\frac{a+b}{2}$. 则由 4.4 节中的 Hermite 插值余项公式 (4.43) 知

$$f(x)-H(x)=\frac{f^{(4)}(\xi)}{4!}(x-a)(x-c)^2(x-b),\quad \xi\in(a,b)$$

因为 $H(x)$ 是三次多项式，所以抛物线公式对于 $H(x)$ 精确成立，即

$$\int_a^b H(x)\mathrm{d}x = \frac{b-a}{6}[H(a)+4H(c)+H(b)]$$

再由插值条件式（5.25）得

$$\int_a^b H(x)\mathrm{d}x = \frac{b-a}{6}[f(a)+4f(c)+f(b)] = S$$

因此，抛物线公式的余项为

$$\begin{aligned} R_S(f) &= \int_a^b f(x)\mathrm{d}x - S = \int_a^b f(x)\mathrm{d}x - \int_a^b H(x)\mathrm{d}x \\ &= \int_a^b \frac{f^{(4)}(\xi)}{4!}(x-a)(x-c)^2(x-b)\mathrm{d}x \end{aligned}$$

由于$f^{(4)}$（ξ）连续，而$(x-a)(x-c)^2$（$x-b$）在［a，b］不变号，因此由积分中值定理知，必存在$\eta\in$［a，b］，使得

$$\begin{aligned} R_S(f) &= \frac{f^{(4)}(\eta)}{4!}\int_a^b (x-a)(x-c)^2(x-b)\mathrm{d}x \\ &= -\frac{(b-a)^5}{2880}f^{(4)}(\eta) \end{aligned}$$

证毕.

对于任意正整数n，很难给出形如式（5.23）或式（5.24）的余项表达式，不加证明地给出如下结论.

定理5.5 如果n是偶数，且$f^{(n+2)}$（x）在区间［a，b］上连续，则存在$\eta\in$［a，b］，使得

$$R(f) = \frac{f^{(n+2)}(\eta)}{(n+2)!}\int_a^b x\prod_{i=0}^{n}(x-x_i)\mathrm{d}x \tag{5.26}$$

如果n是奇数，且$f^{(n+1)}$（x）在区间［a，b］上连续，则存在$\eta\in$［a，b］，使得

$$R(f) = \frac{f^{(n+1)}(\eta)}{(n+1)!}\int_a^b \prod_{i=0}^{n}(x-x_i)\mathrm{d}x \tag{5.27}$$

利用余项公式（5.26）、式（5.27），进一步有如下结论.

推论1 当n为奇数时，n阶 Newton-Cotes 公式具有n次的代数精确度；当n为偶数时，n阶 Newton-Cotes 公式具有$n+1$次的代数精确度.

推论2 当$3\leqslant n\leqslant 7$时，n阶 Newton-Cotes 求积公式（5.15）的余项为

$$R(f) = \begin{cases} -\dfrac{3}{80}h^5 f^{(4)}(\eta), & n=3 \\ -\dfrac{8}{945}h^7 f^{(6)}(\eta), & n=4 \\ -\dfrac{275}{12096}h^7 f^{(6)}(\eta), & n=5 \\ -\dfrac{9}{1400}h^9 f^{(8)}(\eta), & n=6 \\ -\dfrac{8183}{518400}h^9 f^{(8)}(\eta), & n=7 \end{cases} \tag{5.28}$$

其中，$\eta \in [a, b]$，$h=\dfrac{b-a}{n}$.

例 5.4 若用梯形公式、抛物线公式和柯特斯公式计算定积分 $\int_0^1 e^{2x}dx$，其截断误差限各为多少？

解 若用梯形公式计算，则由公式（5.23）得

$$|R_T| \leqslant \frac{1}{12} \times 2^2 \times e^2 \approx 2.4630187$$

若用抛物线公式计算，则由式（5.24）得误差估计式

$$|R_S| \leqslant \frac{1}{2880} \times 2^4 \times e^2 \approx 0.041050311$$

若用柯特斯公式计算，则由式（5.28）（$n=4$）得误差估计式

$$|R_C| \leqslant \frac{8}{945} \times \frac{1}{4^7} \times 2^6 \times e^2 \approx 0.000244347.$$

习　题　5.2

1. 运用抛物线公式计算积分 $\int_0^2 e^{-x}dx$，并利用式（5.24）估计误差限.

2. 设 $f''(x)$ 在 $[a, b]$ 上连续，证明中矩形求积公式的余项

$$\int_a^b f(x)dx - (b-a)f\left(\frac{a+b}{2}\right) = \frac{(b-a)^3}{24}f''(\eta),\quad a \leqslant \eta \leqslant b$$

3. 推导下列左矩形公式和右矩形公式的余项

(1) $\int_a^b f(x)dx \approx (b-a)f(a)$

(2) $\int_a^b f(x)dx \approx (b-a)f(b)$

4. 如果 $f''(x)>0$ 在 $[a, b]$ 上成立，证明：用梯形公式计算积分 $\int_a^b f(x)dx$ 所得结果比精确值大，并说明其几何意义.

5.3　复化求积公式

从 5.2 节的讨论可知，当 $n>7$ 时 n 阶的 Newton-Cotes 求积公式（5.15）的系数有正有负，不能保证计算的稳定性，故实际计算时往往取 $n \leqslant 7$. 对于固定的 $n \leqslant 7$，从误差估计式（5.23）、式（5.24）和式（5.28）容易看出，积分区间的长度 $b-a$ 越大，求积公式（5.15）的截断误差限 $|R(f)|$ 也就越大. 这就启发我们将积分区间分成若干等份，对每一个小区间上的积分采用梯形（或抛物线、或 Cotes）公式进行计算，然后将各小区间上的积分近似值相加，获得

$\int_a^b f(x)\mathrm{d}x$ 的近似值，这就是复化求积公式的思想. 复化求积公式是提高数值积分精确度的一种有效方法.

5.3.1 复化梯形公式

设被积函数 $f(x)$ 在积分区间 $[a, b]$ 上有连续的二阶导数. 现将积分区间 $[a, b]$ n 等分，节点 $x_i = a + ih \quad (i=0, 1, \cdots, n)$，其中 $h=\frac{b-a}{n}$称为步长. 在每一个小区间 $[x_i, x_{i+1}]$ 上使用梯形公式及其余项，得

$$\int_{x_i}^{x_{i+1}} f(x)\mathrm{d}x = \frac{h}{2}[f(x_i) + f(x_{i+1})] - \frac{h^3}{12}f''(\eta_i) \tag{5.29}$$

其中，$\eta_i \in [x_i, x_{i+1}]$. 于是，有

$$\begin{aligned} I &= \int_a^b f(x)\mathrm{d}x = \sum_{i=0}^{n-1}\int_{x_i}^{x_{i+1}} f(x)\mathrm{d}x \\ &= \sum_{i=0}^{n-1}\frac{h}{2}[f(x_i) + f(x_{i+1})] - \sum_{i=0}^{n-1}\frac{h^3}{12}f''(\eta_i) \\ &= \frac{h}{2}\left[f(a) + 2\sum_{i=1}^{n-1}f(x_i) + f(b)\right] - \frac{h^3}{12}\sum_{i=0}^{n-1}f''(\eta_i) \end{aligned} \tag{5.30}$$

因为$f''(x)$ 在 $[a, b]$ 上连续，所以由介值定理知，必存在 $\eta \in [a, b]$，使

$$f''(\eta) = \frac{1}{n}\sum_{i=0}^{n-1}f''(\eta_i) \tag{5.31}$$

因此，式 (5.30) 成为

$$I = T_n + R_{T_n} \tag{5.32}$$

其中

$$T_n = \frac{h}{2}\left[f(a) + 2\sum_{i=1}^{n-1}f(x_i) + f(b)\right] \tag{5.33}$$

称为复化梯形求积公式，下标 n 表示将积分区间 n 等分.

$$R_{T_n} = -\frac{h^3}{12}nf''(\eta) = -\frac{(b-a)^3}{12n^2}f''(\eta), \quad \eta \in [a,b] \tag{5.34}$$

称为复化梯形求积公式的余项.

若 $|f''(x)| \leqslant M$，$x \in [a, b]$，则有估计式

$$|R_{T_n}| \leqslant \frac{(b-a)^3}{12n^2}M \tag{5.35}$$

根据定积分的定义，只要被积函数 $f(x)$ 在区间 $[a, b]$ 上可积，则当 $n \to \infty$ 时必有 $T_n \to I$. 另外，复化梯形求积公式 (5.33)

$$T_n = \sum_{i=0}^{n} A_i f(x_i)$$

中的系数均大于零，并满足

$$\sum_{i=0}^{n} |A_i| = \frac{h}{2}[1 + 2(n-1) + 1] = nh = b - a$$

所以，复化梯形求积公式的计算过程是数值稳定的.

例 5.5 如果用复化梯形公式 T_n 计算积分 $I = \int_0^1 e^{-x^2} dx$，则当 n 取多大时能保证 T_n 具有五位有效数字？

解 本题中 $f(x) = e^{-x^2}$，$f''(x) = (4x^2 - 2)e^{-x^2}$.

当 $0 < x < 1$ 时，有 $|f''(x)| \leqslant 2$，因此由式（5.35）得

$$|I - T_n| \leqslant \frac{(1-0)^3}{12n^2} \times 2 = \frac{1}{6n^2} \tag{5.36}$$

又因为

$$0.1 < \frac{1}{e} < I = \int_0^1 e^{-x^2} dx < 1$$

所以，为了使 T_n 具有五位有效数字，令式（5.36）右端

$$\frac{1}{6n^2} \leqslant \frac{1}{2} \times 10^{-5}$$

解得

$$n \geqslant \sqrt{\frac{1}{3} \times 10^5} = 182.5741858$$

可见，为了保证 T_n 有五位有效数字，需要将积分区间［0，1］等分成 183 个小区间. 本例说明，复化梯形公式精确度很低，或者说计算量很大.

5.3.2 复化 Simpson 公式

设被积函数 $f(x)$ 在积分区间［a，b］上有四阶连续导数. 与 5.3.1 小节类似，将积分区间 n 等分，并在每一个小区间 $[x_i, x_{i+1}]$ 上应用 Simpson 公式及其余项，得

$$\int_{x_i}^{x_{i+1}} f(x) dx = \frac{h}{6}\left[f(x_i) + 4f(x_{i+\frac{1}{2}}) + f(x_{i+1})\right] - \frac{h^5}{2880} f^{(4)}(\eta_i)$$

其中，$\eta_i \in [x_i, x_{i+1}]$. 于是，有

$$\begin{aligned} I &= \int_a^b f(x) dx = \sum_{i=0}^{n-1} \int_{x_i}^{x_{i+1}} f(x) dx \\ &= \frac{h}{6} \sum_{i=0}^{n-1} [f(x_i) + 4f(x_{i+\frac{1}{2}}) + f(x_{i+1})] - \frac{h^5}{2880} \sum_{i=0}^{n-1} f^{(4)}(\eta_i) \\ &= \frac{h}{6}\left[f(a) + 4\sum_{i=0}^{n-1} f(x_{i+\frac{1}{2}}) + 2\sum_{i=1}^{n-1} f(x_i) + f(b)\right] - \frac{h^5}{2880} n f^{(4)}(\eta), \quad \eta \in [a, b] \end{aligned}$$

上式右端的第一部分

$$S_n = \frac{h}{6}\left[f(a) + 4\sum_{i=0}^{n-1} f(x_{i+\frac{1}{2}}) + 2\sum_{i=1}^{n-1} f(x_i) + f(b)\right] \tag{5.37}$$

称为复化 Simpson 公式，其下标 n 表示将积分区间 n 等分．而上式右端的第二部分

$$R_{S_n} = -\frac{h^5}{2880}nf^{(4)}(\eta) = -\frac{(b-a)^5}{2880n^4}f^{(4)}(\eta), \quad \eta \in [a,b] \tag{5.38}$$

称为复化 Simpson 公式的余项．

由定积分的定义容易证明，只要 $f(x)$ 在 $[a, b]$ 上可积，则当 $n\to\infty$ 时必有 $S_n\to I$，即复化 Simpson 公式是收敛于积分值 I 的．另外，由式（5.37）容易看出，S_n中的系数全部大于零，而且总和为 $b-a$，所以复化 Simpson 公式的计算过程也是数值稳定的．

5.3.3 复化 Cotes 公式

与前面类似，可以推得复化 Cotes 公式

$$C_n = \frac{h}{90}\left[7f(a) + 32\sum_{i=0}^{n-1}f(x_{i+\frac{1}{4}}) + 12\sum_{i=0}^{n-1}f(x_{i+\frac{1}{2}}) + 32\sum_{i=0}^{n-1}f(x_{i+\frac{3}{4}}) + 14\sum_{i=0}^{n-1}f(x_i) + 7f(b)\right] \tag{5.39}$$

其中，$h=\dfrac{b-a}{n}$，$x_i=a+ih$，$i=0$，1，…，n，记号 C_n的下标 n 表示将积分区间 n 等分．

当$f^{(6)}(x)$ 在 $[a, b]$ 上连续时，复化 Cotes 公式（5.39）的余项为

$$R_{C_n} = -\frac{(b-a)^7}{1935360n^6}f^{(6)}(\eta), \quad \eta \in [a,b] \tag{5.40}$$

习　题　5.3

1. 如果用复化梯形公式计算积分 $\int_0^1 e^x dx$，则为了保证有五位有效数字，需要将积分区间多少等分？

2. 如果用积分 $\int_2^8 \frac{1}{2x}dx = \ln 2$ 计算 ln2，则为了使误差的绝对值不超过$\frac{1}{2}\times 10^{-5}$，估计用复化梯形公式需要取多少个节点？

3. 试用复化梯形公式（取 $n=6$）计算积分 $\int_0^\pi x\sin x dx$.

4. 试用复化 Simpson 公式计算下列积分.

（1）$\int_1^2 \frac{dx}{x}, n = 4$

（2）$\int_0^1 \frac{dx}{1+x^3}, n = 5$

（3）$\int_1^2 \frac{\sin x}{x}dx, n = 4$

5. 试用复化 Simpson 公式（取 $n=8$）计算积分 $\int_0^1 \frac{x}{4+x^2}dx$，并与精确值进行比较.

5.4 Romberg 积分法

5.3 节介绍了复化求积公式，当步长 $h\to 0$（即节点数 $n\to\infty$）时，用复化求积公式算出的结果均收敛于精确值 I. 所以，n 越大，T_n 或 S_n 的值越精确，但计算量也随之增加. 另外，使用复化求积公式之前必须先给出步长，步长取得过大则不能保证精度，步长取得过小则增加不必要的计算量，而恰到好处的步长又很难确定. 因此，在实际计算时往往采用步长逐次减半的办法，直到复化求积公式的精确度符合要求为止.

5.4.1 变步长的梯形法则

将积分区间 n 等分，并记步长 $h_n=\frac{b-a}{n}$，则由 5.3 节的式（5.33）知复化梯形公式为

$$T_n=\frac{h_n}{2}\left[f(a)+2\sum_{i=1}^{n-1}f(a+ih_n)+f(b)\right] \tag{5.41}$$

再将步长分半，也就是将积分区间 $2n$ 等分，此时步长

$$h_{2n}=\frac{1}{2}h_n=\frac{b-a}{2n}$$

将式（5.41）中的 n 换成 $2n$，得

$$T_{2n}=\frac{h_{2n}}{2}\left[f(a)+2\sum_{i=1}^{2n-1}f(a+ih_{2n})+f(b)\right] \tag{5.42}$$

因为 $2kh_{2n}=kh_n$，所以把上面的求和式按 $i=2k$ 和 $i=2k-1$ 分成两个求和式，得

$$T_{2n}=\frac{h_{2n}}{2}\left[f(a)+2\sum_{k=1}^{n-1}f(a+2kh_{2n})+f(b)\right]+\frac{h_{2n}}{2}2\sum_{k=1}^{n}f[a+(2k-1)h_{2n}]$$

$$=\frac{1}{2}\frac{h_n}{2}\left[f(a)+2\sum_{k=1}^{n-1}f(a+kh_n)+f(b)\right]+h_{2n}\sum_{k=1}^{n}f(x_{2k-1})$$

由此得复化梯形公式的递推公式

$$T_{2n}=\frac{1}{2}T_n+h_{2n}\sum_{k=1}^{n}f(x_{2k-1}) \tag{5.43}$$

其中，$x_{2k-1}=a+(2k-1)h_{2n}$ 是从 n 等分到 $2n$ 等分时新的等分点.

有了递推公式（5.43），在算出 T_n 值之后，为了计算 T_{2n} 的值，只需要计算新的等分点处的函数值之和即可.

例 5.6 试用变步长的梯形法则计算积分 $I=\int_0^1 \frac{\sin x}{x}\mathrm{d}x$.

解 对于被积函数 $f(x)=\frac{\sin x}{x}$，因为当 $x\to 0$ 时 $f(x)\to 1$，所以定义 $f(0)=1$，则由变步长的梯形法则，有

$$T_1=\frac{1}{2}[f(0)+f(1)]=0.9207355$$

$$T_2=\frac{T_1}{2}+\frac{1}{2}f(0.5)=0.9397933$$

$$T_4=\frac{T_2}{2}+\frac{1}{4}[f(0.25)+f(0.75)]=0.9445135$$

$$T_8=\frac{T_4}{2}+\frac{1}{8}[f(0.125)+f(0.375)+f(0.625)+f(0.875)]=0.9456909$$

依此不断算下去，结果见表 5.2，该积分的精确值为 $I=0.9460831$.

表 5.2

n	T_n	n	T_n
1	0.9207355	64	0.9460769
2	0.9397933	128	0.9460815
4	0.9445135	256	0.9460827
8	0.9456909	512	0.9460830
16	0.9459850	1024	0.9460831
32	0.9460596		

5.4.2 Romberg 积分法

变步长的梯形法的优点是算法简单，缺点是收敛速度慢，因而计算量很大. 所以，加快收敛速度，减少计算量是人们所希望的.

由复化梯形公式的余项表达式（5.34），有

$$I-T_n=-\frac{(b-a)^3}{12n^2}f''(\eta_1),\quad \eta_1\in[a,b] \tag{5.44}$$

$$I-T_{2n}=-\frac{(b-a)^3}{12(2n)^2}f''(\eta_2),\quad \eta_2\in[a,b] \tag{5.45}$$

所以当 $f''(\eta_1)\approx f''(\eta_2)$ 时，有

$$\frac{I-T_n}{I-T_{2n}}\approx 4$$

经过移项并整理得

$$I - T_{2n} \approx \frac{1}{3}(T_{2n} - T_n) \tag{5.46}$$

近似估计式（5.46）表明，当 T_n 和 T_{2n} 很接近时，就能保证 T_{2n} 很接近于 I. 另外，因为 T_{2n} 的误差大约为 $\frac{1}{3}$（$T_{2n} - T_n$），所以用这个误差值作为 T_{2n} 的误差校正项，便得新的近似值

$$\tilde{T}_{2n} = T_{2n} + \frac{1}{3}(T_{2n} - T_n) = \frac{1}{3}(4T_{2n} - T_n) \tag{5.47}$$

下面讨论，近似值 $\tilde{T}_{2n}$ 具有什么样的内在含意. 为此，将式（5.43）以及 T_n 的表达式直接代入式（5.47）的右端，得

$$\begin{aligned}
\tilde{T}_{2n} &= \frac{4}{3}\frac{T_n}{2} + \frac{4}{3}h_{2n}\sum_{k=1}^{n} f\left[a + (2k-1)h_{2n}\right] - \frac{1}{3}T_n \\
&= \frac{1}{3}T_n + \frac{2}{3}h_n\sum_{k=1}^{n} f\left[a + (k - \frac{1}{2})h_n\right] \\
&= \frac{h_n}{6}\left[f(a) + 2\sum_{i=1}^{n-1} f(x_i) + f(b)\right] + \frac{2}{3}h_n\sum_{k=1}^{n} f(x_{k-\frac{1}{2}})
\end{aligned} \tag{5.48}$$

其中，$x_i = a + ih_n$. 可见，式（5.48）右端就是复化 Simpson 公式（5.37），故 $\tilde{T}_{2n} = S_n$，即

$$S_n = \frac{1}{3}(4T_{2n} - T_n) \tag{5.49}$$

下面再研究复化 Simpson 公式的加速收敛问题. 由复化 Simpson 公式的余项表达式（5.38），有

$$I - S_n = -\frac{(b-a)^5}{2880n^4}f^{(4)}(\eta_1), \qquad \eta_1 \in [a, b]$$

$$I - S_{2n} = -\frac{(b-a)^5}{2880(2n)^4}f^{(4)}(\eta_2), \qquad \eta_2 \in [a, b]$$

所以当 $f^{(4)}(\eta_1) \approx f^{(4)}(\eta_2)$ 时，有

$$\frac{I - S_n}{I - S_{2n}} \approx 16$$

由此得

$$I \approx \frac{1}{15}(16S_{2n} - S_n)$$

事实上，上式右端就是复化 Cotes 公式（5.39）的右端，所以

$$C_n = \frac{1}{15}(16S_{2n} - S_n) \tag{5.50}$$

与上类似，利用复化 Cotes 公式的余项表达式（5.40），又可以推得

$$I \approx \frac{1}{63}(64C_{2n} - C_n)$$

称

$$R_n = \frac{1}{63}(64C_{2n} - C_n) \tag{5.51}$$

为 Romberg 求积公式.

可以直接验证，由式（5.51）给出的求积公式

$$\int_a^b f(x)\,\mathrm{d}x \approx R_n \tag{5.52}$$

具有七次的代数精确度. 另外，Romberg 求积公式（5.51）已经不属于复化 Newton- Cotes 求积公式的范畴.

将上述内容归纳起来，就有如下 Romberg 求积方法：

第一步，利用梯形公式及变步长的梯形法则计算

$$T_1,\quad T_2,\quad T_4,\quad T_8,\quad T_{16},\quad T_{32},\quad \cdots \tag{5.53}$$

第二步，利用公式（5.49）计算

$$S_1,\quad S_2,\quad S_4,\quad S_8,\quad S_{16},\quad \cdots \tag{5.54}$$

第三步，利用公式（5.50）计算

$$C_1,\quad C_2,\quad C_4,\quad C_8,\quad \cdots \tag{5.55}$$

第四步，利用公式（5.51）计算

$$R_1,\quad R_2,\quad R_4,\quad \cdots \tag{5.56}$$

第五步，取近似值序列式（5.56）中的最后一个值作为所求积分值的近似值.

上述整个过程中，计算量主要集中在第一步计算近似值序列式（5.53）上，这些值的精确度很低，它们是后续加工过程的原始材料，第二步、第三步、第四步是不断提高精确度的加工过程. 经过几次加工，将精度很低的近似值被加工成精度很高的近似值.

以上提高精确度的加工过程，还可以继续进行下去，有

$$R_n^{(k+1)} = \frac{1}{4^{k+3}-1}(4^{k+3}R_{2n}^{(k)} - R_n^{(k)}),k=1,2,\cdots \tag{5.57}$$

其中，$R_n^{(1)} = R_n$是由式（5.51）算出的结果.

例 5.7 用 Romberg 积分法计算 $I = \int_0^2 \mathrm{e}^x \mathrm{d}x$.

解 易知，精确值 $I = \mathrm{e}^2 - \mathrm{e}^0 = 6.389056099$. 首先，由梯形公式求得

$$T_1 = \frac{2-0}{2}\left[\mathrm{e}^0 + \mathrm{e}^2\right] = 8.389056099 \qquad \text{（无有效数字）}$$

$$T_2 = \frac{T_1}{2} + \mathrm{e}^1 = 6.912809878 \qquad \text{（无有效数字）}$$

$$T_4=\frac{T_2}{2}+\frac{1}{2}\left[e^{0.5}+e^{1.5}\right]=6.521610110 \qquad \text{(一位有效数字)}$$

$$T_8=\frac{T_4}{2}+\frac{1}{4}\left[e^{0.25}+e^{0.75}+e^{1.25}+e^{1.75}\right]=6.422297822 \qquad \text{(二位有效数字)}$$

利用公式（5.49），求得

$$S_1=6.420727804 \qquad \text{(二位有效数字)}$$
$$S_2=6.391210187 \qquad \text{(三位有效数字)}$$
$$S_4=6.389193726 \qquad \text{(四位有效数字)}$$

利用公式（5.50）求得

$$C_1=6.389242346 \qquad \text{(四位有效数字)}$$
$$C_2=6.389059295 \qquad \text{(六位有效数字)}$$

最后，由公式（5.51）求得

$$R_1=6.38905639 \qquad \text{(七位有效数字)}$$

为了便于设计程序，将 Romberg 求积公式改写为

（1）$T_0^{(0)}=\dfrac{b-a}{2}\left[f(a)+f(b)\right]$

（2）$T_m^{(0)}=\dfrac{1}{2}T_{m-1}^{(0)}+\dfrac{b-a}{2^m}\sum\limits_{i=1}^{2^{m-1}}f\left[a+(2i-1)\dfrac{b-a}{2^m}\right]$，$m=1,2,3,\cdots$

（3）$T_{m-k}^{(k)}=\dfrac{4^kT_{m-k+1}^{(k-1)}-T_{m-k}^{(k-1)}}{4^k-1}$，$m=1,2,3,\cdots$；$k=1,2,3,\cdots$；$m-k\geqslant0$

（4）如果对于某一个 m 和某一个 k，

$$\left|T_{m-k}^{(k)}-T_{m-k-1}^{(k)}\right|<\varepsilon$$

成立，则停止计算，并取 $\int_a^b f(x)\,dx\approx T_{m-k}^{(k)}$. 其中，$\varepsilon>0$ 是事先给定的允许误差，其计算顺序如图 5.3 所示.

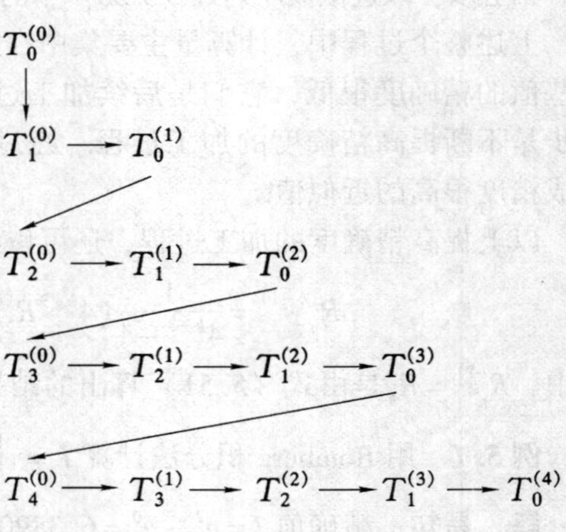

图 5.3

例 5.8 用 Romberg 积分法计算积分 $I=\int_0^1 e^{-x^2}dx$.

解 按照图 5.3 所示的计算顺序，计算结果见表 5.3.

表 5.3

n	T_n	S_n	C_n	R_n
1	0.683939721			
2	0.731370251	0.747180428		
4	0.742984097	0.746855379	0.746833709	
8	0.745865614	0.746826119	0.746824168	0.746824016

因此，$I \approx 0.746824016$.

习 题 5.4

1. 试用 Romberg 积分法计算积分 $I = \int_0^1 \frac{4}{1+x^2}\mathrm{d}x$，并与精确值进行比较.

2. 试用 Romberg 积分法计算下列积分，要求相邻两次 Romberg 值的偏差不超过 10^{-5}.

(1) $\int_0^2 \frac{\sin x}{x}\mathrm{d}x$　　(2) $\int_0^1 \frac{\sqrt{x+1}}{\mathrm{e}^x}\mathrm{d}x$

3. 试用 Romberg 积分法计算积分 $\int_1^2 \mathrm{e}^x \ln(x^2+1)\mathrm{d}x$，要求相邻两次 Romberg 值的偏差不超过 10^{-6}.

5.5 广义积分的计算

前几节介绍了定积分的计算方法，本节将介绍无界函数的广义积分与无穷区间上的广义积分的计算方法.

5.5.1 无界函数的广义积分

如果 $\lim\limits_{x\to c+0} f(x) = \infty$ 或 $\lim\limits_{x\to c-0} f(x) = \infty$，则称函数 $f(x)$ 在 $x=c$ 处是无界的，并称 $x=c$ 是函数 $f(x)$ 的一个奇点. 如果函数 $f(x)$ 在有限区间 $[a, b]$ 内至少有一个奇点，则称 $\int_a^b f(x)\mathrm{d}x$ 是无界函数的广义积分. 下面首先介绍这类广义积分的几种计算方法.

1. 变量代换法

变量代换法的基本思想是，通过变量代换将无界函数的广义积分变为有界函数的普通定积分，然后再用 Romberg 积分法等数值方法计算定积分.

下面通过两个范例来介绍变量代换法.

例 5.9 对于以 $x=0$ 为奇点的广义积分 $I = \int_0^8 \frac{\arctan(x+1)}{\sqrt[3]{x}}\mathrm{d}x$，作变量代

换$x=t^3$,可得普通定积分$I=\int_0^2 3t\arctan(t^3+1)\,dt$.

例 5.10 对于以$x=1$为奇点的广义积分$I=\int_0^1\sqrt{\frac{1+x^2}{1-x^2}}dx$，作变量代换$x=\sin t$，可得普通定积分$I=\int_0^{\frac{\pi}{2}}\sqrt{1+\sin^2 t}\,dt$.

2. 区间截断法

设$I=\int_a^b f(x)\ dx$是以$x=a$为奇点的广义积分. 对于事先给定的允许误差限ε，若存在常数$\delta>0$，使得$\left|\int_a^{a+\delta}f(x)\,dx\right|\leqslant\varepsilon$，则将广义积分$I$分解为

$$I=\int_a^{a+\delta}f(x)\,dx+\int_{a+\delta}^b f(x)\,dx \tag{5.58}$$

并舍去式（5.58）右端的第一项，得有界函数的定积分

$$I\approx\int_{a+\delta}^b f(x)\ dx \tag{5.59}$$

然后再计算此积分即可.

例 5.11 将无界函数的广义积分$I=\int_0^1\frac{x^2-1}{\sqrt{x}+\sin x}dx$化为有界函数的定积分，使得误差不超过$10^{-4}$.

解 对于$\delta\in(0,1)$，因为

$$\left|\int_0^\delta\frac{x^2-1}{\sqrt{x}+\sin x}dx\right|\leqslant\int_0^\delta\left|\frac{x^2-1}{\sqrt{x}+\sin x}\right|dx\leqslant\int_0^\delta\frac{1}{\sqrt{x}}dx=2\sqrt{\delta} \tag{5.60}$$

所以当$2\sqrt{\delta}\leqslant 10^{-4}$，即$\delta\leqslant\frac{10^{-8}}{4}$时，积分$I\approx\int_\delta^1\frac{x^2-1}{\sqrt{x}+\sin x}dx$满足要求.

对于以$x=b$为奇点的广义积分$I=\int_a^b f(x)\,dx$，可类似地进行处理.

3. Taylor 多项式法

由数学分析可知，如果函数$g(x)$在$[a,b]$上连续，则广义积分

$$I=\int_a^b\frac{g(x)}{(x-a)^p}dx, 0<p<1 \tag{5.61}$$

收敛. 当$g\in C^{m+1}[a,b]$时，函数$g(x)$在$x=a$处有m次 Taylor 多项式

$$P_m(x)=\sum_{k=0}^m\frac{g^{(k)}(a)}{k!}(x-a)^k \tag{5.62}$$

此时原广义积分（5.61）可以写成

$$I=\int_a^b\frac{g(x)-P_m(x)}{(x-a)^p}dx+\int_a^b\frac{P_m(x)}{(x-a)^p}dx\equiv I_1+I_2 \tag{5.63}$$

其中第二项可精确计算如下

$$I_2 = \int_a^b \frac{P_m(x)}{(x-a)^p}\mathrm{d}x = \sum_{k=0}^{m} \frac{g^{(k)}(a)}{k!}\int_a^b (x-a)^{k-p}\mathrm{d}x$$

$$= \sum_{k=0}^{m} \frac{g^{(k)}(a)}{k!(k-p+1)}(b-a)^{k-p+1} \tag{5.64}$$

因此，只要计算式（5.63）中的第一部分即可. 为此，定义函数

$$G(x) = \begin{cases} \dfrac{g(x) - P_m(x)}{(x-a)^p}, & a < x \leqslant b \\ 0 \quad , & x = a \end{cases} \tag{5.65}$$

因为 $0 < p < 1$，而且 $P_m^{(k)}(a)$ 与 $g^{(k)}(a)$ 对每一个 $k = 0, 1, \cdots, m$ 均相等，所以 $G \in C^m[a, b]$，故式（5.63）中的第一部分 $I_1 = \int_a^b G(x)\mathrm{d}x$ 可以用复化求积公式进行计算.

5.5.2 无穷区间上的广义积分

对于无穷区间上的广义积分，可以通过变量代换法或者区间截断法，将无穷区间上的广义积分转化为有限区间上的积分（定积分或广义积分），然后再用前面介绍过的方法计算有限区间上的积分即可.

例 5.12 将无穷区间上的广义积分 $I = \int_1^{+\infty} \frac{\mathrm{d}x}{\mathrm{e}^x(1+x^2)}$ 转化为有限区间上的积分.

解 (1) 用变量代换法

因为 $I = \int_1^{+\infty} \frac{\mathrm{d}\arctan x}{\mathrm{e}^x}$，所以作变量代换 $x = \tan t$，得有限区间上的积分 $I = \int_{\frac{\pi}{4}}^{\frac{\pi}{2}} \frac{\mathrm{d}t}{\mathrm{e}^{\tan t}}$. 定义函数

$$f(t) = \begin{cases} \dfrac{1}{\mathrm{e}^{\tan t}}, & \dfrac{\pi}{4} \leqslant t < \dfrac{\pi}{2} \\ 0 \quad , & t = \dfrac{\pi}{2} \end{cases}$$

则 $f \in C\left[\frac{\pi}{4}, \frac{\pi}{2}\right]$，所以 $I = \int_{\frac{\pi}{4}}^{\frac{\pi}{2}} f(t)\mathrm{d}t$ 是有限区间上的普通定积分.

(2) 用区间截断法

因为对 $M > 1$，有

$$\left|\int_M^{+\infty} \frac{\mathrm{d}x}{\mathrm{e}^x(1+x^2)}\right| \leqslant \int_M^{+\infty} \frac{\mathrm{d}x}{\mathrm{e}^M(1+x^2)}$$

$$= \frac{1}{\mathrm{e}^M}\arctan x \Big|_M^{+\infty} = \frac{1}{\mathrm{e}^M}\left(\frac{\pi}{2} - \arctan M\right)$$

$$< \frac{1}{e^M}\left(\frac{\pi}{2} - \arctan 1\right) = \frac{\pi}{4e^M}$$

所以当$\frac{\pi}{4e^M} \leqslant \varepsilon$，即$M \geqslant \ln \frac{\pi}{4\varepsilon}$时，有限区间上的积分

$$I \approx \int_1^M \frac{dx}{e^x(1 + x^2)}$$

的误差限为ε. 例如，当$\varepsilon = 10^{-4}$时，$\ln \frac{\pi}{4\varepsilon} = 8.96\cdots$，所以取$M = 9$即可.

例 5.13 计算无穷区间上的广义积分$I = \int_0^{+\infty} \frac{x^3}{5 + x^9}dx$，使得误差不超过$10^{-5}$.

解 首先用变量代换法将所给广义积分化为有限区间上的积分. 为此，令

$$I = \int_0^1 \frac{x^3}{5 + x^9}dx + \int_1^{+\infty} \frac{x^3}{5 + x^9}dx \equiv I_1 + I_2$$

其中，$I_1 = \int_0^1 \frac{x^3}{5 + x^9}dx$是普通定积分. 对于无穷区间上的广义积分$I_2$，作变量代换$x = \frac{1}{t}$，得

$$I_2 = \int_1^{+\infty} \frac{x^3}{5 + x^9}dx = \int_1^0 \frac{t^{-3}}{5 + t^{-9}}(-t^{-2})dt = \int_0^1 \frac{t^4}{5t^9 + 1}dt$$

于是

$$I = I_1 + I_2 = \int_0^1 \left(\frac{x^3}{5 + x^9} + \frac{x^4}{5x^9 + 1}\right)dx$$

这是普通的定积分，可用 Romberg 积分法进行计算. 为了使得近似值的误差不超过10^{-5}，只要近似值精确到小数点后第五位（此时误差限为0.5×10^{-5}）即可. 下面用六位小数进行计算，其结果见表 5.4.

表 5.4

n	T_n	S_n	C_n	R_n
1	0.166667			
2	0.126776	0.113479		
4	0.143438	0.148992	0.151360	
8	0.144521	0.144882	0.144608	0.144501
16	0.144848	0.144957	0.144962	0.144968
32	0.144930	0.144957	0.144957	0.144957
64	0.144950	0.144957	0.144957	0.144957

从表 5.4 可以看出，近似值序列$\{S_n\}$、$\{C_n\}$和$\{R_n\}$按照六位小数都已经收敛到 0.144957. 因此，$I \approx 0.144957$是满足精度要求的近似值，其误差限为

0.5×10^{-6}.

习 题 5.5

1. 用区间截断法将无界函数的广义积分 $I=\int_0^1\frac{\sin x}{\sqrt{1-x}}\mathrm{d}x$ 化为有界函数的定积分，使其误差不超过 10^{-4}.

2. 用区间截断法将无穷区间上的广义积分 $I=\int_0^{+\infty}\frac{\mathrm{d}x}{1+x^{18}}$ 转化为有限区间上的积分，使其误差不超过 10^{-6}.

3. 计算下列广义积分，使其误差不超过 10^{-2}.

（1）$\int_0^2\frac{\mathrm{e}^x}{\sqrt{x}}\mathrm{d}x$　　（2）$\int_1^5\frac{\ln(x+1)}{\sqrt{x-1}}\mathrm{d}x$　　（3）$\int_0^{+\infty}\frac{x}{4+x^{27}}\mathrm{d}x$

5.6 二重积分的计算

本章前五节介绍了一元函数的定积分与广义积分的计算方法，本节将介绍二重积分 $I=\iint\limits_D f(x,y)\mathrm{d}x\mathrm{d}y$ 的计算方法.

对于平面上的 X—型区域 $D=\{(x,y)\mid\varphi(x)\leqslant y\leqslant\psi(x),a\leqslant x\leqslant b\}$，二重积分可以化为累次积分

$$I=\iint\limits_D f(x,y)\mathrm{d}x\mathrm{d}y=\int_a^b\mathrm{d}x\int_{\varphi(x)}^{\psi(x)}f(x,y)\mathrm{d}y \tag{5.66}$$

定义函数

$$g(x)=\int_{\varphi(x)}^{\psi(x)}f(x,y)\mathrm{d}y \tag{5.67}$$

则二重积分式（5.66）可以化为

$$I=\int_a^b g(x)\mathrm{d}x \tag{5.68}$$

因此，只要利用前面介绍过的方法计算两个定积分式（5.67）和式（5.68）即可.

5.6.1 二重积分求积公式的一般形式

首先，沿着 x 轴在区间 $[a,\ b]$ 内取 $n+1$ 个节点

$$x_0<x_1<\cdots<x_n$$

由式（5.3）可得计算定积分式（5.68）的求积公式的一般形式

$$I\approx\sum_{k=0}^{n}A_k g(x_k) \tag{5.69}$$

其中，$A_k(k=0,\ 1,\ \cdots,\ n)$ 是求积系数，$g(x_k)=\int_{\varphi(x_k)}^{\psi(x_k)}f(x_k,y)\mathrm{d}y$ 是关于 y 的定积分.

为了计算 $g(x_k)$，对于每一个 x_k，再沿着 y 轴在区间 $[\varphi(x_k),\ \psi(x_k)]$ 内取 m_k+1 个节点

$$y_{k0}<y_{k1}<\cdots<y_{k,m_k}$$

于是，由式（5.3）可得计算定积分 $g(x_k)$ 的求积公式的一般形式

$$g(x_k)\approx\sum_{i=0}^{m_k}B_{ki}f(x_k,y_{ki})\tag{5.70}$$

其中，B_{ki}（$i=0,1,\cdots,m_k$）是求积系数.

将式（5.70）代入到式（5.69），得二重积分求积公式的一般形式

$$I\approx\sum_{k=0}^{n}\left[A_k\sum_{i=0}^{m_k}B_{ki}f(x_k,y_{ki})\right]\tag{5.71}$$

5.6.2 二重积分的复化梯形求积公式

以 $\Delta x=\dfrac{b-a}{n}$为步长，取等距节点 $x_k=a+k\cdot\Delta x$，$k=0,1,\cdots,n$，则由定积分的复化梯形公式（5.33）得

$$I\approx\frac{\Delta x}{2}\sum_{k=0}^{n}A_kg(x_k)\tag{5.72}$$

其中 $A_0=A_n=1$，$A_1=A_2=\cdots=A_{n-1}=2$.

再以 $\Delta y_k=\dfrac{\psi(x_k)-\varphi(x_k)}{m_k}$为步长，取等距节点 $y_{ki}=\varphi(x_k)+i\cdot\Delta y_k$，$i=0,1,\cdots,m_k$，再由定积分的复化梯形公式（5.33）得

$$g(x_k)\approx\frac{\Delta y_k}{2}\sum_{i=0}^{m_k}B_{ki}f(x_k,y_{ki})\tag{5.73}$$

其中，$B_{k0}=B_{k,m_k}=1$，$B_{k1}=B_{k2}=\cdots=B_{k,m_k-1}=2$.

将式（5.73）代入到式（5.72），得二重积分的复化梯形求积公式

$$\begin{aligned}I&=\iint_D f(x,y)\,\mathrm{d}x\mathrm{d}y=\int_a^b\mathrm{d}x\int_{\varphi(x)}^{\psi(x)}f(x,y)\,\mathrm{d}y\\&\approx\frac{\Delta x}{4}\sum_{k=0}^{n}\left[A_k\cdot\Delta y_k\sum_{i=0}^{m_k}B_{ki}f(x_k,y_{ki})\right]\end{aligned}\tag{5.74}$$

特别地，当积分区域是长方形区域 $D=\{(x,\ y)\ |a\leqslant x\leqslant b,\ c\leqslant y\leqslant d\}$ 时，取等步长 $\Delta y_k=\Delta y=\dfrac{d-c}{m}$，等距节点 $y_i=c+i\cdot\Delta y$，$i=0,1,\cdots,m$，则二重积分的复化梯形求积公式（5.74）可以简化为

$$\begin{aligned}I&=\iint_D f(x,y)\,\mathrm{d}x\mathrm{d}y=\int_a^b\mathrm{d}x\int_c^d f(x,y)\,\mathrm{d}y\\&\approx\frac{\Delta x\cdot\Delta y}{4}\sum_{k=0}^{n}\left[A_k\sum_{i=0}^{m}B_{ki}f(x_k,y_i)\right]=T_{n,m}\end{aligned}\tag{5.75}$$

对于 Y—型区域上的二重积分，同样可以构造求积公式，留给读者作为练习. 此外，本节介绍的思想和方法同样可以用来处理三重积分，这里就不再赘述.

例 5.14 试用复化梯形求积公式（5.75）计算积分 $I = \int_1^2 \mathrm{d}x \int_0^3 \frac{6xy^2}{(x^2+y^3)^2}\mathrm{d}y$，并与精确值进行比较.

解 取等步长 $\Delta x = \frac{2-1}{n}$，$\Delta y = \frac{3-0}{3n}$，利用复化梯形求积公式（5.75）进行计算，其结果见表 5.5.

表 5.5

n	$T_{n,3n}$	n	$T_{n,3n}$
50	1.274945	800	1.283909
100	1.279709	1600	1.284210
200	1.282106	3200	1.284361
400	1.283308	6400	1.284436

该积分的精确值为

$$I = \int_1^2 \left(\frac{-2x}{x^2+y^3}\bigg|_0^3 \right)\mathrm{d}x = \int_1^2 \left(\frac{-2x}{x^2+27} + \frac{2}{x} \right)\mathrm{d}x$$

$$= [-\ln(x^2+27) + 2\ln x]\big|_1^2 = 1.2845116\cdots$$

可见，当 $n=1600$ 和 $n=6400$ 时，近似值均具有四位有效数字.

习 题 5.6

1. 设 $D=\{(x,y)\,|0\leqslant x\leqslant 0.2, 0\leqslant y\leqslant 0.2\}$，试取步长 $\Delta x=\Delta y=0.1$ 用复化梯形公式计算二重积分 $I=\iint\limits_D \frac{\cos y}{1+x}\mathrm{d}x\mathrm{d}y$，并与精确值进行比较.

2. 对于 Y—型积分区域 $D=\{(x,y)\,|\varphi(y)\leqslant x\leqslant\psi(y), c\leqslant y\leqslant d\}$，推导二重积分 $I=\iint\limits_D f(x,y)\mathrm{d}x\mathrm{d}y$ 的复化梯形求积公式.

3. 对于积分 $I=\int_{a_1}^{a_2}\mathrm{d}x\int_{b_1}^{b_2}\mathrm{d}y\int_{c_1}^{c_2}f(x,y,z)\mathrm{d}z$，推导类似于式（5.75）的复化梯形求积公式.

5.7 数值微分

数值微分是利用一系列节点 x_k 上的函数值 $f(x_k)$ 近似计算导数值 $f'(x_k)$ 或 $f''(x_k)$ 的数值计算方法. 数值微分常用插值方法和 Taylor 展开公式.

5.7.1 插值型数值微分公式

对于给定的 $n+1$ 个节点 $x_0<x_1<\cdots<x_n$，为了求一阶导数值 $f'(x_k)$（$k=0$，1，…，n），首先构造 n 次插值多项式

$$p_n(x) = \sum_{k=0}^{n} l_k(x)f(x_k) \tag{5.76}$$

其中

$$l_k(x) = \prod_{\substack{i=0\\i\neq k}}^{n} \frac{x-x_i}{x_k-x_i}, k=0,1,\cdots,n$$

然后取

$$f'(x_k) \approx p'_n(x_k), k=0,1,\cdots,n \tag{5.77}$$

称为插值型数值微分公式.

由 4.1 节知插值余项

$$f(x)-P_n(x) = \frac{f^{(n+1)}(\xi)}{(n+1)!}\omega_n(x)$$

其中

$$\omega_n(x) = (x-x_0)(x-x_1)\cdots(x-x_n)$$

由于 ξ 不仅与节点有关，还与 x 有关. 所以

$$f'(x)-P'_n(x) = \frac{f^{(n+1)}(\xi)}{(n+1)!}\omega'_n(x) + \frac{\omega_n(x)}{(n+1)!}\frac{\mathrm{d}}{\mathrm{d}x}f^{(n+1)}(\xi)$$

将 $x=x_k$ 代入上式，得一阶导数的误差表达式

$$\begin{aligned} f'(x_k)-P'_n(x_k) &= \frac{f^{(n+1)}(\xi)}{(n+1)!}\omega'_n(x_k) \\ &= \frac{f^{(n+1)}(\xi)}{(n+1)!}\prod_{\substack{i=0\\i\neq k}}^{n}(x_k-x_i), \xi\in(x_0,x_n) \end{aligned} \tag{5.78}$$

若 $x_k\in[a, b]$，$k=0$，1，…，n，而且存在与 n 无关的常数 $M>0$，使得

$$|f^{(n+1)}(x)| \leqslant M, x\in[a,b]$$

则由式（5.78）知误差

$$|f'(x_k)-P'_n(x_k)| \leqslant M\frac{(b-a)^n}{(n+1)!} \to 0 (n\to\infty)$$

所以此时 n 的值越大，即区间 $[a, b]$ 内节点个数越多，导数值的精度越高.

在上面的讨论中，并不要求节点是等距离的. 但是，在实际应用中经常出现等距节点的情况. 因此，下面在等距节点 $x_k=x_0+kh$（$k=0$，1，…，n）的情况下，推导一阶导数的数值计算公式.

1. 一阶导数的两点公式

为了构造两个节点的数值微分公式，以 x_k 和 x_{k+1} 为节点作线性插值，得

$$f(x) = P_1(x) + R_1(x)$$
$$= \frac{x - x_{k+1}}{x_k - x_{k+1}} f(x_k) + \frac{x - x_k}{x_{k+1} - x_k} f(x_{k+1}) + \frac{f''(\xi_k)}{2!}(x - x_k)(x - x_{k+1})$$
$$\xi_k \in (x_k, x_{k+1})$$

上式两边同时求导，并代入 $x = x_k$ 和 $x = x_{k+1}$，得一阶导数的两点公式

$$f'(x_k) = \frac{f(x_{k+1}) - f(x_k)}{h} - \frac{h}{2} f''(\xi_k), k = 0, 1, \cdots, n-1 \tag{5.79}$$

和

$$f'(x_{k+1}) = \frac{f(x_{k+1}) - f(x_k)}{h} + \frac{h}{2} f''(\xi_k), k = 0, 1, \cdots, n-1 \tag{5.80}$$

舍去式（5.79）和式（5.80）中的误差项，得两点公式

$$f'(x_k) \approx \frac{f(x_{k+1}) - f(x_k)}{h}, k = 0, 1, \cdots, n-1 \tag{5.81}$$

和

$$f'(x_k) \approx \frac{f(x_k) - f(x_{k-1})}{h}, k = 1, 2, \cdots, n \tag{5.82}$$

它们的精度关于步长 h 都是一阶的.

2. 一阶导数的三点公式

类似于两点公式的推导，以 x_{k-1}、x_k 和 x_{k+1} 为节点作二次插值，得

$$f(x) = P_2(x) + R_2(x)$$
$$= \frac{(x - x_k)(x - x_{k+1})}{(x_{k-1} - x_k)(x_{k-1} - x_{k+1})} f(x_{k-1}) + \frac{(x - x_{k-1})(x - x_{k+1})}{(x_k - x_{k-1})(x_k - x_{k+1})} f(x_k) +$$
$$\frac{(x - x_{k-1})(x - x_k)}{(x_{k+1} - x_{k-1})(x_{k+1} - x_k)} f(x_{k+1}) + \frac{f'''(\xi_k)}{3!}(x - x_{k-1})(x - x_k)(x - x_{k+1})$$

上式两边同时求导，并分别代入 $x = x_{k-1}$、$x = x_k$ 和 $x = x_{k+1}$，经过整理得一阶导数的三点公式

$$f'(x_{k-1}) = \frac{-3f(x_{k-1}) + 4f(x_k) - f(x_{k+1})}{2h} + \frac{h^2}{3} f'''(\xi_k) \tag{5.83}$$

$$f'(x_k) = \frac{f(x_{k+1}) - f(x_{k-1})}{2h} - \frac{h^2}{6} f'''(\xi_k) \tag{5.84}$$

$$f'(x_{k+1}) = \frac{3f(x_{k+1}) - 4f(x_k) + f(x_{k-1})}{2h} + \frac{h^2}{3} f'''(\xi_k) \tag{5.85}$$

舍去上面各式中的误差项，得三点计算公式

$$f'(x_0) \approx \frac{-3f(x_0) + 4f(x_1) - f(x_2)}{2h} \tag{5.86}$$

$$f'(x_k) \approx \frac{f(x_{k+1}) - f(x_{k-1})}{2h}, k = 1, 2, \cdots, n-1 \tag{5.87}$$

$$f'(x_n) \approx \frac{3f(x_n) - 4f(x_{n-1}) + f(x_{n-2})}{2h} \tag{5.88}$$

这些公式的精度关于步长 h 都是二阶的.

5.7.2 二阶导数的三点公式

取等距节点 $x_k = x_0 + kh$ （$k = 0, 1, \cdots, n$），由 Taylor 展开公式有

$$f(x_{k+1}) = f(x_k) + hf'(x_k) + \frac{h^2}{2!}f''(x_k) + \frac{h^3}{3!}f'''(x_k) + \frac{h^4}{4!}f^{(4)}(\eta_1), \eta_1 \in (x_k, x_{k+1})$$

$$f(x_{k-1}) = f(x_k) - hf'(x_k) + \frac{h^2}{2!}f''(x_k) - \frac{h^3}{3!}f'''(x_k) + \frac{h^4}{4!}f^{(4)}(\eta_2), \eta_2 \in (x_{k-1}, x_k)$$

将上面两个式子相加，得

$$f(x_{k+1}) + f(x_{k-1}) = 2f(x_k) + h^2 f''(x_k) + \frac{h^4}{4!}[f^{(4)}(\eta_1) + f^{(4)}(\eta_2)] \tag{5.89}$$

若 $f^{(4)} \in C[x_0, x_n]$，则存在 $\xi_k \in (x_{k-1}, x_{k+1})$，使得

$$f^{(4)}(\xi_k) = \frac{1}{2}[f^{(4)}(\eta_1) + f^{(4)}(\eta_2)]$$

因此由式（5.89）得二阶导数的三点公式

$$f''(x_k) = \frac{f(x_{k+1}) - 2f(x_k) + f(x_{k-1})}{h^2} - \frac{h^2}{12}f^{(4)}(\xi_k), k = 1, 2, \cdots, n-1 \tag{5.90}$$

式（5.90）不能用来计算 $f''(x_0)$ 和 $f''(x_n)$. 与上类似，利用 Taylor 展开公式可以推导出计算 $f''(x_0)$ 和 $f''(x_n)$ 的三点公式

$$f''(x_0) = \frac{f(x_0) - 2f(x_1) + f(x_2)}{h^2} - hf'''(\xi_0), \xi_0 \in (x_0, x_2) \tag{5.91}$$

和

$$f''(x_n) = \frac{f(x_{n-2}) - 2f(x_{n-1}) + f(x_n)}{h^2} + hf'''(\xi_n), \xi_n \in (x_{n-2}, x_n) \tag{5.92}$$

舍去式（5.90）、式（5.91）和式（5.92）中的误差项，得二阶导数的三点计算公式

$$f''(x_0) \approx \frac{f(x_0) - 2f(x_1) + f(x_2)}{h^2} \tag{5.93}$$

$$f''(x_k) \approx \frac{f(x_{k+1}) - 2f(x_k) + f(x_{k-1})}{h^2}, k = 1, 2, \cdots, n-1 \tag{5.94}$$

$$f''(x_n) \approx \frac{f(x_{n-2}) - 2f(x_{n-1}) + f(x_n)}{h^2} \tag{5.95}$$

其中，公式（5.93）和公式（5.95）是一阶精度的，而公式（5.94）是二阶精度的.

例 5.15 取步长 $h=0.1$，用三点公式求 $f(x)=\sin x$ 在区间 [0，1.5] 上的一阶导数值和二阶导数值，并与精确值进行比较.

解 用一阶导数的三点公式和二阶导数的三点公式计算的数值结果见表 5.6. 从表 5.6 可以看出，三点公式具有较高的数值精确度.

表 5.6

x	一阶导数		二阶导数	
	精确值	近似值	精确值	近似值
0.0	1.0000	1.0033	0.0000	−0.0998
0.1	0.9950	0.9933	−0.0998	−0.0998
0.2	0.9801	0.9784	−0.1987	−0.1985
0.3	0.9553	0.9537	−0.2955	−0.2953
0.4	0.9211	0.9195	−0.3894	−0.3891
0.5	0.8776	0.8761	−0.4794	−0.4790
0.6	0.8253	0.8240	−0.5646	−0.5642
0.7	0.7648	0.7636	−0.6442	−0.6437
0.8	0.6967	0.6955	−0.7174	−0.7168
0.9	0.6216	0.6206	−0.7833	−0.7827
1.0	0.5403	0.5394	−0.8415	−0.8408
1.1	0.4536	0.4528	−0.8912	−0.8905
1.2	0.3624	0.3618	−0.9320	−0.9313
1.3	0.2675	0.2671	−0.9636	−0.9628
1.4	0.1700	0.1697	−0.9854	−0.9846
1.5	0.0707	0.0712	−0.9975	−0.9846

习 题 5.7

1. 试推导二阶导数的三点公式（5.91）和式（5.92）.
2. 试用 Taylor 展开公式推导一阶导数的三点公式（5.84）和式（5.85）.
3. 已知列表函数

x	0.1	0.2	0.3	0.4
$f(x)$	1.4	1.1	0.7	0.9

试用三点公式求 $f(x)$ 在给定的四个节点上的一阶导数值和二阶导数值.

上机实习四

1. 实习题目 用变步长的梯形法则计算积分 $I=\int_0^1 \frac{\sin x}{x e^x}dx$.

实习要求 当 $|T_{2n}-T_n|\leqslant 10^{-5}$ 时停止计算，并打印出每一个近似值 T_n，再打印出计算程序.

实习目的 熟悉复化梯形公式，感受复化梯形法的收敛速度.

2. 实习题目 分别用复化梯形公式、复化 Simpson 公式和 Romberg 积分法计算积分 $I=\int_0^2 \frac{\sin x + x\sqrt{1+x^2}+5}{x+e^x}dx$.

实习要求 精确到6位有效数字，打印出计算程序，并打印出每一种方法的最后结果与积分区间的等分数.

实习目的 熟悉这三种方法的计算过程，并比较这三种方法的收敛速度.

3. 实习题目 计算广义积分 $I=\int_0^{+\infty}(1+x)e^{-x^5}dx$.

实习要求 要求误差不超过 10^{-4}，并打印出计算程序和积分近似值.

实习目的 掌握广义积分的计算过程和对精确度的控制.

4. 实习题目 计算二重积分 $I=\int_1^2 dx\int_2^6 (x^2+x\sin y)dy$.

实习要求 分别取步长 $\Delta x=\Delta y=0.1$，0.01，0.001，用复化梯形公式进行计算，打印出积分近似值并与精确值进行比较，再打印出计算程序.

实习目的 熟悉二重积分的计算过程，体会步长对精度的影响.

第 6 章　常微分方程的数值解法

在高等数学中的常微分方程一章里，已经对一些特殊的常微分方程（如可分离变量的微分方程、贝努利方程、常系数线性微分方程等）讨论了解析解的求法. 但在科学研究和工程实践中所遇到的常微分方程往往很复杂，很难求出其解析解的表达式.

实际上，在微分方程的求解问题中，有很多情况是只要求得到解在某些点上的近似值即可. 因此，有必要研究常微分方程的数值解法.

所谓数值解法，就是通过某种离散化手法，将常微分方程转化为差分方程，进而求得解在一系列点上的近似值的方法.

6.1　Euler 方法

考虑一阶常微分方程初值问题

$$\frac{dy}{dt}=f(t,y),t_0\leqslant t\leqslant T \tag{6.1}$$

$$y(t_0)=y_0 \tag{6.2}$$

其中，t_0、T、y_0均为已知的常数，$f(t,\ y)$ 为已知的函数.

当$f(t,\ y)$ 关于 y 满足 Lipschitz 条件

$$|f(t,y_1)-f(t,y_2)|\leqslant L|y_1-y_2|,\forall y_1,y_2 \tag{6.3}$$

时，初值问题式（6.1）、式（6.2）的解存在，而且惟一.

6.1.1　显式 Euler 方法

为了求初值问题式（6.1）、式（6.2）的数值解，取等距节点

$$t_n=t_0+nh,n=0,1,2,\cdots,M \tag{6.4}$$

其中，$h>0$ 是相邻两个节点之间的距离，称为步长，M 是使 $t_M\leqslant T$ 的某一正整数.

对常微分方程（6.1）的两端同时取从 t_n到 t_{n+1}的积分，得

$$y(t_{n+1})-y(t_n)=\int_{t_n}^{t_{n+1}}f(t,y(t))dt$$

进而有

$$y(t_{n+1})=y(t_n)+\int_{t_n}^{t_{n+1}}f(t,y(t))dt \tag{6.5}$$

上式右端的积分用左矩形求积公式近似代替，得

$$y(t_{n+1}) \approx y(t_n) + hf(t_n, y(t_n)) \tag{6.6}$$

现在，用 y_n 表示 $y(t_n)$ 的近似值，并将式（6.6）右端的 $y(t_n)$ 都用 y_n 替换，由此算出的数值作为 $y(t_{n+1})$ 的近似值 y_{n+1}，便有计算公式

$$y_{n+1} = y_n + hf(t_n, y_n), n = 0, 1, 2, \cdots, M-1 \tag{6.7}$$

从已知的初始值 y_0 出发，反复利用公式（6.7）进行递推计算，就可求出解 $y(t)$ 在一系列节点 t_1，t_2，…，t_M 上的近似值（即初值问题的数值解）y_1，y_2，…，y_M. 计算公式（6.7）称为显式的 Euler 法公式，这是因为式（6.7）中已经明显地解出 y_{n+1}.

例 6.1 用显式 Euler 法求解初值问题

$$\begin{cases} y' = y + e^t, 0 \leqslant t \leqslant 1 \\ y(0) = 1 \end{cases} \tag{6.8}$$

解 取步长 $h = 0.1$，则有显式的 Euler 法公式

$$y_{n+1} = y_n + h(y_n + e^{t_n}) = 1.1y_n + 0.1e^{0.1n}, n = 0, 1, \cdots, 9$$

从 $y_0 = 1$ 出发，用此公式进行计算，结果见表 6.1.

表 6.1

t_n	精确解 $y(t_n)$	数值解 y_n	误差 $y(t_n) - y_n$
0.1	1.2157	1.2000	0.0157
0.2	1.4657	1.4305	0.0352
0.3	1.7548	1.6957	0.0591
0.4	2.0886	2.0003	0.0883
0.5	2.4731	2.3495	0.1236
0.6	2.9154	2.7493	0.1661
0.7	3.4234	3.2064	0.2170
0.8	4.0060	3.7284	0.2776
0.9	4.6732	4.3238	0.3494
1.0	5.4366	5.0021	0.4345

表 6.1 中的精确解 $y(t_n)$ 是由解析解 $y = (t+1)e^t$ 直接算出来的. 从表 6.1 可以看出，显式 Euler 法的精确度很低.

下面讨论显式 Euler 法的精确度问题. 当 $y_n = y(x_n)$ 时，由式（6.7）算出的结果 y_{n+1} 的误差（即近似式（6.6）两端的差）$y(t_{n+1}) - y_{n+1}$ 称为显式 Euler 法在节点 t_{n+1} 处的局部截断误差，记为 $R(t_{n+1})$，即

$$R(t_{n+1}) = y(t_{n+1}) - y(t_n) - hf(t_n, y(t_n)) \tag{6.9}$$

将式（6.9）中的 $y(t_{n+1})$ 在点 t_n 处进行 Taylor 展开，并注意到 $y'(t_n) = f(t_n, y(t_n))$，得

$$R(t_{n+1})=\left[y(t_n)+hy'(t_n)+\frac{h^2}{2!}y''(t_n)+\frac{h^3}{3!}y'''(t_n)+\cdots\right]-y(t_n)-hf(t_n,y(t_n))$$

$$=\frac{h^2}{2}y''(t_n)+O(h^3)=O(h^2) \tag{6.10}$$

可见，显式 Euler 法的局部截断误差与 h^2 同阶，其误差主项为 $\frac{1}{2}h^2y''(t_n)$.

如果一种数值方法的局部截断误差阶为 $O(h^{p+1})$，则称这种方法具有 p 阶的精确度. p 的值越大，数值方法的精确度越高.

由于显式 Euler 法的局部截断误差阶为 $O(h^2)$，所以它是一阶的方法.

6.1.2 隐式 Euler 方法

在 6.1.1 的推导过程中，如果用右矩形求积公式近似代替式（6.5）右端的积分，就可以得到另一个近似式

$$y(t_{n+1})\approx y(t_n)+hf(t_{n+1},y(t_{n+1})) \tag{6.11}$$

由此推得计算公式

$$y_{n+1}=y_n+hf(t_{n+1},y_{n+1}),n=0,1,\cdots,M-1 \tag{6.12}$$

因为式（6.12）两端都含有待求的量 y_{n+1}，所以式（6.12）是关于 y_{n+1} 的一个方程，称式（6.12）为隐式 Euler 方法的计算公式.

与前类似，将近似式（6.11）的两端之差叫做隐式 Euler 方法在节点 t_{n+1} 处的局部截断误差，仍记为 $R(t_{n+1})$，则

$$R(t_{n+1})=y(t_{n+1})-y(t_n)-hf(t_{n+1},y(t_{n+1})) \tag{6.13}$$

将式（6.13）中的 $y(t_{n+1})$ 和 $f(t_{n+1},\ y(t_{n+1}))=y'(t_{n+1})$ 均在点 t_n 处进行 Taylor 展开，经整理得

$$R(t_{n+1})=-\frac{h^2}{2}y''(t_n)+O(h^3)=O(h^2)$$

可见，隐式 Euler 法的局部截断误差也与 h^2 同阶，其误差主项为 $-\frac{1}{2}h^2y''(t_n)$，因此也是一阶精度的.

在实际计算时，常用迭代法求解式（6.12）中的 y_{n+1}，其初始值 $y_{n+1}^{(0)}$ 由显式 Euler 法提供，即

$$\begin{cases} y_{n+1}^{(0)}=y_n+hf(t_n,y_n) \\ y_{n+1}^{(k+1)}=y_n+hf(t_{n+1},y_{n+1}^{(k)}) \quad k=0,1,2,\cdots \end{cases} \tag{6.14}$$

一般只迭代二、三次.

6.1.3 改进的 Euler 方法

前面用左（右）矩形求积公式近似代替式（6.5）右端的积分项，推导出显（隐）式 Euler 方法的计算公式. 因为矩形求积公式的精度很低，所以显（隐）式 Euler 方法的精确度也很低，只有一阶精度. 为了提高精确度，现在采用梯形

求积公式近似代替式（6.5）右端的积分项，得

$$y(t_{n+1}) \approx y(t_n) + \frac{h}{2}[f(t_n, y(t_n)) + f(t_{n+1}, y(t_{n+1}))] \tag{6.15}$$

由此可建立改进的 Euler 法公式

$$y_{n+1} = y_n + \frac{h}{2}[f(t_n, y_n) + f(t_{n+1}, y_{n+1})] \tag{6.16}$$

其局部截断误差为

$$\begin{aligned} R(t_{n+1}) &= y(t_{n+1}) - y(t_n) - \frac{h}{2}[f(t_n, y(t_n)) + f(t_{n+1}, y(t_{n+1}))] \\ &= y(t_{n+1}) - y(t_n) - \frac{h}{2}[y'(t_n) + y'(t_{n+1})] \end{aligned}$$

将上式右端中的 $y(t_{n+1})$ 和 $y'(t_{n+1})$ 均在点 t_n 处进行 Taylor 展开，得

$$\begin{aligned} R(t_{n+1}) &= y(t_n) + hy'(t_n) + \frac{h^2}{2!}y''(t_n) + \frac{h^3}{3!}y'''(t_n) + O(h^4) - y(t_n) - \\ &\quad \frac{h}{2}\left[y'(t_n) + y'(t_n) + hy''(t_n) + \frac{h^2}{2!}y'''(t_n) + O(h^3)\right] \\ &= -\frac{h^3}{12}y'''(t_n) + O(h^4) \end{aligned} \tag{6.17}$$

可见，改进的 Euler 法的局部截断误差与 h^3 同阶，其误差主项为 $-\frac{1}{12}h^3 y'''(t_n)$，所以它具有二阶精度.

事实上，改进的 Euler 法公式（6.16）是显式 Euler 法公式（6.7）与隐式 Euler 法公式（6.12）的算术平均. 由于式（6.7）与式（6.12）的局部截断误差主项大小相等、符号相反，所以在它们的算术平均公式（6.16）中 h^2 项正负抵消，从而提高了公式的精确度.

由于改进的 Euler 法公式（6.16）是关于 y_{n+1} 的隐式方程，所以常用迭代法

$$\begin{cases} y_{n+1}^{(0)} = y_n + hf(t_n, y_n) \\ y_{n+1}^{(k+1)} = y_n + \frac{h}{2}[f(t_n, y_n) + f(t_{n+1}, y_{n+1}^{(k)})], k = 0, 1, 2, \cdots \end{cases} \tag{6.18}$$

进行计算.

在用公式（6.18）进行计算时，往往只迭代二、三次.

例 6.2　试用改进的 Euler 法求解例 6.1 中的初值问题式（6.8）.

解　仍取步长 $h = 0.1$，则改进的 Euler 法公式为

$$\begin{cases} y_{n+1}^{(0)} = 1.1y_n + 0.1e^{0.1n} \\ y_{n+1}^{(k+1)} = y_n + \frac{0.1}{2}[y_n + e^{0.1n} + y_{n+1}^{(k)} + e^{0.1(n+1)}] \end{cases} \tag{6.19}$$

从 $y_0=1$ 出发，用公式（6.19）（迭代一次）进行计算，数值结果 $y_n^{(1)}$ 及误差 $y(t_n)-y_n^{(1)}$ 见表 6.2.

表 6.2

t_n	$y_n^{(1)}$	$y(t_n)-y_n^{(1)}$	t_n	$y_n^{(1)}$	$y(t_n)-y_n^{(1)}$
0.1	1.2153	0.0004	0.6	2.9107	0.0047
0.2	1.4647	0.0010	0.7	3.4172	0.0062
0.3	1.7532	0.0016	0.8	3.9980	0.0080
0.4	2.0861	0.0025	0.9	4.6632	0.0100
0.5	2.4696	0.0035	1.0	5.4240	0.0126

将表 6.1 和表 6.2 进行比较便知，对于初值问题式（6.8），用改进的 Euler 法式（6.19）计算的结果比例 6.1 中用显式 Euler 法计算的结果精确（多一位到两位有效数字）.

习 题 6.1

1. 取步长 $h=0.1$，用显式 Euler 法求解下列初值问题（取四位小数计算）.

（1）$\begin{cases} y'=t^2+y, 0\leqslant t\leqslant 0.5 \\ y(0)=1 \end{cases}$

（2）$\begin{cases} y'=\sin(ty), 1\leqslant t\leqslant 1.5 \\ y(1)=0.2 \end{cases}$

（3）$\begin{cases} y'=e^t+y^2, 0.5\leqslant t\leqslant 1 \\ y(0.5)=1 \end{cases}$

2. 取步长 $h=0.1$，分别用显式 Euler 法和改进的 Euler 法（迭代一次）求解初值问题

$$\begin{cases} y'+y+ty^2=0, 0\leqslant t\leqslant 0.5 \\ y(0)=1 \end{cases}$$

并与精确解 $y(t)=1/(2e^t-t-1)$ 相比较.

3. 证明：用显式 Euler 法求解初值问题

$$\begin{cases} y'=at+b, 0\leqslant t\leqslant T \\ y(0)=0 \end{cases}$$

的数值解具有表达式

$$y_n=\frac{1}{2}at_n^2+bt_n-\frac{1}{2}aht_n$$

其中，$t_n=nh$.

4. 取步长 $h=0.1$，用改进的 Euler 法计算积分

$$y(t) = \int_0^t e^{x^2}dx$$

在 $t=0.5$ 处的值.

6.2 Runge-Kutta 方法

设 $y=y(t)$ 是初值问题式（6.1）、式（6.2）的解，则由微分中值定理，有

$$\frac{y(t_{n+1})-y(t_n)}{h}=y'(\xi)\quad (t_n\leqslant\xi\leqslant t_{n+1}) \tag{6.20}$$

由方程式（6.1）知

$$y'(\xi)=f(\xi,y(\xi))\overset{\text{记}}{=}K$$

所以式（6.20）又可以写作

$$y(t_{n+1})=y(t_n)+hK \tag{6.21}$$

其中，K 是曲线 $y=y(t)$ 在区间 $[t_n,\ t_{n+1}]$ 内的平均斜率. 对平均斜率 K 给出不同的近似式，就可以构造出不同的数值计算公式.

例如，取 $y'(\xi)\approx y'(t_n)$，即 $K\approx K_1=f(t_n,\ y_n)$，则由式（6.21）得计算公式

$$\begin{cases} y_{n+1}=y_n+hK_1 \\ K_1=f(t_n,y_n) \end{cases} \tag{6.22}$$

这就是前面介绍过的显式 Euler 法计算公式（6.7）.

又如，取

$$y'(\xi)\approx\frac{1}{2}[y'(t_n)+y'(t_{n+1})]=\frac{1}{2}[f(t_n,y(t_n))+f(t_{n+1},y(t_{n+1}))$$

则由式（6.21）可得计算公式

$$\begin{cases} y_{n+1}=y_n+\dfrac{h}{2}(K_1+K_2) \\ K_1=f(t_n,y_n) \\ K_2=f(t_{n+1},y_n+hK_1) \end{cases} \tag{6.23}$$

这是改进的 Euler 法计算公式（6.18）（迭代一次）.

类似地，隐式 Euler 法式（6.14）（迭代一次）可以写成

$$\begin{cases} y_{n+1}=y_n+hK_2 \\ K_1=f(t_n,y_n) \\ K_2=f(t_{n+1},y_n+hK_1) \end{cases} \tag{6.24}$$

以上三个公式是一般形式

$$\begin{cases} y_{n+1}=y_n+h(c_1K_1+c_2K_2+\cdots+c_NK_N) \\ K_1=f(t_n,y_n) \\ K_i=f(t_n+a_ih,y_n+h(b_{i1}K_1+b_{i2}K_2+\cdots+b_{i,i-1}K_{i-1})),i=2,3,\cdots,N \end{cases} \tag{6.25}$$

的特例. 其中, a_i, b_{ij}, c_i均为待定参数, 并满足

$$\begin{cases} a_i = b_{i1} + b_{i2} + \cdots + b_{i,i-1}, i = 2,3,\cdots,N \\ c_1 + c_2 + \cdots + c_N = 1 \end{cases} \tag{6.26}$$

公式 (6.25) 的含义是, 利用函数$f(t, y)$ 在N个点上的函数值的加权平均值$c_1K_1 + c_2K_2 + \cdots + c_NK_N$近似代替式 (6.21) 中的$K = f(\xi, y(\xi))$.

形如式 (6.25) 的公式叫做N级 Runge-Kutta 法计算公式. 如果它具有p阶精度, 则称它为N级p阶 Runge-Kutta 方法 (简称N级p阶 R-K 方法).

可见, 显式 Euler 法式 (6.22) 是一级一阶 R-K 方法, 隐式 Euler 法式 (6.24) 是二级一阶 R-K 方法, 改进的 Euler 法式 (6.23) 是二级二阶 R-K 方法.

确定N级 R-K 方法式 (6.25) 中的待定参数的原则是, 使其局部截断误差$R(t_{n+1}) = O(h^{p+1})$ 中的p达到最大值.

下面就以二级 R-K 方法为例, 介绍 R-K 方法的具体构造方法. 由式 (6.25) 和式 (6.26) 知, 二级 R-K 方法的一般形式为

$$\begin{cases} y_{n+1} = y_n + h(c_1K_1 + c_2K_2) \\ K_1 = f(t_n, y_n) \\ K_2 = f(t_n + ah, y_n + ahK_1) \end{cases} \tag{6.27}$$

假定$y_n = y(t_n)$ 是精确的, 则二级 R-K 方法式 (6.27) 的局部截断误差为

$$R(t_{n+1}) = y(t_{n+1}) - y_n - h(c_1K_1 + c_2K_2) \tag{6.28}$$

将$y(t_{n+1})$ 和K_2分别在t_n处进行 Taylor 展开, 得

$$y(t_{n+1}) = y(t_n) + hy'(t_n) + \frac{1}{2}h^2y''(t_n) + O(h^3)$$

$$\begin{aligned} K_1 &= f(t_n, y_n) = y'(t_n) \\ K_2 &= f(t_n + ah, y_n + ahK_1) \\ &= f(t_n, y_n + ahK_1) + ahf'_t(t_n, y_n + ahK_1) + O(h^2) \\ &= f(t_n, y_n) + ahK_1f'_y(t_n, y_n) + ahf'_t(t_n, y_n) + O(h^2) \\ &= y'(t_n) + ahy'(t_n)f'_y(t_n, y_n) + ahf'_t(t_n, y_n) + O(h^2) \end{aligned}$$

注意到

$$y''(t) = f'_t(t, y) + f'_y(t, y)y'(t)$$

因此有

$$K_2 = y'(t_n) + ahy''(t_n) + O(h^2)$$

将以上各展开式均代入式 (6.28), 得

$$R(t_{n+1}) = (1 - c_1 - c_2)hy'(t_n) + \left(\frac{1}{2} - ac_2\right)h^2y''(t_n) + O(h^3) \tag{6.29}$$

可见，当参数满足条件

$$\begin{cases} c_1 + c_2 = 1 \\ ac_2 = \dfrac{1}{2} \end{cases} \tag{6.30}$$

时，二级 R-K 方法式（6.27）具有二阶精确度.

由于方程组式（6.30）有无穷多组解，所以二级二阶 R-K 方法的计算公式有无穷多. 下面介绍几个常用的二级二阶 R-K 方法.

1. 改进的 Euler 方法

取 $c_1 = c_2 = \dfrac{1}{2}$，$a = 1$，得改进的 Euler 方法式（6.23）.

2. 中点方法

取 $c_1 = 0$，$c_2 = 1$，$a = \dfrac{1}{2}$，得

$$\begin{cases} y_{n+1} = y_n + hK_2 \\ K_1 = f(t_n, y_n) \\ K_2 = f\left(t_n + \dfrac{1}{2}h, y_n + \dfrac{1}{2}hK_1\right) \end{cases} \tag{6.31}$$

3. Heun 方法

取 $c_1 = \dfrac{1}{3}$，$c_2 = \dfrac{2}{3}$，$a = \dfrac{3}{4}$，得

$$\begin{cases} y_{n+1} = y_n + \dfrac{1}{3}h(K_1 + 2K_2) \\ K_1 = f(t_n, y_n) \\ K_2 = f\left(t_n + \dfrac{3}{4}h, y_n + \dfrac{3}{4}hK_1\right) \end{cases} \tag{6.32}$$

类似于二级二阶 R-K 方法的推导，可以推导出三级、四级或更高级的 R-K 方法，只是推导过程变得更加繁琐而冗长，其中著名的有

4. 三级三阶 R-K 方法

$$\begin{cases} y_{n+1} = y_n + \dfrac{1}{4}h(K_1 + 3K_3) \\ K_1 = f(t_n, y_n) \\ K_2 = f\left(t_n + \dfrac{1}{3}h, y_n + \dfrac{1}{3}hK_1\right) \\ K_3 = f\left(t_n + \dfrac{2}{3}h, y_n + \dfrac{2}{3}hK_2\right) \end{cases} \tag{6.33}$$

5. 四级四阶 R-K 方法（古典形式）

$$\begin{cases} y_{n+1}=y_n+\frac{1}{6}h(K_1+2K_2+2K_3+K_4) \\ K_1=f(t_n,y_n) \\ K_2=f\left(t_n+\frac{1}{2}h,y_n+\frac{1}{2}hK_1\right) \\ K_3=f\left(t_n+\frac{1}{2}h,y_n+\frac{1}{2}hK_2\right) \\ K_4=f(t_n+h,y_n+hK_3) \end{cases} \tag{6.34}$$

可以证明，当 $N\leqslant 4$ 时，N 级 R-K 方法的精确度最高可达 N 阶；当 $5\leqslant N\leqslant 7$ 时，N 级 R-K 方法的最高精度为 $N-1$ 阶；当 $8\leqslant N\leqslant 9$ 时，N 级 R-K 方法的最高精度为 $N-2$ 阶.

例 6.3 分别用三阶和四阶 R-K 方法式（6.33）、式（6.34）求解初值问题式（6.8），并与精确值作比较.

解 与例 6.1 和例 6.2 一样，仍取步长 $h=0.1$，分别用式（6.33）和式（6.34）进行计算. 为了便于比较计算结果的精确度，表 6.3 列出数值结果的误差 $e(t_n)=y(t_n)-y_n$.

表 6.3

t_n	精确值 $y(t_n)$	式（6.33）的误差	式（6.34）的误差
0.1	1.2156880	0.000015	0.000000
0.2	1.4656833	0.000033	0.000001
0.3	1.7548165	0.000056	0.000001
0.4	2.0885546	0.000083	0.000001
0.5	2.4730819	0.000116	0.000002
0.6	2.9153901	0.000157	0.000003
0.7	3.4233796	0.000205	0.000003
0.8	4.0059737	0.000262	0.000004
0.9	4.6732459	0.000330	0.000006
1.0	5.4365637	0.000410	0.000007

从表 6.3 可见，四级四阶 R-K 方法式（6.34）具有很高的精确度. 但要注意的是，四阶 R-K 法是用 Taylor 展开式推导出来的，它要求解析解具有较好的光滑性. 如果解析解的光滑性差，则使用四阶 R-K 方法求得的数值解可能比一阶或二阶 R-K 法的结果更差.

习 题 6.2

1. 取步长 $h=0.1$，用中点方法式（6.31）求解初值问题

$$\begin{cases} y' = 2t - y^2 & 0 \leqslant t \leqslant 0.4 \\ y(0) = 2 \end{cases}$$

2. 取步长 $h = 0.2$，用三级三阶 R-K 方法式（6.33）求解初值问题

$$\begin{cases} y' = (t+1)y & 1 \leqslant t \leqslant 1.6 \\ y(1) = 3 \end{cases}$$

3. 取步长 $h = 0.2$，用四级四阶 R-K 方法式（6.34）求解初值问题

$$\begin{cases} y' = \sin(t+y) & 0 \leqslant t \leqslant 0.6 \\ y(0) = 1 \end{cases}$$

4. 取步长 $h = 0.1$，用四级四阶 R-K 方法式（6.34）求解初值问题

$$\begin{cases} y' = -y^2 & 0 \leqslant t \leqslant 0.5 \\ y(0) = 1 \end{cases}$$

并与精确值 $y(t) = \dfrac{1}{t+1}$ 进行比较.

6.3 单步法的收敛性与稳定性

6.3.1 收敛性

求解初值问题式（6.1）、式（6.2）的显式单步法的一般形式为

$$y_{n+1} = y_n + h\varphi(t_n, y_n, h) \tag{6.35}$$

其中，函数 $\varphi(t, y, h)$ 称为增量函数.

初值问题式（6.1）、式（6.2）在 t_n 处的精确解为 $y(t_n)$，显式单步法式（6.35）的精确解（即没有计算误差的情况下由式（6.35）算出的解）为 y_n，则 $y(t_n) - y_n$ 称为整体截断误差. 收敛性就是讨论当 $t = t_n$ 固定而 $h = \dfrac{t_n - t_0}{n} \to 0$ 时 $y_n \to y(t_n)$ 的问题.

定义 6.1 若一种数值方法对于固定的 $t_n = t_0 + nh$，当 $h \to 0$ 时有 $y_n \to y(t_n)$，则称该数值方法是收敛的.

例 6.4 用显式 Euler 方法求解初值问题

$$\frac{dy}{dt} = \lambda y \qquad t_0 \leqslant t \leqslant T \tag{6.36}$$

$$y(t_0) = y_0 \tag{6.37}$$

则有

$$y_{n+1} = y_n + h\lambda y_n = (1 + h\lambda) y_n \tag{6.38}$$

反复利用公式（6.38），得数值解

$$y_n = (1 + h\lambda)^n y_0 \tag{6.39}$$

对于固定的 $t = t_0 + nh$，当 $h \to 0$ 时，有

$$y_n = (1+h\lambda)^{\frac{t-t_0}{h}} y_0 \rightarrow y_0 e^{\lambda(t-t_0)}$$

而初值问题式（6.36）、式（6.37）的精确解为 $y=y_0 e^{\lambda(t-t_0)}$. 可见，用显式 Euler 方法求解初值问题式（6.36）、式（6.37）是收敛的.

定理 6.1 若单步法式（6.35）具有 p 阶精度，且增量函数 $\varphi(t, y, h)$ 关于 y 满足 Lipschitz 条件

$$|\varphi(t,y_1,h)-\varphi(t,y_2,h)| \leqslant L_\varphi |y_1-y_2| \tag{6.40}$$

则单步法式（6.35）的整体截断误差

$$y(t_n)-y_n = O(h^p) \tag{6.41}$$

证 记

$$\bar{y}_{n+1} = y(t_n) + h\varphi(t_n, y(t_n), h)$$

则因为单步法式（6.35）具有 p 阶精度，所以局部截断误差

$$R(t_{n+1}) = y(t_{n+1}) - \bar{y}_{n+1} = O(h^{p+1})$$

因此存在常数 $C>0$，使得 $|R(t_{n+1})| \leqslant Ch^{p+1}$. 另外，由条件式（6.40）得

$$\begin{aligned}|\bar{y}_{n+1}-y_{n+1}| &= |y(t_n)+h\varphi(t_n,y(t_n),h)-y_n-h\varphi(t_n,y_n,h)| \\ &\leqslant |y(t_n)-y_n| + h|\varphi(t_n,y(t_n),h)-\varphi(t_n,y_n,h)| \\ &\leqslant |y(t_n)-y_n| + hL_\varphi|y(t_n)-y_n| \\ &= (1+hL_\varphi)|y(t_n)-y_n|\end{aligned} \tag{6.42}$$

综上所述，有

$$\begin{aligned}|y(t_{n+1})-y_{n+1}| &\leqslant |y(t_{n+1})-\bar{y}_{n+1}| + |\bar{y}_{n+1}-y_{n+1}| \\ &\leqslant Ch^{p+1} + (1+hL_\varphi)|y(t_n)-y_n|\end{aligned} \tag{6.43}$$

反复利用不等式（6.43），得

$$\begin{aligned}|y(t_n)-y_n| &\leqslant Ch^{p+1} + (1+hL_\varphi)Ch^{p+1} + (1+hL_\varphi)^2 Ch^{p+1} + \cdots + \\ &\quad (1+hL_\varphi)^{n-1}Ch^{p+1} + (1+hL_\varphi)^n|y(t_0)-y_0| \\ &= Ch^{p+1}\frac{(1+hL_\varphi)^n-1}{hL_\varphi} + (1+hL_\varphi)^n|y(t_0)-y_0|\end{aligned} \tag{6.44}$$

注意到初始条件 $y(t_0)=y_0$ 和 $(1+hL_\varphi)^n \leqslant (e^{hL_\varphi})^n = e^{nhL_\varphi} \leqslant e^{(T-t_0)L\varphi}$，由式（6.44）进一步得

$$|y(t_n)-y_n| \leqslant \frac{C}{L_\varphi}(e^{(T-t_0)L_\varphi}-1)h^p$$

所以结论式（6.41）成立. 证毕.

推论 6.1 若增量函数 $\varphi(t, y, h)$ 关于 y 满足 Lipschitz 条件式（6.40），且单步法式（6.35）至少有一阶精度，则单步法式（6.35）收敛.

根据推论 6.1，判别单步法式（6.35）的收敛性，归结为验证其增量函数

$\varphi(t, y, h)$关于 y 是否满足 Lipschitz 条件式（6.40）.

例 6.5 因为显式 Euler 方法具有一阶精度，而且增量函数 $\varphi(t, y, h) = f(t, y)$关于 y 满足 Lipschitz 条件式（6.3）（即满足式（6.40）），所以显式 Euler 方法是收敛的.

6.3.2 相容性

定义 6.2 若单步法式（6.35）至少有一阶精度，则称单步法式（6.35）与初值问题式（6.1）、式（6.2）是相容的.

定理 6.2 单步法式（6.35）与初值问题式（6.1）、（6.2）相容的充分必要条件是

$$\varphi(t,y,0)=f(t,y) \tag{6.45}$$

证 记 $t=t_n$，则局部截断误差

$$R(t_{n+1})=y(t_{n+1})-\bar{y}_{n+1}=y(t+h)-y(t)-h\varphi(t,y(t),h) \tag{6.46}$$

将式（6.46）中的 $y(t+h)$ 和 $\varphi(t, y, h)$ 分别在 t 处和 $h=0$ 处进行 Taylor 展开，得

$$R(t_{n+1})=h[y'(t)-\varphi(t,y,0)]+O(h^2)$$

所以单步法式（6.35）与初值问题式（6.1）、（6.2）相容（即 $R(t_{n+1}) = O(h^p)$，$p \geqslant 2$）的充分必要条件是 $y'(t)-\varphi(t, y, 0)=0$，即式（6.45）成立. 证毕.

推论 6.2 若函数 $\varphi(t, y, h)$ 满足 Lipschitz 条件式（6.40）与等式（6.45），则单步法式（6.35）收敛.

6.3.3 稳定性

定义 6.3 设一种数值方法在计算 y_n时有计算误差 ε_n，由此引起的 $y_m(m>n)$ 的计算误差为 ε_m. 若$|\varepsilon_m| \leqslant |\varepsilon_n|$（$\forall m>n$），则称该数值方法是稳定的（此时误差的传播是不扩大的）.

例 6.6 考察用显式 Euler 方法求解初值问题 $y'=-100y$，$y(0)=1$ 时的稳定性.

解 求解该初值问题的显式 Euler 方法为

$$y_{n+1}=y_n+h(-100)y_n=(1-100h)y_n \tag{6.47}$$

用 $\tilde{y}_n$表示带有计算误差的数值解，则有

$$\tilde{y}_{n+1}=(1-100h)\tilde{y}_n \tag{6.48}$$

将式（6.47）与式（6.48）相减，得

$$y_{n+1}-\tilde{y}_{n+1}=(1-100h)(y_n-\tilde{y}_n)$$

所以对任意的 $m>n$，有

$$|y_m - \tilde{y}_m| = |1 - 100h|^{m-n} |y_n - \tilde{y}_n|$$

因此，用显式 Euler 方法求解该初值问题时的稳定性条件是 $|1-100h| \leqslant 1$，即只有步长满足条件 $0 < h \leqslant 0.02$ 时才稳定.

6.3.4 绝对稳定性

6.3.3 中介绍的稳定性不仅与数值方法有关，还与所求解的初值问题有关. 为了只考察数值方法本身的稳定性，引进模型方程（又称实验方程）

$$y' = \lambda y, \mathrm{Re}(\lambda) < 0 \tag{6.49}$$

定义 6.4 用某种单步法求解模型方程式（6.49）时，有

$$y_{n+1} = E(\lambda h) y_n \tag{6.50}$$

若满足 $|E(\lambda h)| < 1$，则称该单步法是绝对稳定的. 复平面上的点集 $\{\mu = \lambda h \mid |E(\lambda h)| < 1\}$ 称为绝对稳定域，它与实轴的交集称为绝对稳定区间.

例 6.7 求显式 Euler 方法的绝对稳定区间.

解 将显式 Euler 方法应用于模型方程式（6.49），有

$$y_{n+1} = (1 + \lambda h) y_n$$

所以绝对稳定域为 $|1 + \lambda h| < 1$，绝对稳定区间为 $-2 < \lambda h < 0$.

例 6.8 求改进的 Euler 方法的绝对稳定区间.

解 将改进的 Euler 方法应用于模型方程式（6.49），有

$$y_{n+1} = y_n + \frac{h}{2}(\lambda y_n + \lambda y_{n+1})$$

由此得

$$y_{n+1} = \frac{1 + \frac{1}{2}\lambda h}{1 - \frac{1}{2}\lambda h} y_n$$

当 $\lambda < 0$ 时，对任意的 $h > 0$，都有

$$\left| \frac{1 + \frac{1}{2}\lambda h}{1 - \frac{1}{2}\lambda h} \right| < 1$$

所以改进的 Euler 方法的绝对稳定区间为 $-\infty < \lambda h < 0$，即 $0 < h < +\infty$.

习　题　6.3

1. 对初值问题

$$\begin{cases} y' = -y & 0 \leqslant t \leqslant T \\ y(0) = 1 \end{cases}$$

证明：（1）用改进的 Euler 方法求得的数值解为 $y_n = \left(\frac{2-h}{2+h}\right)^n$.

（2）当步长 $h \to 0$ 时，y_n 收敛于初值问题的精确解 $y = e^{-t}$.

2. 初值问题

$$\begin{cases} y' = at + b & 0 \leqslant t \leqslant T \\ y(0) = 0 \end{cases}$$

有解 $y = \frac{1}{2}at^2 + bt$. 证明：用改进的 Euler 方法可以准确地求解上述问题.

3. 求隐式 Euler 方法的绝对稳定区间.

4. 求中点方法式（6.31）的绝对稳定区间.

6.4 线性多步法

前面介绍过的 Euler 方法和 Runge-Kutta 方法都具有一个共同的特点，就是在计算 y_{n+1} 时只用到前一个值 y_n，这一类方法统称为一步法或单步法. 对于一步法来说，只要给定了初始值，就能顺利地算出各节点处的近似值，这是一步法的优点. 但是，只用 t_n 这一个节点上的函数值 y_n 来推算下一个节点 t_{n+1} 上的函数值 y_{n+1}，精确度往往很低. 为了提高一步法的精确度，需要计算函数 f 在一些非节点处的值（Runge-Kutta 方法就是如此），这样做又增加了许多计算量.

为了用较小的计算量获得较高的精确度，可以考虑用多个节点上的值 y_n，y_{n+1}，…，y_{n+k-1} 来推算下一个节点上的值 y_{n+k}，这一类方法统称为 k 步法或多步法.

线性多步法（k 步法）的一般形式为

$$a_0 y_n + a_1 y_{n+1} + \cdots + a_k y_{n+k} = h(b_0 f_n + b_1 f_{n+1} + \cdots + b_k f_{n+k}) \qquad (6.51)$$

其中，a_j，$b_j (j = 0, 1, \cdots, k)$ 都是实常数，且 $a_k \neq 0$，a_0 和 b_0 不同时为零，$f_j = f(t_j, y_j)$，$j = n, n+1, \cdots, n+k$.

可见，在 6.1 节中介绍过的各种 Euler 方法都属于线性一步法.

当 $b_k = 0$ 时，式（6.51）右端不含有 y_{n+k}，因此称式（6.51）为显式 k 步法. 当 $b_k \neq 0$ 时，式（6.51）右端 f_{n+k} 中含有 y_{n+k}，所以此时称式（6.51）为隐式 k 步法.

为了方便起见，将式（6.51）简记为

$$\sum_{j=0}^{k} a_j y_{n+j} = h \sum_{j=0}^{k} b_j f_{n+j} \qquad (6.52)$$

与前类似，如果 $y(t)$ 是初值问题式（6.1）、式（6.2）的精确解，则称式（6.52）两端之差

$$R(t_{n+k}) = \sum_{j=0}^{k} a_j y(t_{n+j}) - h \sum_{j=0}^{k} b_j f(t_{n+j}, y(t_{n+j})) \qquad (6.53)$$

为线性 k 步法式（6.52）在点 t_{n+k} 处的局部截断误差，而且当 $R(t_{n+k}) = O(h^{p+1})$

时，称式（6.52）是 p 阶方法，或称式（6.52）具有 p 阶的精确度.

利用微分方程（6.1），可以将式（6.53）进一步简写为

$$R(t_{n+k}) = \sum_{j=0}^{k}[a_j y(t_{n+j}) - hb_j y'(t_{n+j})] \tag{6.54}$$

为了构造精确度尽量高的线性 k 步法式（6.52），适当选取系数 a_j，b_j，使局部截断误差阶 $R(t_{n+k}) = O(h^{p+1})$ 中的 p 达到最大值即可. 为此，将式（6.54）中的 $y(t_{n+j})$ 和 $y'(t_{n+j})$ 均在 t_n 处进行 Taylor 展开，得

$$\begin{aligned}
R(t_{n+k}) &= \sum_{j=0}^{k}\left[a_j y(t_n) + a_j\sum_{m=1}^{\infty}\frac{(jh)^m}{m!}y^{(m)}(t_n) - hb_j\sum_{m=1}^{\infty}\frac{(jh)^{m-1}}{(m-1)!}y^{(m)}(t_n)\right] \\
&= \sum_{j=0}^{k}\left[a_j y(t_n) + \sum_{m=1}^{\infty}\left(a_j\frac{j^m}{m!} - b_j\frac{j^{m-1}}{(m-1)!}\right)h^m y^{(m)}(t_n)\right] \\
&= \left(\sum_{j=0}^{k}a_j\right)y(t_n) + \sum_{m=1}^{\infty}\left[\frac{1}{m!}\sum_{j=0}^{k}j^m a_j - \frac{1}{(m-1)!}\sum_{j=0}^{k}j^{m-1}b_j\right]h^m y^{(m)}(t_n) \\
&= c_0 y(t_n) + c_1 h y'(t_n) + c_2 h^2 y''(t_n) + \cdots + c_m h^m y^{(m)}(t_n) + \cdots
\end{aligned} \tag{6.55}$$

其中

$$\begin{cases}
c_0 = \sum_{j=0}^{k} a_j \\
c_1 = \sum_{j=1}^{k} j a_j - \sum_{j=0}^{k} b_j \\
c_m = \frac{1}{m!}\sum_{j=1}^{k} j^m a_j - \frac{1}{(m-1)!}\sum_{j=1}^{k} j^{m-1} b_j, m = 2,3,\cdots
\end{cases} \tag{6.56}$$

显然，这些系数 c_i 只与 a_i 和 b_i 有关，而与节点 t_n 和函数 f 无关.

由式（6.55）可知，当 $c_0 = c_1 = \cdots = c_p = 0$，而 $c_{p+1} \neq 0$ 时，线性 k 步法式（6.52）的局部截断误差为

$$R(t_{n+k}) = c_{p+1}h^{p+1}y^{(p+1)}(t_n) + O(h^{p+2})$$

因此式（6.52）具有 p 阶的精确度，其误差主项为 $c_{p+1}h^{p+1}y^{(p+1)}(t_n)$.

例 6.9 试确定系数 a_0，b_1，b_2，b_3，使得求解初值问题式（6.1）、（6.2）的线性四步法

$$a_0 y_n + y_{n+4} = h(b_1 f_{n+1} + b_2 f_{n+2} + b_3 f_{n+3}) \tag{6.57}$$

具有尽可能高阶的精度，并求其局部截断误差的主项.

解 把式（6.57）视为 k 步法式（6.52）当 $k=4$ 的情形，则有

$$a_1 = a_2 = a_3 = 0, a_4 = 1, b_0 = b_4 = 0$$

由于待定系数有四个，因此令式（6.56）中的前四个 c_i 为零，即

$$\begin{cases} c_0 = a_0 + a_4 = 0 \\ c_1 = 4a_4 - (b_1 + b_2 + b_3) = 0 \\ c_2 = \dfrac{1}{2}4^2 a_4 - (b_1 + 2b_2 + 3b_3) = 0 \\ c_3 = \dfrac{1}{3!}4^3 a_4 - \dfrac{1}{2}(b_1 + 2^2 b_2 + 3^2 b_3) = 0 \end{cases}$$

由此解得

$$a_0 = -1, b_1 = \frac{8}{3}, b_2 = -\frac{4}{3}, b_3 = \frac{8}{3} \tag{6.58}$$

此时，式（6.57）的精确度达到最高．将这些系数代入式（6.57），得显式线性四步法（称为 Milne 公式）

$$y_{n+4} = y_n + \frac{4}{3}h(2f_{n+1} - f_{n+2} + 2f_{n+3}) \tag{6.59}$$

把式（6.58）代入 c_4 和 c_5，有

$$c_4 = \frac{1}{4!} \times 4^4 - \frac{1}{3!}(b_1 + 2^3 b_2 + 3^3 b_3) = 0$$

$$c_5 = \frac{1}{5!} \times 4^5 - \frac{1}{4!}(b_1 + 2^4 b_2 + 3^4 b_3) = \frac{14}{45}$$

可见，Milne 公式（6.59）是四阶方法，其局部截断误差的主项为 $\frac{14}{45}h^5 y^{(5)}(t_n)$.

通过上述待定系数法，可以构造各种各样的线性多步法，这里不再一一推导，只列出几个比较著名的公式.

1. Hamming 公式（三步四阶隐式方法）

$$y_{n+3} = \frac{9}{8}y_{n+2} - \frac{1}{8}y_n + \frac{3}{8}h(f_{n+3} + 2f_{n+2} - f_{n+1}) \tag{6.60}$$

其局部截断误差为

$$\begin{aligned} R(t_{n+3}) &= -\frac{1}{40}h^5 y^{(5)}(t_n) + O(h^6) \\ &= -\frac{1}{40}h^5 y^{(5)}(\xi) \qquad (t_n < \xi < t_{n+3}) \end{aligned}$$

2. Adams 外推公式（四步四阶显式方法）

$$y_{n+4} = y_{n+3} + \frac{1}{24}h(55f_{n+3} - 59f_{n+2} + 37f_{n+1} - 9f_n) \tag{6.61}$$

$$R(t_{n+4}) = \frac{251}{720}h^5 y^{(5)}(\xi) \qquad (t_n < \xi < t_{n+4})$$

3. Adams 内插公式（三步四阶隐式方法）

$$y_{n+3} = y_{n+2} + \frac{1}{24}h(9f_{n+3} + 19f_{n+2} - 5f_{n+1} + f_n) \tag{6.62}$$

$$R(t_{n+3}) = -\frac{19}{720}h^5 y^{(5)}(\xi) \qquad (t_n < \xi < t_{n+3})$$

例 6.10 试用 Milne 公式（6.59）求解初值问题式（6.8）.

解 取步长 $h=0.1$，则求解初值问题式（6.8）的 Milne 公式为

$$y_{n+4} = y_n + \frac{0.4}{3}[2(y_{n+1} + y_{n+3} + e^{0.1(n+1)} + e^{0.1(n+3)}) - y_{n+2} - e^{0.1(n+2)}]$$

$$n = 0, 1, \cdots, 6$$

初始值 $y_0=1$ 已知，但 y_1，y_2，y_3的值用 Milne 公式本身无法计算，只好用其它单步法来计算. 因为 Milne 公式是四阶精度的，所以为了不降低精确度，采用同精度的四级四阶 R-K 方法计算出发值 y_1，y_2，y_3，然后用 Milne 公式计算 y_4，y_5，…，y_{10}，其数值结果及绝对误差见表 6.4.

表 6.4

t_n	y_n	$y(t_n)-y_n$	t_n	y_n	$y(t_n)-y_n$
0.1	1.215688	0.000000	0.6	2.915354	0.000036
0.2	1.465683	0.000001	0.7	3.423334	0.000046
0.3	1.754816	0.000001	0.8	4.005896	0.000078
0.4	2.088531	0.000024	0.9	4.673147	0.000099
0.5	2.473049	0.000033	1.0	5.436452	0.000112

类似于例 6.10，在使用线性 k 步法求解初值问题式（6.1）、式（6.2）时，除了 y_0由初始条件已知外，另外还有 $k-1$ 个值 y_1，y_2，…，y_{k-1}不能用 k 步法本身进行计算，必须用其它方法（通常用一步法，特别是 R-K 方法）进行计算. 为了保证 k 步法的精确度，必须采用精度不低于 k 步法的一步法来计算出发值.

另外，在使用隐式多步法时，需要迭代求解 y_{n+k}，其迭代初值由显式多步法提供. 这种把显式多步法与隐式多步法结合起来使用的方法叫做预测—校正方法，其中显式多步法起预测作用，隐式多步法起校正作用. 例如，将 Milne 公式与 Hamming 公式相结合，就得预测—校正公式

$$\begin{cases} y_{n+4}^{(0)} = y_n + \frac{4}{3}h(2f_{n+1} - f_{n+2} + 2f_{n+3}) \\ y_{n+4}^{(k+1)} = \frac{9}{8}y_{n+3} - \frac{1}{8}y_{n+1} + \frac{3}{8}h[f(t_{n+4}, y_{n+4}^{(k)}) + 2f_{n+3} - f_{n+2}], k = 0, 1, \cdots \end{cases}$$

将 Adams 外推公式与 Adams 内插公式相结合，可得另一个预测—校正公式

$$\begin{cases} y_{n+4}^{(0)} = y_{n+3} + \frac{1}{24}h(55f_{n+3} - 59f_{n+2} + 37f_{n+1} - 9f_n) \\ y_{n+4}^{(k+1)} = y_{n+3} + \frac{1}{24}h[9f(t_{n+4}, y_{n+4}^{(k)}) + 19f_{n+3} - 5f_{n+2} + f_{n+1}], k = 0, 1, \cdots \end{cases}$$

习 题 6.4

1. 判别求解初值问题式（6.1）、式（6.2）的下列线性多步法各有几阶精确度.

（1）$y_{n+2}=y_{n+1}+\frac{h}{2}(3f_{n+1}-f_n)$

（2）$y_{n+3}=y_{n+2}+\frac{h}{12}(23f_{n+2}-16f_{n+1}+5f_n)$

（3）$y_{n+2}=y_{n+1}+\frac{h}{12}(5f_{n+2}+8f_{n+1}-f_n)$

2. 试确定系数 a 和 b，使得求解初值问题式（6.1）、式（6.2）的线性二步法

$$y_{n+2}=ay_n+bhf_{n+1}$$

具有尽可能高的精确度，并写出其局部截断误差主项.

3. 试确定系数 b_0，b_1，b_2，使得求解初值问题式（6.1）、式（6.2）的线性二步法

$$y_{n+2}=y_n+h(b_0f_n+b_1f_{n+1}+b_2f_{n+2})$$

具有尽可能高的精确度，并写出其局部截断误差的主项.

4. 取步长 $h=0.1$，用第1题中的公式（1）求解初值问题

$$\begin{cases}y'=t+y,0\leqslant t\leqslant 0.5\\ y(0)=0\end{cases}$$

并与精确解 $y=e^t-t-1$ 作比较（y_1用式（6.23）计算）.

6.5 边值问题的差分解法

在前面几节里讨论了一阶常微分方程初值问题式（6.1）、式（6.2）的各种数值解法. 在这一节里，将介绍二阶线性常微分方程边值问题的差分数值解法.

二阶线性常微分方程的一般形式为

$$y''+p(x)y'+q(x)y=f(x) \tag{6.63}$$

上式两端同时乘以 $e^{\int p(x)dx}$，得

$$[y'e^{\int p(x)dx}]'+q(x)e^{\int p(x)dx}y=f(x)e^{\int p(x)dx} \tag{6.64}$$

令 $t=\int e^{-\int p(x)dx}dx$，则式（6.63）化为

$$\frac{d^2y}{dt^2}+Q(t)y=R(t) \tag{6.65}$$

因此，下面只讨论形如

$$y''-q(x)y=r(x),q(x)\geqslant 0,a<x<b \tag{6.66}$$

的二阶线性常微分方程边值问题. 其边界条件可分为以下三种：

第一边值条件

$$y(a)=\alpha,y(b)=\beta \tag{6.67}$$

第二边值条件

$$y'(a)=\alpha, y'(b)=\beta \tag{6.68}$$

第三边值条件

$$\begin{cases} y'(a)-\alpha_0 y(a)=\alpha_1 \\ y'(b)+\beta_0 y(b)=\beta_1 \\ \alpha_0 \geqslant 0, \beta_0 \geqslant 0, \alpha_0+\beta_0>0 \end{cases} \tag{6.69}$$

为了建立求解方程（6.66）的差分公式，将求解区间 $[a, b]$ n 等分，并记步长为 $h=\dfrac{b-a}{n}$，等分点（即节点）为

$$x_i=a+ih, i=0,1,\cdots,n$$

则由 Taylor 展开式易知

$$\frac{y(x_{i+1})-2y(x_i)+y(x_{i-1})}{h^2}=y''(x_i)+\frac{h^2}{12}y^{(4)}(\xi_i) \tag{6.70}$$

$$x_{i-1}<\xi_i<x_{i+1}, i=1,2,\cdots,n-1$$

将其代入到

$$y''(x_i)-q(x_i)y(x_i)=r(x_i) \tag{6.71}$$

并舍去余项$\dfrac{h^2}{12}y^{(4)}(\xi_i)=O(h^2)$，就得差分方程

$$\frac{y_{i+1}-2y_i+y_{i-1}}{h^2}-q_i y_i=r_i, i=1,2,\cdots,n-1 \tag{6.72}$$

其中，$q_i=q(x_i)$，$r_i=r(x_i)$，$y_i \approx y(x_i)$.

为了方便起见，再引进记号

$$\lambda_i=2+h^2 q_i$$

则式（6.72）可以简化为

$$y_{i-1}-\lambda_i y_i+y_{i+1}=h^2 r_i, i=1,2,\cdots,n-1 \tag{6.73}$$

这是含有 $n-1$ 个方程、$n+1$ 个未知量 y_0，y_1，…，y_n的方程组. 欲使方程组（6.73）有惟一解，还需由边值条件再补充两个方程.

（1）对于第一边值条件，由式（6.67）直接可以得

$$y_0=\alpha, y_n=\beta \tag{6.74}$$

此时，方程组（6.73）成为三对角线性方程组

$$\begin{pmatrix} -\lambda_1 & 1 & & & & \\ 1 & -\lambda_2 & 1 & & & \\ & 1 & -\lambda_3 & 1 & & \\ & & \ddots & \ddots & \ddots & \\ & & & 1 & -\lambda_{n-2} & 1 \\ & & & & 1 & -\lambda_{n-1} \end{pmatrix} \begin{pmatrix} y_1 \\ y_2 \\ y_3 \\ \vdots \\ y_{n-2} \\ y_{n-1} \end{pmatrix} = \begin{pmatrix} h^2 r_1-\alpha \\ h^2 r_2 \\ h^2 r_3 \\ \vdots \\ h^2 r_{n-2} \\ h^2 r_{n-1}-\beta \end{pmatrix} \tag{6.75}$$

利用追赶法，由方程组（6.75）解出未知量 y_1，y_2，…，y_{n-1}即可.

（2）对于第二边值条件式（6.68），由于条件中含有导数，因此对条件式（6.68）也要用数值微分公式进行离散化. 因为差分公式（6.73）的精度是 $O(h^2)$，所以用同样精度的数值微分公式

$$y'(x_0)=\frac{-3y(x_0)+4y(x_1)-y(x_2)}{2h}+O(h^2)$$

$$y'(x_n)=\frac{y(x_{n-2})-4y(x_{n-1})+3y(x_n)}{2h}+O(h^2)$$

逼近边值条件式（6.68），得差分方程

$$\begin{cases}\alpha=\dfrac{-3y_0+4y_1-y_2}{2h}\\ \beta=\dfrac{y_{n-2}-4y_{n-1}+3y_n}{2h}\end{cases}\tag{6.76}$$

将式（6.76）进一步简化为

$$\begin{cases}-3y_0+4y_1-y_2=2h\alpha\\ y_{n-2}-4y_{n-1}+3y_n=2h\beta\end{cases}\tag{6.77}$$

把方程组（6.73）与（6.77）联立起来，便得 $n+1$ 阶线性方程组，解此方程组即得数值解 y_0，y_1，…，y_n. 不过，这个联立方程组（6.73）、（6.77）并不是三对角方程组，解起来不方便.

为了获得三对角方程组，采用二阶精度的数值微分公式

$$y'(x_i)=\frac{y(x_{i+1})-y(x_{i-1})}{2h}+O(h^2)\tag{6.78}$$

在式（6.78）中令 $i=0$，得

$$y'(x_0)=\frac{y_1-y_{-1}}{2h}$$

即

$$y_1-y_{-1}=2h\alpha\tag{6.79}$$

其中，y_{-1}是虚设的一个值，为了消去 y_{-1}，在差分方程（6.73）中令 $i=0$，得

$$y_{-1}-\lambda_0y_0+y_1=h^2r_0\tag{6.80}$$

再把式（6.79）与式（6.80）相加，就得左边界点 $x_0=a$ 处的差分方程

$$-\lambda_0y_0+2y_1=2h\alpha+h^2r_0\tag{6.81}$$

类似地，在式（6.78）与式（6.73）中均令 $i=n$，得

$$y_{n+1}-y_{n-1}=2h\beta\tag{6.82}$$

$$y_{n-1}-\lambda_ny_n+y_{n+1}=h^2r_n\tag{6.83}$$

再由式（6.83）减去式（6.82），得右边界点 $x_n=b$ 处的差分方程

$$2y_{n-1}-\lambda_n y_n=h^2r_n-2h\beta \tag{6.84}$$

现在，把差分方程式（6.81）、式（6.73）、式（6.84）联立起来，就得三对角线性方程组

$$\begin{pmatrix} -\lambda_0 & 2 & & & & \\ 1 & -\lambda_1 & 1 & & & \\ & 1 & -\lambda_2 & 1 & & \\ & & \ddots & \ddots & \ddots & \\ & & & 1 & -\lambda_{n-1} & 1 \\ & & & & 2 & -\lambda_n \end{pmatrix}\begin{pmatrix} y_0 \\ y_1 \\ y_2 \\ \vdots \\ y_{n-1} \\ y_n \end{pmatrix}=\begin{pmatrix} h^2r_0+2h\alpha \\ h^2r_1 \\ h^2r_2 \\ \vdots \\ h^2r_{n-1} \\ h^2r_n-2h\beta \end{pmatrix} \tag{6.85}$$

由此即可解得数值解 y_0，y_1，…，y_n.

（3）对于第三边值条件式（6.69），其处理方法类似于第二边值条件. 首先，利用式（6.78）将边值条件

$$y'(a)-\alpha_0 y(a)=\alpha_1$$

化为差分方程

$$y_1-y_{-1}-2h\alpha_0 y_0=2h\alpha_1 \tag{6.86}$$

并将式（6.86）与式（6.80）相加，得左边界点 $x_0=a$ 处的差分方程

$$-(\lambda_0+2h\alpha_0)y_0+2y_1=2h\alpha_1+h^2r_0 \tag{6.87}$$

再用式（6.78）将另一个边值条件

$$y'(b)+\beta_0 y(b)=\beta_1$$

化为差分方程

$$y_{n+1}-y_{n-1}+2h\beta_0 y_n=2h\beta_1 \tag{6.88}$$

并由式（6.83）减去式（6.88），得右边界点 $x_n=b$ 处的差分方程

$$2y_{n-1}-(\lambda_n+2h\beta_0)y_n=h^2r_n-2h\beta_1 \tag{6.89}$$

现在，把差分方程式（6.87）、式（6.73）、式（6.89）联立起来，便得求解常微分方程第三边值问题的三对角线性方程组

$$\begin{pmatrix} -(\lambda_0+2h\alpha_0) & 2 & & & & \\ 1 & -\lambda_1 & 1 & & & \\ & 1 & -\lambda_2 & 1 & & \\ & & \ddots & \ddots & \ddots & \\ & & & 1 & -\lambda_{n-1} & 1 \\ & & & & 2 & -(\lambda_n+2h\beta_0) \end{pmatrix}\begin{pmatrix} y_0 \\ y_1 \\ y_2 \\ \vdots \\ y_{n-1} \\ y_n \end{pmatrix}=\begin{pmatrix} h^2r_0+2h\alpha_1 \\ h^2r_1 \\ h^2r_2 \\ \vdots \\ h^2r_{n-1} \\ h^2r_n-2h\beta_1 \end{pmatrix} \tag{6.90}$$

利用追赶法解此方程组，即得所求数值解 y_0，y_1，…，y_n.

例 6.11 求解第二边值问题

$$\begin{cases} y'' - y = e^x(4x+2), 0 < x < 1 \\ y'(0) = 1, y'(1) = 4e \end{cases} \tag{6.91}$$

并与精确解 $y = (x^2+1)e^x$ 进行比较.

解 将式（6.91）与式（6.66）、式（6.68）相比较，有

$$q(x) = 1$$
$$r(x) = e^x(4x+2)$$
$$a = 0, b = 1$$
$$\alpha = 1, \beta = 4e$$

将求解区间［0，1］十等分，则步长 $h = 0.1$，节点 $x_i = ih = 0.1i$，$i = 0$，1，2，…，10，因此有

$$q_i = 1$$
$$r_i = (2 + 0.4i)e^{0.1i}$$
$$\lambda_i = 2 + h^2 q_i = 2.01$$
$$i = 0, 1, 2, \cdots, 10$$

代入方程组（6.85），得求解边值问题式（6.91）的差分方程组（三对角线性方程组）

$$\begin{cases} -2.01y_0 + 2y_1 = 0.22 \\ y_{i-1} - 2.01y_i + y_{i+1} = 0.01(2+0.4i)e^{0.1i}, i = 1, 2, \cdots, 9 \\ 2y_9 - 2.01y_{10} = -0.74e \end{cases} \tag{6.92}$$

利用追赶法解方程组（6.92），得数值解（见表 6.5）. 由表 6.5 容易看出，数值解精确到小数点后第一位.

表 6.5

x_i	精确解 $y(x_i)$	数值解 y_i	误差 $\lvert y(x_i) - y_i \rvert$
0.0	1.00000	0.98589	0.01411
0.1	1.11622	1.10082	0.01540
0.2	1.27026	1.25328	0.01698
0.3	1.47135	1.45247	0.01888
0.4	1.73052	1.70939	0.02113
0.5	2.06090	2.03710	0.02380
0.6	2.47808	2.45114	0.02694
0.7	3.00049	2.96985	0.03064
0.8	3.64989	3.61493	0.03496
0.9	4.45188	4.41188	0.04000
1.0	5.43656	5.39070	0.04586

习　题　6.5

1. 取步长 $h=0.2$，用差分法求解第一边值问题

$$\begin{cases} y''-3xy=-3x^4, 0<x<1 \\ y(0)=2, y(1)=3 \end{cases}$$

并与精确解 $y=x^3+2$ 进行比较.

2. 取步长 $h=0.1$，用差分法求解第二边值问题

$$\begin{cases} y''-y=1, 0<x<0.4 \\ y'(0)=1, y'(0.4)=e^{0.4} \end{cases}$$

并与精确解 $y=e^x-1$ 相比较.

上机实习五

1. 实习题目　分别用显式 Euler 法、隐式 Euler 法和改进的 Euler 法求解初值问题

$$\begin{cases} y'+y+ty^2=0, 0\leqslant t\leqslant 2 \\ y(0)=1 \end{cases}$$

实习要求　分别取步长 $h=0.1$ 和 $h=0.01$，并将数值解与精确解 $y(t)=1/(2e^t-t-1)$ 进行比较.

实习目的　熟悉各种 Euler 法，感受步长对数值解的精度的影响，体会隐式方法的迭代收敛性.

2. 实习题目　试用四级四阶 R-K 方法式（6.34）求解初值问题

$$\begin{cases} y'+y+ty^2=0, 0\leqslant t\leqslant 2 \\ y(0)=1 \end{cases}$$

实习要求　分别取步长 $h=0.1$ 和 $h=0.2$，并将数值解与精确解 $y(t)=1/(2e^t-t-1)$ 进行比较.

实习目的　熟悉四级四阶 R-K 方法，感受四级四阶 R-K 方法的高精度.

3. 实习题目　试用差分法求解第一边值问题

$$\begin{cases} y''-3xy=-3x^4, 0<x<2 \\ y(0)=2, y(2)=10 \end{cases}$$

实习要求　分别取步长 $h=0.2$、$h=0.1$ 和 $h=0.01$，并将数值解与精确解 $y=x^3+2$ 进行比较.

实习目的　熟悉差分法，感受步长对差分法的精度的影响.

第 7 章　数学物理方程的差分解法

7.1　热传导方程的差分解法

考虑一维热传导方程初边值问题

$$\begin{cases}\dfrac{\partial u}{\partial t}=a^2\dfrac{\partial^2 u}{\partial x^2}+f(x,t),0<x<L,0<t\leqslant T\\ u(x,0)=\varphi(x),0\leqslant x\leqslant L\\ u(0,t)=\psi_1(t),0<t\leqslant T\\ u(L,t)=\psi_2(t),0<t\leqslant T\end{cases}\tag{7.1}$$

其中，L、T 和 $a>0$ 都是常数，f、φ、ψ_1、ψ_2 均为已知函数，$u=u(x,\ t)$ 是待求的未知函数，x 是空间变量，t 是时间变量.

7.1.1　古典显格式

取正整数 M 和 N，分别记 $h=\dfrac{L}{M}$，$\tau=\dfrac{T}{N}$，$x_i=ih$，$t_j=j\tau$，用一族铅垂直线 $x=x_i(i=0,\ 1,\ \cdots,\ M)$ 和一族水平直线 $t=t_j(j=0,\ 1,\ \cdots,\ N)$ 将求解区域

$$D=\{(x,t)\mid 0<x<L,0<t\leqslant T\}$$

作网格剖分（如图 7.1 所示）.

把 h 叫做空间步长，把 τ 叫做时间步长，把 $(x_i,\ t_j)$ 叫做网格节点.

初边值问题式（7.1）的解析解 $u=u(x,\ t)$ 在网格节点 $(x_i,\ t_j)$ 处的值为 $u(x_i,\ t_j)$，其近似值（即初边值问题式（7.1）的数值解）记为 u_i^j.

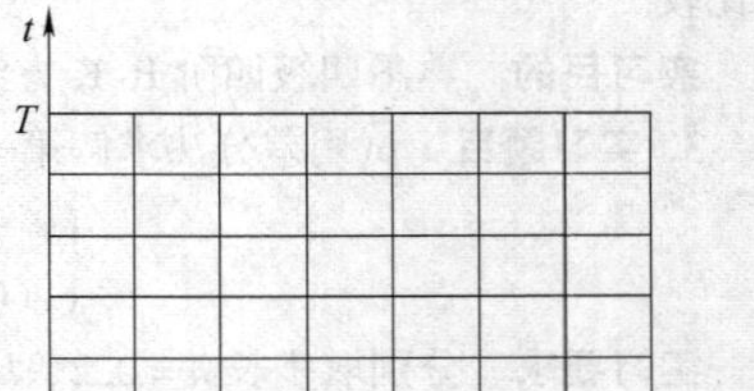

图　7.1

下面介绍求数值解 u_i^j 的差分方法.

在网格节点 $(x_i,\ t_j)$ 处，一维热传导方程为

$$\frac{\partial u(x_i,t_j)}{\partial t}=a^2\frac{\partial^2 u(x_i,t_j)}{\partial x^2}+f(x_i,t_j)\tag{7.2}$$

将数值微分公式

$$\frac{\partial u(x_i,t_j)}{\partial t}=\frac{u(x_i,t_{j+1})-u(x_i,t_j)}{\tau}+O(\tau) \tag{7.3}$$

和

$$\frac{\partial^2 u(x_i,t_j)}{\partial x^2}=\frac{u(x_{i+1},t_j)-2u(x_i,t_j)+u(x_{i-1},t_j)}{h^2}+O(h^2) \tag{7.4}$$

代入式（7.2）两端，并且舍去局部截断误差项 $O(\tau)+O(h^2)$，便得差分方程

$$\frac{u_i^{j+1}-u_i^j}{\tau}=a^2\frac{u_{i+1}^j-2u_i^j+u_{i-1}^j}{h^2}+f_i^j \tag{7.5}$$

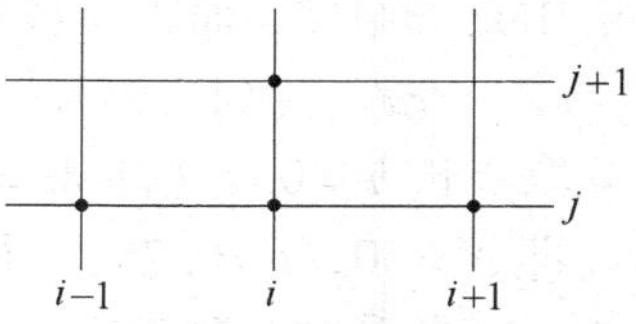

图 7.2

其中，$f_i^j=f(x_i,\ t_j)$．这个方程描述了四个节点（如图 7.2 所示）上的数值解之间的一种关系．为了方便起见，对差分方程式（7.5）两端同时乘以 τ，并且记 $r=a^2\tau/h^2$（这个 r 叫做网格比），经整理得古典显格式

$$u_i^{j+1}=ru_{i-1}^j+(1-2r)u_i^j+ru_{i+1}^j+\tau f_i^j \tag{7.6}$$
$$i=1,2,\cdots,M-1;j=0,1,\cdots,N-1$$

格式（7.6）的特点是，只要知道 $t=t_j$ 时间层上的值 u_i^j（$i=0$，1，…，M），就可以求出 $t=t_{j+1}$ 时间层上的值 u_i^{j+1}（$i=1$，2，…，$M-1$）．由于边界值

$$u_0^j=\psi_1(t_j),j=1,2,\cdots,N$$
$$u_M^j=\psi_2(t_j),j=1,2,\cdots,N$$

和初始值

$$u_i^0=\varphi(x_i),i=0,1,\cdots,M$$

均已知，所以用古典显格式（7.6），从初始层 $t=t_0=0$ 出发，一步一步向着 t 增大的方向进行计算，就可以求出全部数值解 u_i^j.

可以证明，当网格比 $r\leqslant 1/2$ 时，古典显格式（7.6）的计算过程是数值稳定的.

例 7.1 试用古典显格式（7.6）求解初边值问题

$$\begin{cases}\dfrac{\partial u}{\partial t}=\dfrac{1}{4}\dfrac{\partial^2 u}{\partial x^2}+2xt,0<x<2,t>0\\ u(x,0)=\mathrm{e}^{2x}\\ u(0,t)=\mathrm{e}^t\\ u(2,t)=\mathrm{e}^{t+4}+2t^2\end{cases} \tag{7.7}$$

并与精确解

$$u=\mathrm{e}^{2x+t}+xt^2$$

进行比较.

解 本题中，用节点（x_i，t_j）=（ih，$j\tau$）作网格剖分（如图 7.3 所示），初

始值为

$$u_i^0 = e^{2ih}, i = 0,1,\cdots,M$$

左边界值为

$$u_0^j = e^{j\tau}, j = 1,2,\cdots,N$$

右边界值为

$$u_M^j = e^{j\tau+4} + 2(j\tau)^2, j = 1,2,\cdots,N$$

网格比 $r=\tau/4h^2$，而古典显格式（7.6）为

$$u_i^{j+1} = ru_{i-1}^j + (1-2r)u_i^j + ru_{i+1}^j + \tau(2ihj\tau) \qquad (7.8)$$

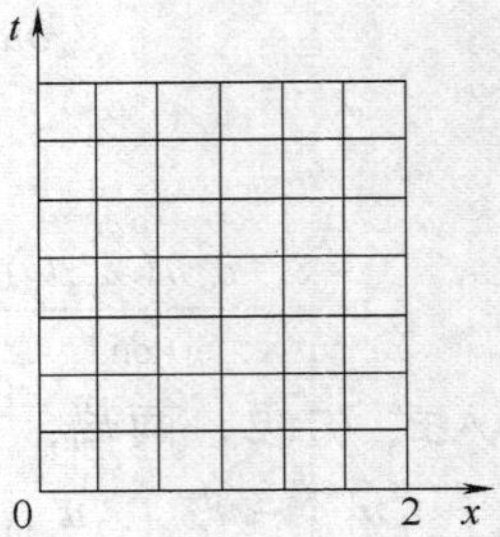

图 7.3

取步长 $h=0.1$（即 $M=20$）、$\tau=0.015$（此时网格比 $r=0.375$），计算 50 层（即 $N=50$，$t=0.75$），得 $u(x_i, 0.75)$ 的数值近似值 u_i^{50}，结果见表 7.1. 从表 7.1 容易看出，数值解至少具有两位有效数字.

表 7.1

x_i	精确值	数值解	x_i	精确值	数值解
0.1	2.6420	2.6376	1.1	19.7247	19.6660
0.2	3.2707	3.2621	1.2	24.0111	23.9451
0.3	4.0262	4.0134	1.3	29.2340	29.1612
0.4	4.9365	4.9194	1.4	35.6008	35.5225
0.5	6.0359	6.0141	1.5	43.3648	43.2830
0.6	7.3662	7.3395	1.6	52.8354	52.7535
0.7	8.9786	8.9465	1.7	64.3903	64.3137
0.8	10.9356	10.8975	1.8	78.4910	78.4275
0.9	13.3134	13.2688	1.9	95.7012	95.6618
1.0	16.2051	16.1536	2.0	116.7093	116.7093

7.1.2 古典隐格式

与推导古典显格式类似，将数值微分公式

$$\frac{\partial u(x_i,t_j)}{\partial t} = \frac{u(x_i,t_j) - u(x_i,t_{j-1})}{\tau} + O(\tau) \qquad (7.9)$$

和式（7.4）同时代入式（7.2），并舍去局部截断误差项 $O(\tau+h^2)$，便得古典隐格式

$$-ru_{i-1}^j + (1+2r)u_i^j - ru_{i+1}^j = u_i^{j-1} + \tau f_i^j$$

$$i = 1,2,\cdots,M-1; j = 1,2,\cdots,N \qquad (7.10)$$

式中的记号同前. 该格式所用的节点如图 7.4 所示.

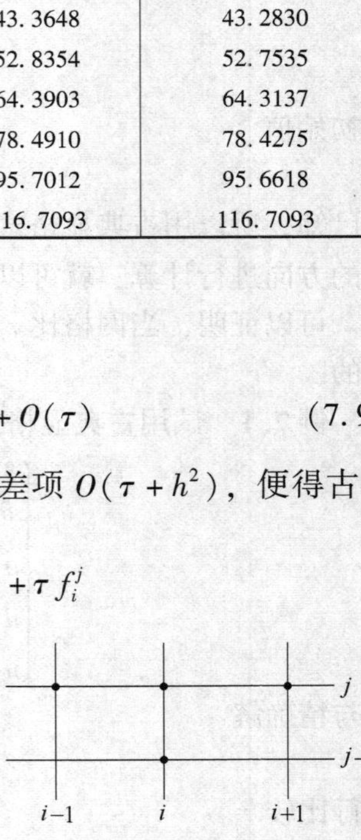

图 7.4

从舍去的局部截断误差项 $O(\tau+h^2)$ 可以看出，古典隐格式与古典显格式具有相同的精确度. 但是，古典隐格式是无条件稳定的（即对任何网格比 r 都数值稳定），这是它的优点. 其缺点是，计

算起来比较麻烦，在每一个时间层 $t=t_j$ 上都需要求解三对角线性方程组

$$\begin{pmatrix} 1+2r & -r & & & & \\ -r & 1+2r & -r & & & \\ & -r & 1+2r & -r & & \\ & & \ddots & \ddots & \ddots & \\ & & & -r & 1+2r & -r \\ & & & & -r & 1+2r \end{pmatrix}\begin{pmatrix} u_1^j \\ u_2^j \\ u_3^j \\ \vdots \\ u_{M-2}^j \\ u_{M-1}^j \end{pmatrix}=\begin{pmatrix} r\psi_1(t_j)+u_1^{j-1}+\tau f_1^j \\ u_2^{j-1}+\tau f_2^j \\ u_3^{j-1}+\tau f_3^j \\ \vdots \\ u_{M-2}^{j-1}+\tau f_{M-2}^j \\ r\psi_2(t_j)+u_{M-1}^{j-1}+\tau f_{M-1}^j \end{pmatrix} \tag{7.11}$$

此方程组严格对角占优，常用追赶法或 Gauss-Seidel 迭代法求解.

在实际应用中，为了提高数值结果的精确度和数值稳定性，常把古典显格式和古典隐格式结合起来使用. 具体地说，在奇数时间层上采用显格式，而在偶数时间层上采用隐格式，这种计算方式称为显-隐交替法. 可以证明，显-隐交替法是无条件稳定的，其局部截断误差阶为 $O(\tau^2+h^2)$.

7.1.3 加权隐式差分格式

先将古典显格式（7.6）中的上角标 j 换成 $j-1$，得

$$u_i^j=ru_{i-1}^{j-1}+(1-2r)u_i^{j-1}+ru_{i+1}^{j-1}+\tau f_i^{j-1} \tag{7.12}$$

再将显格式（7.12）和隐格式（7.10）作加权平均

$$(1-\theta)\times式(7.12)+\theta\times式(7.10)\quad(0\leqslant\theta\leqslant1)$$

经整理得加权隐式差分格式

$$-r\theta u_{i-1}^j+(1+2r\theta)u_i^j-r\theta u_{i+1}^j=(1-\theta)ru_{i-1}^{j-1}+(1+2r\theta-2r)u_i^{j-1}+(1-\theta)ru_{i+1}^{j-1}+(1-\theta)\tau f_i^{j-1}+\theta\tau f_i^j \tag{7.13}$$

在节点（x_i，t_j）处的局部截断误差为

$$R(x_i,t_j)=\left(\theta-\frac{1}{2}\right)\tau\frac{\partial^2u(x_i,t_j)}{\partial t^2}+O(\tau^2+h^2) \tag{7.14}$$

可见，当 $\theta\neq1/2$ 时，格式（7.13）的局部截断误差阶为 $O(\tau+h^2)$；当 $\theta=1/2$ 时，格式（7.13）的局部截断误差阶为 $O(\tau^2+h^2)$.

将 $\theta=1/2$ 代入格式（7.13），并对等式两端同时乘以 2，得常用的隐格式

$$-ru_{i-1}^j+(2+2r)u_i^j-ru_{i+1}^j=ru_{i-1}^{j-1}+(2-2r)u_i^{j-1}+ru_{i+1}^{j-1}+\tau f_i^{j-1}+\tau f_i^j \tag{7.15}$$

通常称为 Crank-Nicholson 格式（简称 C-N 格式），其局部截断误差阶为 $O(\tau^2+h^2)$，而且是无条件稳定的.

C-N 格式是二层六点隐格式，它所用的节点如图 7.5 所示.

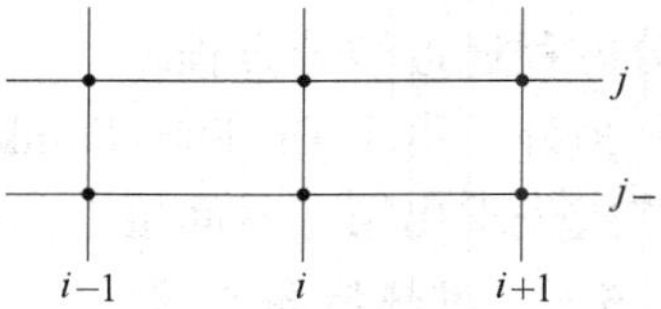

图 7.5

在实际计算时，在每一个时间层 $t=t_j$ 上都

需要求解三对角线性方程组

$$\begin{pmatrix} 2+2r & -r & & & & \\ -r & 2+2r & -r & & & \\ & -r & 2+2r & -r & & \\ & & \ddots & \ddots & \ddots & \\ & & & -r & 2+2r & -r \\ & & & & -r & 2+2r \end{pmatrix} \begin{pmatrix} u_1^j \\ u_2^j \\ u_3^j \\ \vdots \\ u_{M-2}^j \\ u_{M-1}^j \end{pmatrix} = \begin{pmatrix} r\psi_1(t_j)+b_1^{j-1} \\ b_2^{j-1} \\ b_3^{j-1} \\ \vdots \\ b_{M-2}^{j-1} \\ r\psi_2(t_j)+b_{M-1}^{j-1} \end{pmatrix} \tag{7.16}$$

其中

$$b_i^{j-1} = ru_{i-1}^{j-1} + (2-2r)u_i^{j-1} + ru_{i+1}^{j-1} + \tau f_i^{j-1} + \tau f_i^j$$

7.1.4 Du Fort-Frankel 格式

将数值微分公式

$$\frac{\partial u(x_i,t_j)}{\partial t} = \frac{u(x_i,t_{j+1}) - u(x_i,t_{j-1})}{2\tau} + O(\tau^2) \tag{7.17}$$

和式（7.4）同时代入式（7.2），并舍去局部截断误差项 $O(\tau^2+h^2)$，便得三层显格式

$$\frac{u_i^{j+1} - u_i^{j-1}}{2\tau} = a^2 \frac{u_{i+1}^j - 2u_i^j + u_{i-1}^j}{h^2} + f_i^j \tag{7.18}$$

这个格式称为 Richardson 格式. 虽然它关于时间步长 τ 的截断误差阶高于古典显格式和古典隐格式，但由于它是无条件不稳定的，所以没有使用价值.

为了改善稳定性，用$\frac{1}{2}(u_i^{j+1}+u_i^{j-1})$代替式（7.18）右端中的 u_i^j，便得 Du Fort-Frankel 格式

$$\frac{u_i^{j+1} - u_i^{j-1}}{2\tau} = a^2 \frac{u_{i+1}^j - u_i^{j+1} - u_i^{j-1} + u_{i-1}^j}{h^2} + f_i^j \tag{7.19}$$

可以证明，格式（7.19）是无条件稳定的，其局部截断误差为 $O(\tau^2+h^2+\tau^2/h^2)$. 值得注意的是，虽然 Du Fort-Frankel 格式（7.19）是无条件稳定的，但由于相容性要求 $\tau/h\to 0$，所以步长 τ 和 h 之间还是有约束的. 所谓相容性，是指当步长 τ 和 h 都趋于零时，局部截断误差也趋于零. 只有这样，才能保证差分方程逼近微分方程.

另外，由于 Du Fort-Frankel 格式（7.19）是三层格式，所以必须用其它差分格式先求出第一时间层上的数值近似值.

7.1.5 二维热传导方程

对于二维热传导方程初边值问题

$$\begin{cases}\dfrac{\partial u}{\partial t}=a^2\left(\dfrac{\partial^2 u}{\partial x^2}+\dfrac{\partial^2 u}{\partial y^2}\right)+f(x,y,t),0<x,y<L,0<t\leqslant T\\ u(x,y,0)=\varphi(x,y)\\ u(0,y,t)=u(L,y,t)=0\\ u(x,0,t)=u(x,L,t)=0\end{cases} \tag{7.20}$$

取空间步长 $h=L/M$，时间步长 $\tau=T/N$，则在网格节点（x_i，y_j，t_n）=（ih，jh，$n\tau$）处有古典显格式

$$\frac{u_{ij}^{n+1}-u_{ij}^n}{\tau}=a^2\left(\frac{u_{i+1,j}^n-2u_{ij}^n+u_{i-1,j}^n}{h^2}+\frac{u_{i,j+1}^n-2u_{ij}^n+u_{i,j-1}^n}{h^2}\right)+f_{ij}^n \tag{7.21}$$

其中，$f_{ij}^n=f(x_i,\ y_j,\ t_n)$. 容易看出，此格式在节点（$x_i$，$y_j$，$t_n$）处的局部截断误差阶为 $O(\tau+h^2)$. 为了使用方便，对式（7.21）两端同时乘以 τ，并记 $r=a^2\tau/h^2$，经整理得古典显格式的简便形式

$$u_{ij}^{n+1}=u_{ij}^n+r(u_{i+1,j}^n+u_{i-1,j}^n+u_{i,j+1}^n+u_{i,j-1}^n-4u_{ij}^n)+\tau f_{ij}^n$$
$$i,j=1,2,\cdots,M-1;n=0,1,\cdots,N-1 \tag{7.22}$$

其稳定条件为 $r\leqslant 1/4$.

习 题 7.1

1. 试求出逼近热传导方程 $\dfrac{\partial u}{\partial t}=\dfrac{\partial^2 u}{\partial x^2}$ 的差分方程

$$(1+\theta)\frac{u_i^{j+1}-u_i^j}{\tau}-\theta\frac{u_i^j-u_i^{j-1}}{\tau}=\frac{u_{i+1}^j-2u_i^j+u_{i-1}^j}{h^2}$$

在网格节点（x_i，t_j）处的局部截断误差阶，并取适当的参数 θ 使其局部截断误差阶达到 $O(\tau^2+h^2)$.

2. 推导 Du Fort-Frankel 格式（7.19）在网格节点（x_i，t_j）处的局部截断误差阶.

3. 构造逼近二维热传导方程 $\dfrac{\partial u}{\partial t}=\dfrac{\partial^2 u}{\partial x^2}+\dfrac{\partial^2 u}{\partial y^2}$ 的 Du Fort-Frankel 格式.

7.2 对流方程的差分解法

考虑对流方程初边值问题

$$\begin{cases}\dfrac{\partial u}{\partial t}=a\dfrac{\partial u}{\partial x},0<x<L,t>0\\ u(x,0)=\varphi(x)\\ u(0,t)=\psi_1(t)\qquad（当\ a<0\ 时）\\ u(L,t)=\psi_2(t)\qquad（当\ a>0\ 时）\end{cases} \tag{7.23}$$

其中，a 是可正、可负的已知常数，L 是已知的正常数，φ、ψ_1、ψ_2 都是已知函数.

与 7.1 节的讨论类似，取时间步长 τ，空间步长 $h=L/M$（这里 M 是正整数），并将网格节点 $(x_i, t_j)=(ih, j\tau)$ 处的数值解记为 u_i^j.

1. 二层显格式

在节点 (x_i, t_j) 处，对流方程为

$$\frac{\partial u(x_i,t_j)}{\partial t}=a\frac{\partial u(x_i,t_j)}{\partial x} \tag{7.24}$$

将数值微分公式（7.3）与

$$\frac{\partial u(x_i,t_j)}{\partial x}=\frac{u(x_i,t_j)-u(x_{i-1},t_j)}{h}+O(h) \tag{7.25}$$

代入式（7.24）两端，并舍去局部截断误差项 $O(\tau+h)$，得一个二层显格式（其节点如图 7.6 所示）

$$\frac{u_i^{j+1}-u_i^j}{\tau}=a\frac{u_i^j-u_{i-1}^j}{h} \tag{7.26}$$

其稳定条件为 $-1\leqslant\frac{a\tau}{h}\leqslant 0$. 因此，格式（7.26）只适用于 $a<0$ 的情形.

类似地，如果将数值微分公式（7.3）与

$$\frac{\partial u(x_i,t_j)}{\partial x}=\frac{u(x_{i+1},t_j)-u(x_i,t_j)}{h}+O(h) \tag{7.27}$$

代入式（7.24）两端，并舍去局部截断误差项 $O(\tau+h)$，得另一个二层显格式（其节点如图 7.7 所示）

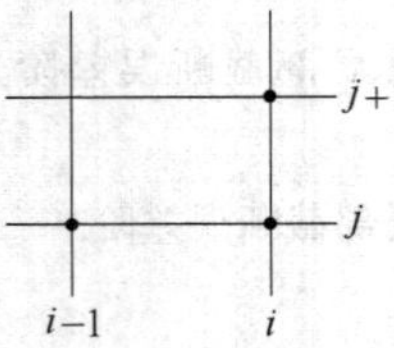

图 7.6

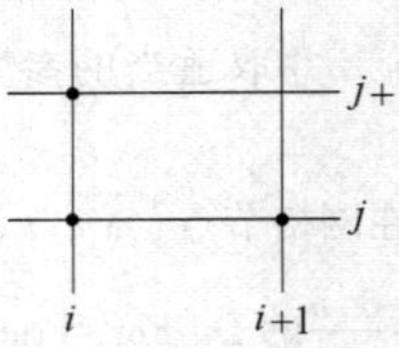

图 7.7

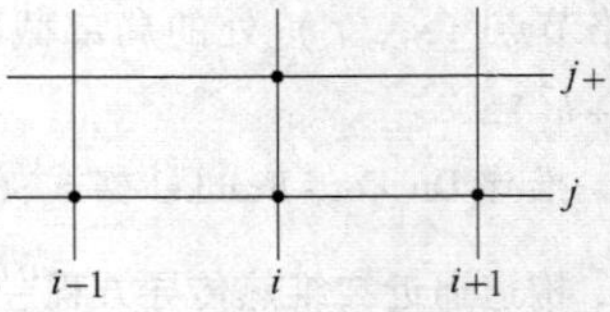

图 7.8

$$\frac{u_i^{j+1}-u_i^j}{\tau}=a\frac{u_{i+1}^j-u_i^j}{h} \tag{7.28}$$

其稳定条件为 $0\leqslant\frac{a\tau}{h}\leqslant 1$. 因此，格式（7.28）只适用于 $a>0$ 的情形.

此外，如果将数值微分公式（7.3）与

$$\frac{\partial u(x_i,t_j)}{\partial x}=\frac{u(x_{i+1},t_j)-u(x_{i-1},t_j)}{2h}+O(h^2) \tag{7.29}$$

代入式（7.24）两端，并舍去局部截断误差项 $O(\tau+h^2)$，就得比前两个二层显格式（7.26）和（7.28）精度更高的二层显格式（其节点如图 7.8 所示）.

$$\frac{u_i^{j+1}-u_i^j}{\tau}=a\frac{u_{i+1}^j-u_{i-1}^j}{2h} \tag{7.30}$$

但由于它是无条件不稳定的，因此格式（7.30）没有使用价值.

2. 二层隐格式

将数值微分公式（7.9）与（7.29）代入式（7.24）两端，并舍去局部截断误差项 $O(\tau+h^2)$，就得二层隐格式（其节点如图 7.9 所示）

$$\frac{u_i^j-u_i^{j-1}}{\tau}=a\frac{u_{i+1}^j-u_{i-1}^j}{2h} \tag{7.31}$$

格式（7.31）是无条件稳定的.

此外，还可以构造二层六点隐格式（其节点如图 7.10 所示）

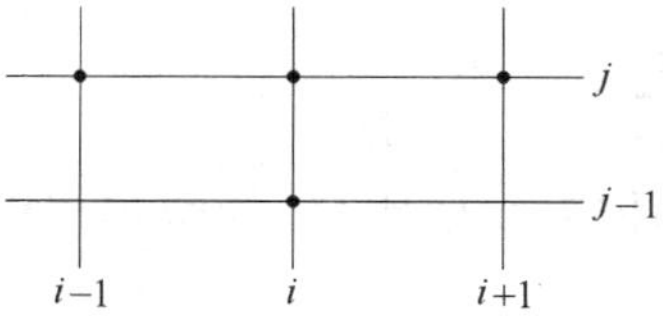

图 7.9

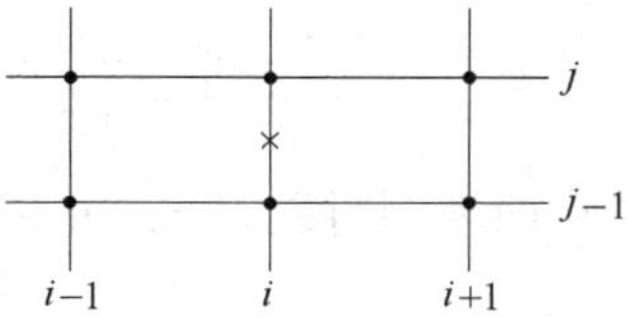

图 7.10

$$\frac{u_i^j-u_i^{j-1}}{\tau}=\frac{a}{2}\left(\frac{u_{i+1}^j-u_{i-1}^j}{2h}+\frac{u_{i+1}^{j-1}-u_{i-1}^{j-1}}{2h}\right) \tag{7.32}$$

这个格式也是无条件稳定的. 为了推导它的局部截断误差阶，将上式两端的各项均在$\left(x_i,\ t_j-\dfrac{\tau}{2}\right)$处进行 Taylor 级数展开，可知格式（7.32）的局部截断误差阶为 $O(\tau^2+h^2)$.

3. 高精度的二层显格式

下面构造高精度的二层显格式. 由二元函数的 Taylor 展开公式有

$$u(x_i,t_{j+1})=u(x_i,t_j)+\tau\frac{\partial u(x_i,t_j)}{\partial t}+\frac{\tau^2}{2!}\frac{\partial^2 u(x_i,t_j)}{\partial t^2}+O(\tau^3) \tag{7.33}$$

由此解得

$$\frac{\partial u(x_i,t_j)}{\partial t}=\frac{u(x_i,t_{j+1})-u(x_i,t_j)}{\tau}-\frac{\tau}{2}\frac{\partial^2 u(x_i,t_j)}{\partial t^2}+O(\tau^2) \tag{7.34}$$

将式（7.34）和式（7.29）代入式（7.24），得

$$\begin{aligned}&\frac{u(x_i,t_{j+1})-u(x_i,t_j)}{\tau}-\frac{\tau}{2}\frac{\partial^2 u(x_i,t_j)}{\partial t^2}+O(\tau^2)\\&=a\frac{u(x_{i+1},t_j)-u(x_{i-1},t_j)}{2h}+O(h^2)\end{aligned} \tag{7.35}$$

又因为

$$\frac{\partial u}{\partial t}=a\frac{\partial u}{\partial x} \tag{7.36}$$

所以

$$\frac{\partial^2 u}{\partial t^2}=\frac{\partial}{\partial t}\left(a\frac{\partial u}{\partial x}\right)=a\frac{\partial}{\partial x}\left(a\frac{\partial u}{\partial x}\right)=a^2\frac{\partial^2 u}{\partial x^2} \tag{7.37}$$

故

$$\frac{\partial^2 u(x_i,t_j)}{\partial t^2}=a^2\frac{\partial^2 u(x_i,t_j)}{\partial x^2}=a^2\frac{u(x_{i+1},t_j)-2u(x_i,t_j)+u(x_{i-1},t_j)}{h^2}+O(h^2) \tag{7.38}$$

再将式（7.38）代入式（7.35）左端，并舍去局部截断误差项 $O(\tau^2+h^2+\tau h^2)$，得二阶精度的二层显式差分格式

$$\frac{u_i^{j+1}-u_i^j}{\tau}-\frac{\tau}{2}a^2\frac{u_{i+1}^j-2u_i^j+u_{i-1}^j}{h^2}=a\frac{u_{i+1}^j-u_{i-1}^j}{2h} \tag{7.39}$$

式（7.39）两端同时乘以 τ，并记 $r=a\tau/h$（称为网格比），经整理得便于使用的形式

$$u_i^{j+1}=(1-r^2)u_i^j+\frac{r^2}{2}(u_{i+1}^j+u_{i-1}^j)+\frac{r}{2}(u_{i+1}^j-u_{i-1}^j) \tag{7.40}$$

称为 Lax-Wendroff 格式，其稳定条件为 $|r|\leqslant 1$.

4. 边界值的计算

由于一阶微分方程（7.36）只能给出一个边界条件，所以另一个边界上的值只好用数值方法来求得. 常用的数值公式有二阶精度的公式

$$u_{i+1}^{j+1}-2u_i^{j+1}+u_{i-1}^{j+1}=0 \tag{7.41}$$

和四阶精度的公式

$$u_{i+2}^{j+1}-4u_{i+1}^{j+1}+6u_i^{j+1}-4u_{i-1}^{j+1}+u_{i-2}^{j+1}=0 \tag{7.42}$$

例 7.2 求解对流方程初边值问题

$$\begin{cases}\dfrac{\partial u}{\partial t}=-2\dfrac{\partial u}{\partial x} & 0<x<2,t>0\\ u(x,0)=e^x \\ u(0,t)=e^{-2t}\end{cases} \tag{7.43}$$

解 取步长 $h=2/20=0.1$，$\tau=0.03$，则网格比 $r=-0.6$，分别用低精度的二层显格式（7.26）和高精度的二层显格式（7.40）（Lax-Wendroff 格式）进行计算，右边界采用公式（7.42）

$$u_M^{j+1}=4u_{M-1}^{j+1}-6u_{M-2}^{j+1}+4u_{M-3}^{j+1}-u_{M-4}^{j+1}$$

表 7.2 给出了第 50 时间层（此时 $t=1.5$）上的数值解 u_i^{50} 逼近精确解 $u=e^{x-2t}$ 的误差 $u(x_i,1.5)-u_i^{50}$. 从表 7.2 可以看出，用 Lax-Wendroff 格式（7.40）算出的结果比用格式（7.26）算出的结果多一位有效数字.

表 7.2

x_i	精确值	式（7.26）的误差	式（7.40）的误差
0.2	0.060810	-0.000256	0.000014
0.5	0.082085	-0.000866	0.000046
1.0	0.135335	-0.002870	0.000150
1.5	0.223130	-0.007134	0.000372
1.8	0.301194	-0.011592	0.000604
2.0	0.367879	-0.015760	0.000833

习　题　7.2

1. 在（x_i，$t_j-\frac{\tau}{2}$）处推导二层六点隐格式（7.32）.

2. 在（x_i，t_{j+1}）处分别推导式（7.41）和式（7.42）的局部截断误差阶.

3. 对于对流方程初边值问题

$$\begin{cases}\dfrac{\partial u}{\partial t}=-\dfrac{\partial u}{\partial x},0<x<1,t>0\\ u(x,0)=\sin x\\ u(0,t)=-\sin t\end{cases}$$

取步长 $h=0.2$，$\tau=0.1$，用二层显格式（7.26）计算到第 2 时间层，并与精确解 $u=\sin(x-t)$ 进行比较.

7.3　弦振动方程的差分解法

考虑弦振动方程初边值问题

$$\begin{cases}\dfrac{\partial^2 u}{\partial t^2}=a^2\dfrac{\partial^2 u}{\partial x^2},0<x<L,t>0\\ u(x,0)=\varphi_1(x)\\ \dfrac{\partial u(x,0)}{\partial t}=\varphi_2(x)\\ u(0,t)=\psi_1(t)\\ u(L,t)=\psi_2(t)\end{cases} \tag{7.44}$$

的差分数值解法，其中，a 是可正、可负的已知常数，L 是已知的正常数，φ_1、φ_2、ψ_1、ψ_2都是已知函数.

仍然取时间步长 τ，空间步长 $h=L/M$（这里 M 是正整数），并将网格节点（x_i，t_j）=（ih，$j\tau$）处的数值解记为 u_i^j.

1. 显格式

利用数值微分公式（7.4）与类似的数值微分公式，可以构造三层显格式

$$\frac{u_i^{j+1}-2u_i^j+u_i^{j-1}}{\tau^2}=a^2\frac{u_{i+1}^j-2u_i^j+u_{i-1}^j}{h^2} \tag{7.45}$$

由式（7.4）容易看出，该格式的局部截断误差阶为 $O(\tau^2+h^2)$. 为了便于使用，记 $r=a\tau/h$，就可以将式（7.45）简化为

$$u_i^{j+1}=2(1-r^2)u_i^j+r^2(u_{i+1}^j+u_{i-1}^j)-u_i^{j-1} \tag{7.46}$$

其稳定条件为 $|r|<1$. 该格式所用的节点如图 7.11所示.

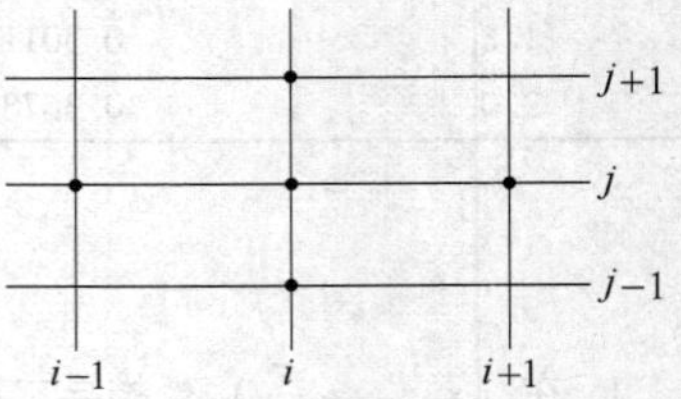

图 7.11

在初始时间层上

$$u_i^0=\varphi_1(x_i) \tag{7.47}$$

在第一时间层上，由

$$\frac{\partial u(x_i,0)}{\partial t}=\varphi_2(x_i) \tag{7.48}$$

得

$$\frac{u_i^1-u_i^0}{\tau}=\varphi_2(x_i) \tag{7.49}$$

即

$$u_i^1=u_i^0+\tau\varphi_2(x_i) \tag{7.50}$$

但它的精度比格式（7.46）低，只有 $O(\tau)$.

为了提高精确度，对式（7.48）采用二阶精度的数值微分公式，就得

$$\frac{u_i^1-u_i^{-1}}{2\tau}=\varphi_2(x_i) \tag{7.51}$$

即

$$u_i^1=u_i^{-1}+2\tau\varphi_2(x_i) \tag{7.52}$$

其中，u_i^{-1}是虚设的值，为了消去 u_i^{-1}，在三层显格式（7.46）中令 $j=0$，得

$$u_i^1=2(1-r^2)u_i^0+r^2(u_{i+1}^0+u_{i-1}^0)-u_i^{-1} \tag{7.53}$$

再将式（7.52）和式（7.53）相加，并除以 2，得第一时间层上的计算公式

$$u_i^1=(1-r^2)u_i^0+\frac{1}{2}r^2(u_{i+1}^0+u_{i-1}^0)+\tau\varphi_2(x_i) \tag{7.54}$$

它在节点（x_i，0）处的局部截断误差阶为 $O(\tau^2+h^2)$. 由于实际计算过程中网格比 r 是确定的常数，所以 $O(\tau)=O(h)$，因此式（7.54）的局部截断误差阶为 $O(\tau^2)$.

例 7.3 求解弦振动方程初边值问题

$$\begin{cases}\dfrac{\partial^2 u}{\partial t^2}=\dfrac{\partial^2 u}{\partial x^2},0<x<2,t>0\\ u(x,0)=\mathrm{e}^{-x}\\ \dfrac{\partial u(x,0)}{\partial t}=\mathrm{e}^{-x}+2x\\ u(0,t)=\mathrm{e}^t\\ u(2,t)=\mathrm{e}^{t-2}+4t\end{cases} \tag{7.55}$$

并与精确解 $u=\mathrm{e}^{t-x}+2xt$ 进行比较.

解 取步长 $h=2/40=0.05$，$\tau=0.05$（此时 $r=1$），第一时间层上的值用公式（7.54）计算，从第二层开始用显格式（7.46）计算，算到第 50 时间层($t=2.5$）的数值结果 u_i^{50} 及其绝对误差见表 7.3.

表 7.3

x_i	数值解	绝对误差
0.25	10.737759	-0.000023
0.50	9.889105	-0.000048
1.00	9.481769	-0.000080
1.50	10.218413	-0.000132
1.75	10.867064	-0.000064

由表 7.3 可知，这种算法具有很高的精确度.

2. 隐格式

由

$$\begin{aligned}\frac{\partial^2 u(x_i,t_j)}{\partial t^2}&=a^2\frac{\partial^2 u(x_i,t_j)}{\partial x^2}\\&=\frac{1}{4}a^2\left[\frac{\partial^2 u(x_i,t_{j+1})}{\partial x^2}+2\frac{\partial^2 u(x_i,t_j)}{\partial x^2}+\frac{\partial^2 u(x_i,t_{j-1})}{\partial x^2}\right]+O(\tau^2)\end{aligned}\tag{7.56}$$

很容易构造三层隐格式

$$\begin{aligned}\frac{u_i^{j+1}-2u_i^j+u_i^{j-1}}{\tau^2}=\frac{1}{4}a^2\Bigg[&\frac{u_{i+1}^{j+1}-2u_i^{j+1}+u_{i-1}^{j+1}}{h^2}+\\&2\frac{u_{i+1}^j-2u_i^j+u_{i-1}^j}{h^2}+\frac{u_{i+1}^{j-1}-2u_i^{j-1}+u_{i-1}^{j-1}}{h^2}\Bigg]\end{aligned}\tag{7.57}$$

其局部截断误差阶也为 $O(\tau^2+h^2)$. 因为式（7.57）是隐格式，所以在每一个时间层上都要求解方程组，故计算量很大，这是它的缺点. 它的优点是无条件稳定，对步长的选择没有限制.

习 题 7.3

1. 证明：第一时间层上的计算公式（7.54）在节点（x_i，0）处的局部截断误差阶为 $O(\tau^2+h^2)$.

2. 对于弦振动方程初边值问题式（7.55），取步长 $h=\tau=0.2$，用公式（7.54）计算第一时间层上的值，用显格式（7.46）计算第二时间层上的值，并与精确解进行比较.

7.4 位势方程的差分解法

考虑位势方程定解问题

$$\begin{cases}\dfrac{\partial^2 u}{\partial x^2}+\dfrac{\partial^2 u}{\partial y^2}=f(x,y),0<x<L_1,0<y<L_2\\ u(0,y)=\varphi_1(y)\\ u(L_1,y)=\varphi_2(y)\\ u(x,0)=\psi_1(x)\\ u(x,L_2)=\psi_2(x)\end{cases}\tag{7.58}$$

其中，L_1和L_2是已知的常数，f、φ_1、φ_2、ψ_1、ψ_2都是已知的函数.

位势方程的特点是只含有空间变量，而不含有时间变量.

取正整数M_1和M_2，记

$h_1=\dfrac{L_1}{M_1}$，　$h_2=\dfrac{L_2}{M_2}$

$x_i=ih_1$，$i=0$，1，2，…，M_1

$y_j=jh_2$，$j=0$，1，2，…，M_2

将求解区域做网格剖分（如图 7.12 所示）.

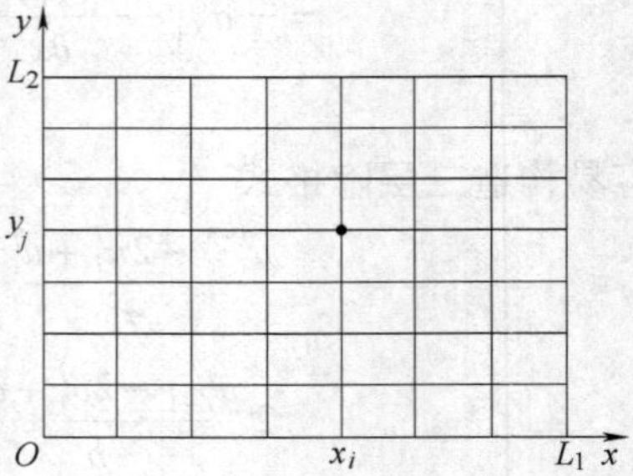

图　7.12

在网格节点（x_i，y_j）处，有

$$\frac{\partial^2 u(x_i,y_j)}{\partial x^2}+\frac{\partial^2 u(x_i,y_j)}{\partial y^2}=f_{ij}\tag{7.59}$$

其中　　$f_{ij}=f(x_i,y_j)$

定解问题式（7.58）的解在网格节点（x_i，y_j）处的近似值（即数值解）记为u_{ij}，则类似于前三节的推导，容易构造如下五点差分格式

$$\frac{u_{i+1,j}-2u_{ij}+u_{i-1,j}}{h_1^2}+\frac{u_{i,j+1}-2u_{ij}+u_{i,j-1}}{h_2^2}=f_{ij}\tag{7.60}$$

$$i=1,2,\cdots,M_1-1;j=1,2,\cdots,M_2-1$$

其局部截断误差阶为$O(h_1^2+h_2^2)$.

在边界点上，由已知的边界条件立即可得

$$u_{0j}=\varphi_1(y_j),u_{M_1,j}=\varphi_2(y_j),j=0,1,2,\cdots,M_2\tag{7.61}$$

$$u_{i0}=\psi_1(x_i),u_{i,M_2}=\psi_2(x_i),\quad i=1,2,\cdots,M_1-1\tag{7.62}$$

由于位势方程不含时间变量，所以在计算差分解的时候也就没有时间层的概念. 其实，只要求解（M_1-1）×（M_2-1）阶的线性方程组（7.60），即可求得所有数值解 u_{ij}.

可以证明，方程组（7.60）的解存在而且惟一.

特别地，当 $h_1=h_2=h$ 时，差分格式（7.60）可以简化为

$$u_{i+1,j}+u_{i-1,j}+u_{i,j+1}+u_{i,j-1}-4u_{ij}=h^2f_{ij} \quad (7.63)$$
$$i=1,2,\cdots,M_1-1;j=1,2,\cdots,M_2-1$$

这个方程组常用迭代法

$$u_{ij}^{(k+1)}=\frac{1}{4}[u_{i+1,j}^{(k)}+u_{i-1,j}^{(k)}+u_{i,j+1}^{(k)}+u_{i,j-1}^{(k)}-h^2f_{ij}] \quad (7.64)$$
$$i=1,2,\cdots,M_1-1;j=1,2,\cdots,M_2-1;k=0,1,2,\cdots$$

求解. 其中，k 是迭代次数. 此迭代法式（7.64）对任意初始值 $u_{ij}^{(0)}$ 都收敛于差分方程组（7.63）的解.

例 7.4 用差分法求解定解问题

$$\begin{cases}\dfrac{\partial^2 u}{\partial x^2}+\dfrac{\partial^2 u}{\partial y^2}=\mathrm{e}^x,0<x,y<1\\ u(0,y)=y+1\\ u(1,y)=y+\mathrm{e}\\ u(x,0)=\mathrm{e}^x\\ u(x,1)=\mathrm{e}^x+1\end{cases} \quad (7.65)$$

并与精确解 $u=\mathrm{e}^x+y$ 相比较.

解 取步长 $h=1/20=0.05$，初始值 $u_{ij}^{(0)}=2$，利用差分迭代公式（7.64）迭代500次，得表7.4所示的差分数值解. 从表7.4中可以看出，本题的数值解均具有5位有效数字.

表 7.4

(x_i, y_j)	精确解	数值解	绝对误差
(0.25, 0.25)	1.534025	1.534038	-0.000013
(0.50, 0.25)	1.898721	1.898740	-0.000019
(0.25, 0.50)	1.784025	1.784042	-0.000017
(0.75, 0.50)	2.617000	2.617021	-0.000021
(0.50, 0.75)	2.398721	2.398740	-0.000019
(0.75, 0.75)	2.867000	2.867017	-0.000017

习 题 7.4

1. 推导差分格式（7.60）及其局部截断误差阶.

2. 取步长 $h=1/4=0.25$，初始值 $u_{ij}^{(0)}=2$，利用差分迭代公式（7.64）迭代一次求解定

解问题式（7.65），并与精确解相比较.

上机实习六

1. 实习题目　分别用古典显格式和古典隐格式计算初边值问题

$$\begin{cases}\dfrac{\partial u}{\partial t}=\dfrac{\partial^2 u}{\partial x^2},0<x<\pi,t>0\\ u(x,0)=\sin x\\ u(0,t)=u(\pi,t)=0\end{cases}$$

实习要求　（1）取空间步长 $h=\pi/40$，时间步长 $\tau=0.003$，计算到第 40 时间层上的数值解，并将数值解与精确解 $u(x,\ t)=\mathrm{e}^{-t}\sin x$ 进行比较.

（2）取空间步长 $h=\pi/40$，时间步长 $\tau=0.006$，计算到第 20 时间层上的数值解，并将数值解与精确解 $u(x,\ t)=\mathrm{e}^{-t}\sin x$ 进行比较.

（3）取空间步长 $h=\pi/80$，时间步长 $\tau=0.0006$，计算到第 200 时间层上的数值解，并将数值解与精确解 $u(x,\ t)=\mathrm{e}^{-t}\sin x$ 进行比较.

实习目的　熟悉古典显格式和古典隐格式，感受步长对差分法的精度的影响，体会差分法的数值稳定性.

2. 实习题目　分别用格式（7.26）和格式（7.40）计算初边值问题

$$\begin{cases}\dfrac{\partial u}{\partial t}=-\dfrac{\partial u}{\partial x},0<x<1,t>0\\ u(x,0)=\sin x\\ u(0,t)=-\sin t\end{cases}$$

实习要求　取步长 $h=0.2$，$\tau=0.1$，计算到第 50 时间层，并与精确解 $u=\sin(x-t)$ 进行比较.

实习目的　熟悉 Lax-Wendroff 格式的使用方法，感受 Lax-Wendroff 格式的精确解.

3. 实习题目　试用差分法求解定解问题

$$\begin{cases}\dfrac{\partial^2 u}{\partial x^2}+\dfrac{\partial^2 u}{\partial y^2}=2,0<x,y<1\\ u(0,y)=2y\\ u(1,y)=2y+1\\ u(x,0)=x^2\\ u(x,1)=x^2+2\end{cases}$$

实习要求　分别取步长 $h=0.1$ 和 $h=0.01$，并将数值解与精确解 $u=x^2+2y$ 进行比较.

实习目的　熟悉五点显式差分格式的用法，感受步长对差分法的精度的影响，体会差分法的迭代收敛性.

第8章　程 序 设 计

很多读者可能已经学过了某种高级程序语言，并且能编写出一些简单的程序. 但是学会了高级语言并不等于学会了程序设计. 高级语言只是用来描述程序的工具，这个工具的使用方法与技巧还有很多学问. 另外，随着计算机应用的不断发展，计算机程序也变得越来越大、越来越复杂，大程序的调试与修改的难度和工作量，随着程序规模的增大按指数上升. 因此，设计一个结构清晰、容易调试、容易修改、便于维护、运算效率高的程序是很有实际意义的.

以下几节里将分别介绍有关程序设计的概念、方法以及程序质量的衡量标准等内容.

8.1　程序设计的概念

1. 基本概念

所谓程序，就是对所要解决问题的各个对象和处理规则的描述，或者说是为解决某一个问题而设计的一系列指令（由操作和操作对象组成）.

所谓程序设计，就是编制程序，使得计算机能够正确地完成交给它的任务. 通俗地讲，程序设计就是给计算机编写详细的执行任务书.

所谓程序设计语言，就是用来书写计算机程序的语言（简称为程序语言），其基础是一组记号和一组规则. 根据规则由记号构成的记号串的总体就是程序语言，在程序语言中这些记号串就是程序.

程序语言的种类很多，但一般说来，其成分有以下四种：

（1）数据成分——用来描述程序中所涉及的各种数据.

（2）运算成分——用来描述程序中所包含的各种运算.

（3）控制成分——用来表达程序中的控制构造.

（4）传输成分——用来表达程序中的数据传输.

关于程序设计，很多人认为只要用某种程序语言编写出程序的正文就行了. 其实，这种观点是非常片面的. 我们设计程序的目的，是为了让计算机准确无误地完成我们交给计算机的任务，从而获得我们希望得到的正确结果. 因此，我们设计的程序必须符合所求解问题的计算要求，而计算要求又必须建立在正确的计算模型之上. 可见，程序设计实际上从定义问题就已经开始了. 此外，设计程序以后还要上机测试，检验程序是否正确，不正确的程序是没有任何使用价值的．综上所述，程序设计概念的范畴应该从定义问题开始，直到拿出一个具有使用价值的程序为止，它包括：

（1）定义问题——根据计算要求提出程序的规格说明．

（2）结构设计——对程序的整体结构进行设计．

（3）程序编码——用某一种具体的程序语言编写计算机可以接受的程序实体．

（4）程序测试——检验程序的正确性，找出程序中的错误．

（5）程序排错——修改程序中的错误．

2. 利用计算机解题的过程

利用计算机解题，一般要经过以下几个阶段：

（1）明确问题的要求．是指应该详细而准确地写出待求解问题的所有要求和指标．这既是以后程序设计的依据，又是检验程序正确性的惟一标准．

（2）建立所求解问题的数学模型．在建立数学模型时，往往由于实际问题过于复杂，很难把所有因素都考虑到数学模型中来．因此，经常把一些无关紧要的因素忽略掉．

（3）提出算法．是指根据问题的要求提出算法．

（4）算法分析．确定待求解问题的数据对象和求解步骤，指出求解该问题需要使用的数据、数据的要求形式以及对数据进行加工的算法．

（5）程序设计．使用程序设计语言把前面确定的数据和算法描述出来，形成符合语法规则的程序．

（6）源程序准备．用上述方法设计的程序叫做源程序，源程序应该在输入介质上准备好．

（7）编译阶段．计算机系统有一个编译程序，它接受源程序，并将源程序翻译成机器硬件可以理解的指令序列，这个指令序列称为目标程序．

（8）运行阶段．事先准备好与计算有关的数据，命令计算机系统运行目标程序，计算机便进行指定的求解．在运行过程中，有时还要读入一些准备好的数据，最终显示或输出计算结果．

上面介绍的是比较理想的流程，但实际上经常出现错误．这主要有两个方面的原因．一个是程序错误，程序不符合语法要求，计算机系统无法理解程序．例如，程序中缺少标点符号、缺少语句成分等．这类错误在编译阶段可以查出来，将程序修改后即可重做上面流程．另一个错误是算法错误，例如，计算公式有误，或没有给出变量的初始值等．这类错误一般要在运行阶段才能发现，如果不能及时发现就会得到错误的结果．这类错误的纠正往往比较麻烦，但一般可通过调试解决．另外，为了判断计算结果正确与否，还可以根据问题预先知道的一些结果进行测试，也就是用预先知道的数据，在一些特定的程序位置上检验是否得到预期的结果．调试和测试都能在一定程度上提供程序正确与否的信息．这些信息将指导我们修改原来的算法和源程序，然后再重新进行编译和运行，直到获得正确的结果为止．

3. 程序设计的特点

从宏观上讲，程序设计具有以下几个特点：

(1) 构造性． 在求解一个数学问题时，总是先考虑如何去解这个问题，制定出解题方案．程序设计也是如此，先于实施去“构造”程序，把所要求解的问题通过程序语言构造出一个程序实体．构造性使我们在编程序时有很大的自由度，只要没有错误，程序怎么编都可以．这就决定了程序设计的多样性，即对同一个问题，可以有多种程序．

(2) 严密性． 众所周知，我们在说话或写文章时，会出现口误或写错别字，但听者或读者还是能够正确地理解我们所要表达的意思，这是因为人具有判断能力，在接受语言信息时，能够根据语境和上下文排除所要表达的意思的多意性，并将其中的一些错误纠正过来．然而，计算机却没有上述判断能力，它只能顺序地执行人们编排好的指令．因此，必须用语法严密、意思单一的形式语言准确无误地给计算机传递信息，它才能够正确地完成交给它的任务．这就要求设计的程序不能有任何差错，哪怕错一个标点符号或字母，都可能使计算机无法运行或输出错误的结果．

(3) 抽象性． 在工程技术或科学实验中遇到的问题是各种各样的，但我们所使用的电子计算机却只能进行数字、逻辑和字符运算．这些数、逻辑值、字符串是对客观事物的描述，也就是对客观事物的一种抽象．程序设计就是把各种问题的求解过程，用计算机可以接受的程序语言（即抽象的数字和符号）描述出来，以便上机运行．运行的结果，一般也不是实际问题的解，而是解的一种代号．可见，从程序设计到对解的理解，处处都是抽象的．目前，计算机语言学利用抽象原理提供了很多种高级语言，使得程序设计面向解题过程（算法)，而不是直接利用操作码面向机器．这对小的程序来说，很容易读懂它．但是，程序一大就很难清晰地看出其逻辑结构，要想顺利地读懂一个程序，需要有很强的抽象能力．

(4) 叠加性． 在程序设计时，为了减轻编程工作量、提高编程效率、减少编程错误，要尽量多使用现有的程序库、数据包、软件等，自己编程部分则要尽可能地分割为独立的小模块，每一块的功能要单一而且明确，以便删改或被别的程序所引用．

习 题 8.1

1. 什么是程序？什么是程序设计？什么是程序语言？

2. 程序语言的成分有哪些？

3. 程序设计概念的范畴包括哪些？

4. 什么是源程序？

5. 计算机解题的过程分哪几个阶段？

6. 程序设计有哪些特点？

8.2 程序设计准则

8.1 节里介绍了程序设计的一些概念，现在讨论什么样的程序才算是一个好的程序. 随着计算机科学的发展，衡量程序优劣的标准也在发生改变. 例如，30 年前一个简练的、占用机器存储单元少、运行速度快的程序就算好程序. 现在看来就不一定了，如果它很抽象，除了设计者谁都看不懂，那它就不能算是好程序了. 另外，程序设计的性质决定了很难定量地判断程序的优劣，只能从以下几个方面定性地讨论程序的好坏.

1. 正确性

设计程序的目的，是让计算机运行程序，从而获得我们所希望的结果. 因此，正确性是判断一个程序好坏的首要准则. 检验一个程序正确与否，主要是考查程序执行的任务和得到的结果. 只有当程序准确地完成了我们交给它的任务，并得到正确的结果时，才能说这个程序是正确的.

设计程序时，不管我们多么认真，错误总是难免的. 因此，程序正确性的理论研究成了计算机界的一个重要课题. 到了 20 世纪 70 年代末，一般的程序都可以从理论上证明逻辑的正确性. 不过，这些证明方法非常繁琐，复杂的大程序很难证明. 所以，程序证明并不是很实用. 那么怎样避免和减少程序设计中的错误？如何查找程序中的错误呢？

避免和减少程序设计中的错误，有两种方法. 第一种方法是，采用简单结构组织程序，使得程序简单明了. 于是，出现了“结构化程序设计”的设计技术，这种结构化的程序是可证明的. 第二种方法是，程序设计要标准化. 在设计程序时，多使用标准算法和软件.

查找程序中的错误，也有两种方法. 第一种方法是，跟踪程序的执行，用测试的方法去查找并发现程序中的错误. 第二种方法是，借助程序验证系统，证明程序的正确性.

2. 可靠性

可靠性指的是程序在反复使用过程中不出现差错的可能性，它是对执行程序的具体计算机而言的. 逻辑上正确的程序在运行过程中仍有可能出现差错，所以可靠性只能在程序设计建立系统时考虑，而不能到系统完成之后再补加上去. 可靠性没有度量的标准. 提高可靠性的方法是增加冗余的保证, 即“增加安全系数”.

3. 简明性

程序的抽象性要求设计的程序要简明易懂, 以便在使用过程中进行维护和修改. 简明性不等于简单性, 本来很复杂的问题不可能让它变得简单, 但程序则可以做到结构清晰、编排得当、可读性强.

简明性与程序语言的表达能力有关, 同时还与程序设计风格有关. 如果都按简明的风格设计程序, 那么程序就会易读好用了.

4. 有效性

程序的时间效率始终是人们追求的目标, 都希望在短时间内获得运算结果. 特别是时间性很强的问题, 例如, 未来天气的变化情况等, 必须在规定的时间内算出结果, 否则结果将过时而变得无用.

提高程序的时间效率, 关键是提高使用最频繁的那部分程序的效率. 例如, 在一个三重嵌套的循环结构中, 如果每一重循环的次数为 100 次, 那么最内层循环要执行 1000000 次. 可见, 只要对最内层循环部分加以改进, 使它每执行一次节省 10ms, 就可以使总的运行时间节省近 3 个小时. 如果对最外层循环进行改造, 则不会有这么大的效果.

除了时间效率, 还要考虑空间效率, 使程序在执行过程中尽量少占用机器单元, 这对机载或弹载计算机来说更重要.

5. 可维护性

设计一个比较大的程序, 需要花费很多时间和精力, 这样的程序在生存期内只有不断地加以维护, 才能发挥其应有的作用.

程序的维护可分为:

(1) 校正性维护. 这是设计的继续. 在使用过程中, 如果发现程序有小错误, 应及时地校正过来.

(2) 完善性维护. 虽然程序没有错误, 但若在使用过程中发现程序有不足之处, 则应在不推翻原程序的基础上, 修改不足的地方, 使程序进一步得到完善.

(3) 适应性维护. 在长期使用过程中, 如果问题的要求发生改变, 或者出现更有效的算法, 则需要改动程序, 以适应新的情况.

可见, 对于一个付出较大代价而得到的程序来讲, 可维护性是非常重要的, 它能有效地延长程序的使用寿命.

6. 适应性

当前, 计算机的型号繁多、系统配置各异, 很难使一个程序在各种不同的计算机或操作系统下都能顺利地运行. 为了提高程序的适应性, 程序设计时尽可能把不通用的部分集中在某一局部.

以上这些准则在具体的应用场合经常是相互制约的，例如，可维护性多数情况下会排斥效率，可靠性要增加软硬件的投资. 因此，衡量一个程序质量时，要综合评价上述各准则. 至于各准则的优先次序，视具体情况而定，但正确性始终是第一位的，可靠性在多数情况下是第二位的.

习　题　8.2

1. 什么样的程序叫做正确的程序？
2. 怎样避免和减少程序设计中的错误？
3. 怎样查找程序中的错误？
4. 什么是程序的可靠性？
5. 程序的维护有哪几种？
6. 衡量一个程序好坏的标准包括哪几个方面？

8.3　程序设计技术

在程序设计中，十全十美的方法是不存在的. 人们最关心的是程序的正确性与效率，同时希望设计的程序结构清晰、易于调试和修改、可维护性好. 当效率与“好结构”发生矛盾时，宁可降低效率，也要保证程序有好的结构.

1. 文件化程序设计

所谓文件化程序设计，就是给程序加上注释，使程序具有良好的可读性.

初学程序设计的人往往不给程序加注释，这一方面是因为怕麻烦，另一方面是不了解注释的重要性. 其实，一个程序设计出来以后，还要进行调试和维护，在使用过程中可能有很多人要阅读此程序. 因此，为了省却“麻烦”而未加注释的程序，可能给后面的调试和维护工作带来更大的麻烦，也不利于程序的维护.

为了提高程序的可读性，应该在每一个程序的开头都加上注释，说明该程序的功能、主要变量的含义、输入输出信息等. 另外，每一段程序（由若干个语句组成）最好也要有注释，说明这一段程序的功能. 这样的程序很容易看懂，也就便于对程序进行检查和调试.

值得注意的是，注释要简明、准确. 烦琐的、错误的注释比没有注释的后果更坏.

2. 模块化程序设计

所谓模块化程序设计，是将一个大程序分割成若干个彼此独立的小程序（模块）来设计的程序.

所谓各模块彼此独立，是指程序中的任何一个模块被功能上等价（即在相同的输入下，产生相同的输出）的模块代替时，其余所有模块都不受影响.

一个模块化的程序，由一个入口、一个出口和若干个相互独立的模块组成，它具有以下几个优点：

（1）有利于构造. 模块化的结构思路清晰，便于对程序进行合理的分工和有效的组织.

（2）有利于调试. 由于各模块间相互独立，所以调试程序时可以一个模块一个模块地进行调试，发现问题时只在有问题的模块内查找原因即可.

（3）有利于修改. 只要遵守各模块之间的接口约定，则任何一个模块的改动（如改变算法或改用新的变量符号等），都只是该模块内的事情，不会影响到其它模块，更不会出现非模块化程序那种“牵一发而动全局”的情况.

模块化程序的设计方法如下：

（1）多使用子程序. 将程序划分为若干个彼此独立的子程序（模块），使每一个子程序都具有独立的功能，而且只有一个入口和一个出口，这样便于对程序进行调试和修改.

（2）多使用独立的工作区. 每一个模块都使用各自独立的工作区，是保证各模块间相互独立的重要措施. 如果几个模块共享一个工作区，则改动其中一个模块时，可能破坏其他模块（即一个模块中的变量可能被另一个模块所破坏），不利于程序的调试.

（3）多使用符号参数. 如果几个模块中都用到同一个参数（如常量、向量的维数、表格的大小等），则最好用一个符号来表示该参数，以利于程序的修改. 例如，某一程序中有 8 个模块用到了圆周率 π，并取值为 3. 14，现在要将 π 的值全都改为 3. 14159，则不仅修改量大，而且很容易遗漏. 如果原程序用符号“PI”表示圆周率，并在一个模块中定义了 PI 与 3. 14 的等价关系，则只需改动一个模块中对 PI 值的定义即可，其余 7 个模块都不需要改动，使修改量达到最小.

（4）将计算功能与输入/输出功能分开. 由于输入/输出功能是程序中比较活跃、经常改变的部分，所以把它与其它模块分开，以减少程序的修改量.

需要注意的是，模块划分既不要过粗，也不要过细，只要每一个模块能够完成一个逻辑功能就行了，比如矩阵求逆、方程求根等. 划分过粗，则显示不出模块化程序的优越性. 划分过细，则增加模块之间传递数据的内部开销，降低程序的效率.

3. 结构化程序设计

为了使程序结构清晰，易于调试、修改、证明，人们提出了一种所谓结构化程序设计的原则和方法，按照这样的原则和方法设计出来的程序叫做结构化程序，按照这样的原则和方法定义的程序语言叫做结构化程序语言.

结构化程序设计的理论基础是定理 8. 1——结构定理.

定理 8. 1 （结构定理）任何一个适当的程序都可以用一般的循环机构和二叉判定机构这两种基本的控制结构构成.

根据上述结构定理，一个程序可以包含以下三种基本结构：

（1）顺序结构，它是具有一个入口和一个出口的计算序列，用方框表示(如图 8. 1 所示).

（2）WHILE- DO 结构，其中含有一个方框（如图 8. 2 所示).

（3）IF- THEN- ELSE 结构，其中含有两个方框（如图 8. 3 所示).

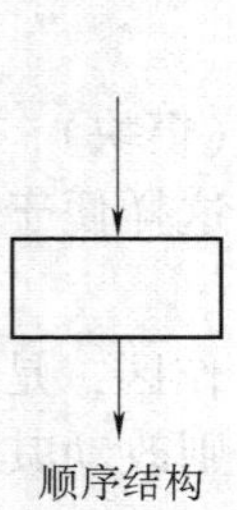

图 8. 1　顺序结构

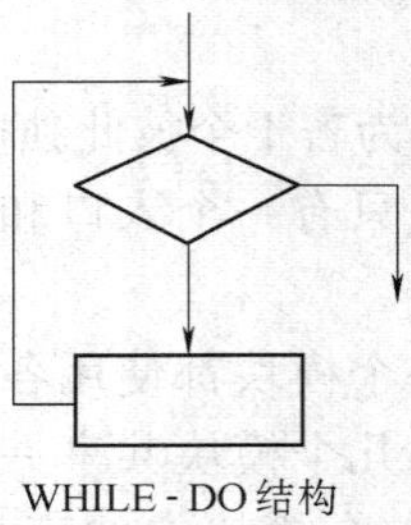

图 8. 2　WHILE- DO 结构

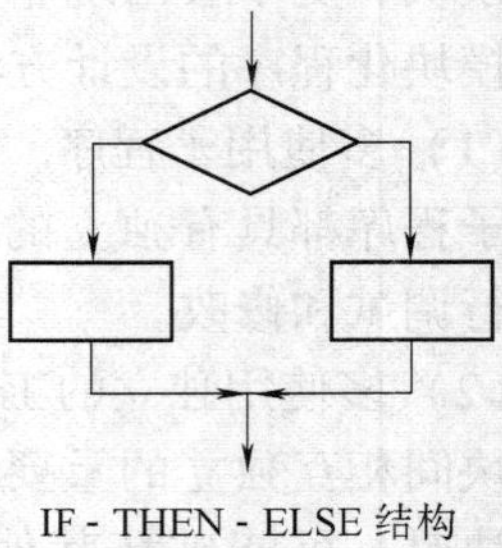

图 8. 3　IF- THEN- ELSE 结构

如果一个程序只由以上三种结构组成，那么称该程序是结构化程序. 结构化程序的形式结构与其逻辑结构是一致的，这一点非常有利于通过规范化去控制程序的复杂性. 此外，由于每一个基本控制块都是可以证明的，所以结构化程序的正确性是可以证明的.

结构化程序设计与模块化程序设计的主要区别在于：结构化程序设计把每一个模块分解成更小的模块，一直分解到最小模块，即计算语句、WHILE- DO 语句或 IF- THEN- ELSE 语句. 而模块化程序设计只是将模块分解成具有单一功能、彼此相互独立的子模块就可以了，至于子模块内部的结构，则没有任何限制.

4. 自顶向下程序设计

自顶向下设计与模块化、结构化程序设计有密切的联系. 其设计方法是，首先将要设计的程序视为一个大模块，其后将此大模块分解成若干个小的二级模块，再将每一个二级模块各分解成若干个更小的三级模块，依次类推，由上到下、由粗到细，逐步设计出完整的程序. 在这种设计中，模块是分层次的. 在设计高层模块时，不必考虑低层模块的细节. 这类似于绘画，先勾画出轮廓，再画主线条，然后画次线条，最后才画每一个局部的细节. 可见，这种自顶向下、逐步求精的思想和方法过程清楚、条理分明、方便自然，符合人们的思维习惯.

自顶向下设计的好处在于：

(1) 主要接口可以先调通. 如果采用自底向上设计，那么从底层设计到高层模块后，可能由于接口不合适而无法连接. 若要修改，则涉及到的低层模块都要改动，甚至整个低层模块全都作废. 可见，越是高层模块的接口越重要. 自顶向下设计把设计、编码、调试结合起来交叉进行，当高层模块调试通过后再进行下一层模块的设计，因而避免了上述情况的发生.

(2) 容易查找错误. 自顶向下设计是从高层向底层边设计边调试，所以当设计一个模块后发现故障时，只要在新的模块及其接口查找错误即可.

(3) 不需要模拟调试程序. 这是因为它所建立的程序框架本身已经提供了比较自然的调试程序.

习　题　8.3

1. 什么是文件化程序设计？
2. 什么是模块化程序设计？它有哪些优点？
3. 怎样设计模块化程序？
4. 什么是结构化程序设计？
5. 结构化程序设计与模块化程序设计的主要区别是什么？
6. 什么是自顶向下程序设计方法？

8.4　程序的风格

所谓程序的风格，是用来表述程序结构的形式、行文方式以及程序正文格式的统称.

什么样的程序风格是好的风格，目前还没有严格的衡量标准. 有些程序为了节省几条指令或几个存储单元而使程序变得非常难懂，也不易调试和修改，这样的程序风格绝不是好的风格. 好的程序风格应该是逻辑清楚、简洁明了，程序容易阅读、容易修改，而且能够体现程序设计的准则. 因此，设计程序时应该从以下几个方面注意程序的风格：

1. 设计的风格

程序的设计风格是指程序设计中如何体现程序的设计准则，有关这方面的内容在前面已经陆续地讲了很多，现在做一下小结和补充.

(1) 程序应清晰. 程序的抽象性要求设计的程序结构清晰. 为此，应尽量少用 GO-TO 语句，尤其应注意不要用 GO-TO 语句跳入或跳出某个循环（特别是跳入循环）.

(2) 程序应简明. 不要为了设计技巧而破坏程序的可读性和可靠性.

(3) Hrair 极限. 将一个大问题分解成许多小问题，用模块化程序设计方法就可以得到结构清晰的程序. 但是，问题分解过细、模块数目太多反倒容易出错. 心理学家研究表明，一个人同时处理复杂事物（即同时要记住各事物的特点）的个数超过 7 ±2 个时，出现错误的概率急剧上升，其中 ±2 因人、因事而异. 因此，程序设计时经常要想到 7 ±2 这个数，这就是著名的 Hrair 极限.

2. 语言运用的风格

语言规则在很大程度上会影响程序的风格. 因此，在设计程序时尽量使用符合工程要求的语言. 但是，这个要求有时是难以办到的，此时除了使用最新版本的某种语言外，还要在已选定语言的条件下，按程序设计的准则使用语言.

语言本身只是一种手段，用它既可以写出风格好的程序，也可以写出风格很差的程序. 因此，在使用语言时，不仅要符合语法规则，还要有良好的语言风格.

3. 正文编排的风格

(1) 利用空行. 在程序中适当地加入一些空行，将不同功能的程序块分开，可以提高可读性.

(2) 利用空格. 在程序中适当地加入一些空格，也会提高程序的可读性.

(3) 利用缩进. 在程序中适当地使用缩进，可以使程序结构清晰，特别是对循环体，从头到尾都缩进两三个字符，下一层嵌套循环体也是如此，就会使循环层次一目了然.

(4) 利用括号. 表达式中多使用括号，可以减少歧义，改善可读性. 例如，表达式 A * * B * * C 是指 $A^{(B^C)}$ 还是指 $(A^B)^C$? 有了括号就清楚了. 又如A * B * C/D/E/F 也不如(A * B * C)/(D * E * F)明了.

4. 程序表示的一致性

在符合语法规则的前提下，为了增加程序的可读性，还要注意程序表示的一致性，这要从以下几个方面入手：

(1) 语句标号. 有些语言允许使用语句标号，而且使用标号的方式又比较自由，容易造成混乱. 为了一致性，语句标号要按递增顺序编写，并以 5 或 10 做标号的增量，如 65，70，75，80，…，中间的空号是为以后修改程序时用的. 另外，用一致的标号位数表示层次或关系，如 1005 ~ 9000 表示主程序，1105 ~ 1195，1205 ~ 1295，1305 ~ 1395……表示子程序，其中的后三位 105 ~ 195，205 ~ 295，305 ~ 395……表示下一层，而后两位 05 ~ 95 则表示再下一层，等等.

(2) 语句次序. 格式说明语句可集中排放在可执行语句之前或可执行语句之后 END 之前，也可分散地排放在使用本格式的输入/输出语句之后，不要无规则地乱放. 同一类型的说明语句要集中排放，以便查找.

（3）符号名．在程序中引入符号名时要遵循以下原则：使用英语词汇或汉语拼音以有利于记忆；尽量符合数学习惯，比如用 A、B、C 等表示已知量，用 X、Y、Z 等表示未知量；不使用关键字；数字与字母不要混排，如 TY0WS 中的“0”容易被误认为“O”等；循环控制变量用 I、J、K、L 等．

5. 程序输出的风格

在设计程序时，如果能从以下几方面设计程序的输出，将会增加程序的阅读性，有利于程序的调试．

（1）对输出参数加以注释．程序执行的结果往往是一大堆数据，如果没有注释，别人很难理解这些输出结果的含义，过一段时间设计者自己都可能看不懂了．因此，对输出参数加以注释是非常重要的．

（2）及时输出输入数据．在运行程序时，可能因为数据的输入有误，造成输出结果的错误，还以为是程序有问题，造成很大的浪费．如果及时输出输入数据，就能够及时发现输入数据中的错误，避免不必要的浪费．

（3）输入/输出要集中．将输入/输出集中编写在主程序里，既可以减少错误，又有利于程序的修改．

习　题　8.4

1. 什么是程序的风格？
2. 什么是 Hrair 极限？
3. 设计程序时应从哪几个方面注意程序的风格？

8.5　程序的测试

1. 测试的基本概念

所谓程序的测试，就是为了发现程序中的错误而执行程序的过程．可见，测试只能判断程序中有错误，而不能判断程序中没有错误．众所周知，一个实用的源程序总会有这样或那样的错误，所以在测试过程中发现的错误越多，以后在使用过程中出现错误的可能性就越小．

测试的目的是发现程序中的错误，而测试的方法是选择各种数据设计测试用例程序．通过用例程序的执行，发现被测程序中的错误．一般来说，被测程序可分成两种：

一种是只知程序的输入与输出功能，而不知程序的具体结构，对此要根据输入和输出情况来判断程序中有无错误．至于错在何处，为什么出现错误，则无法回答．这种测试称为黑盒子测试方法．要想用黑盒子测试法查出程序中的所有错误，必须把所有可能的输入数据全都测试到．但这种完全测试的工作量非常大，一般做不到.

另一种是已知程序内部的结构和流向，测试的用例是根据程序内部逻辑设计的. 这种通过用例来测试程序的方法称为白盒子测试方法. 它从输入到输出的每一个可能的路径（即执行过程）都至少测试一次，也就是将程序中的每一个语句都至少执行一次. 由于测试往往是不充分的，所以在设计测试用例时要考虑经济性和可行性. 另外，因为测试用例带有实践经验的成分，所以测试的关键是设计高效、可行的用例程序.

2. 测试的基本原则

程序测试时要遵循以下基本原则：

(1) 确定预期的输出结果. 测试用例中不仅要确定输入数据，还要确定预期的输出结果，以便与测试后的输出结果相比较. 如果输出结果与预期的结果不一致，则说明程序有错误.

(2) 测试用例的设计者与程序设计者最好不是同一个人. 第一，程序设计者大多数都对自己设计的程序有偏见，从而不能有效地测试自己设计的程序. 第二，如果程序设计者一开始就对程序的要求理解错了，那么再由程序设计者自己测试，显然查不出这种错误. 但在一般情况下（特别是小程序），测试都是由程序设计者自己来完成的. 这时一定要注意克服心理上的偏见，以便达到预期的测试效果.

(3) 测试用例不仅要选用合理的输入数据，还要选用一些不合理的输入数据，以提高程序的可靠性.

(4) 除了检查程序是否完成了它应该完成的任务以外，还应该检查它是否做了不应该做的事情.

(5) 要保留有用的测试用例. 如果将用过的测试用例丢弃，一旦以后对程序进行修改并重新测试该程序时，往往很难再认真地设计测试用例，所以再测试时很难像以前那样严格. 特别是程序的修改使原来能正确运行的部分产生错误时，很难发现它.

3. 测试用例设计准则

无论是黑盒子测试还是白盒子测试，一般情况下都很难做到完全测试. 因此，用尽量少的时间和代价检查出尽可能多的错误是非常有意义的. 由于程序的问题复杂，所以即使是用黑盒子方法或白盒子方法来设计测试用例，也没有简单的设计规则和方法，一般是先用黑盒子测试方法粗略地进行检测，再用白盒子测试方法对前者进行补充.

因为黑盒子测试不可能完全穷举，所以应该选择有代表性的测试用例，用来发现尽可能多的错误. 黑盒子测试并不考虑程序的结构，因此只能根据规格说明去设计，选择适当的输入数据和预期的输出.

白盒子测试要检测每一条路径，设计测试数据时，要尽可能多地执行源程序语句．为此，在设计测试用例时，可以考虑以下几个不同的设计准则：

（1）语句覆盖．语句覆盖准则就是通过执行程序中的每一条语句来查出程序中的错误，但这种测试是很不充分的，所以常认为它的作用不大．

（2）判定覆盖．判定覆盖准则是通过执行足够的测试用例，使得每一个判定都至少有一次“真”和“假”的结果．也就是说，程序中的每一个分支都至少执行一次，当然每一条语句也就都执行到了．因此，判定覆盖比语句覆盖更严密，但仍然不够充分．

（3）判定/条件覆盖．判定/条件覆盖准则是通过执行足够的测试用例，使得判定中的每一个条件取得各种可能的结果，并使每一个判定也取得各种可能的结果．

（4）组合条件覆盖．组合条件覆盖准则是通过执行足够的测试用例，使得每一个判定中条件的各种可能组合至少都执行一次．组合条件覆盖比上述各种覆盖都严密．

4. 测试的方式和目的

（1）模块测试．其目的是检查模块与该模块规格说明的要求是否一致，或者接口是否有问题．模块测试以单个子程序段为测试单位，也可以逐步扩大为多模块的子系统．

（2）整体测试．其目的在于查找结构错误，对所有模块做整体测试．这一步经常和模块测试相连，有时甚至是交替的．

（3）功能测试．其目的在于查找程序和它的外部规格说明不相符合的地方，其测试的方法是分析规格说明．

（4）系统测试．其目的在于查找程序和需求定义之间的差距，其测试用例根据不同的测试类型来设计．

（5）验收测试．其目的在于检查程序的操作与合同中规定的要求是否一致．这项工作往往由用户来做，测试用例也由用户来设计．

（6）安装测试．其目的只是在于检查安装程序时出现的问题，而不是检查程序本身的错误．安装测试工作不一定非得放在最后，也可以放在验收测试之前．

5. 测试的策略

以上六类测试是每一个软件商品都要经受的测试，每一种测试都要事先设计用例，事后写出报告，这要花费大量的人力和物力．因此，测试的策略是顺利完成测试的重要保证．最好在程序开发初期就要做模块测试设计，总体设计完成以后就应该做相应的测试计划．

对于一个小型的程序来说，也许只做模块测试就够了，再大一点的程序还要做整体测试. 前面讲过的六类测试方式中，模块测试和整体测试是最基本的. 在此，将详细介绍模块测试和整体测试的策略和方法.

(1) 自底向上测试. 如果一个程序是由多个模块分层次组成的，那么可以采用自底向上测试的方法，也就是从最底层的模块开始逐步向上测试，直到最高层模块测试完了，再做整体测试. 在测试每一个模块时，要根据模块的规格说明来设计用例.

自底向上测试符合分而治之的简化处理原则，容易设计测试用例，错误在本模块内容易找到. 缺点是上一层模块测试后如有改动，特别是改动公用数据或模块接口时，已经测试过的底层模块也要作相应的修改，此时前面的测试结果已经全部作废，需要重新开始测试，因此返工量很大.

(2) 渐增测试. 程序测试时如果把重点放在早发现错误、多发现错误上，而对时间和效率不太考虑时，可以采用渐增测试的方法. 这种测试的方法是，先测试一批模块（如模块 A、B、C、D、E、F、G)，然后将第二批模块（如模块 H、I、J）与第一批模块同时测试，例如将模块 H 与模块 A 一起测试，目的是发现模块 H 中的错误. 再将第三批模块与前两批模块同时测试，例如将模块 K 与模块 C、D、J 一起测试，目的是发现模块 K 中的错误. 依次类推，每增加一个新模块，都要与某些测试过的模块一起测试，直到所有模块都测试完毕.

渐增测试的优点是，整体测试时出现的问题被及早分散，可以及早发现模块的接口错误，比较容易改错. 缺点是运行时间长，不利于测试耗用机时长的程序.

(3) 自顶向下测试. 这种测试方法与自底向上测试的方法相反，从最高层模块开始向下进行测试. 它可以与自顶向下程序设计方法相配合，边设计边测试. 其最大优点是可以尽早地发现程序结构的逻辑错误.

自顶向下测试具有渐增倾向，非常适合于渐增测试. 但是，它经常是一个模块没有完全测试完就转向另一个模块，因此容易忘记和疏漏.

习 题 8.5

1. 什么是程序的测试？
2. 什么是黑盒子测试方法？
3. 什么是白盒子测试方法？
4. 程序测试时要遵循哪些基本原则？
5. 程序测试的方式有哪些？它们的测试目的分别是什么？
6. 模块测试和整体测试的策略和方法有哪些？

8.6 程序的排错

前面介绍了有关程序测试的内容. 测试程序的目的是发现程序中的错误, 以便改正过来. 这一节专门讨论有关程序排错的问题. 所谓程序的排错, 就是指从测试中发现错误开始, 到确定并改正错误的全过程. 简单地说, 程序排错就是排除程序中的错误.

通过测试发现有问题时, 首先应该判定错误的性质. 如果是程序本身的错误, 就要有的放矢地找到错误的位置, 并把它改正过来. 如果是机器系统的错误, 则应用程序员是无能为力的, 只能向系统管理员汇报.

1. 错误的定性

由于不同的错误可以表现出相同的症状, 而一个错误又可以表现出各种不同的症状, 所以测试中发现的错误很难一下子就确定出它的性质. 下面介绍一下常见的错误, 以便在排错时有清晰的思路.

(1) 系统方面的错误. 系统方面的错误包括操作系统本身的错误、系统界面错误、用户操作错误等. 系统方面的错误, 多数是因为操作者对系统和该机器的特点了解不够造成的.

(2) 测试错误. 测试是通过用例来进行的, 而测试用例同样可能有错误.

(3) 程序功能方面的错误. 这方面的错误包括功能走样、功能不足、功能多出等. 如果设计者对问题理解有误, 则设计出的源程序在功能上必然走样. 功能不足就没法完成全部任务. 如果程序中含有不该有的功能, 就会做不需要做的事情.

(4) 数据错误. 包括数据说明不恰当、数据类型不匹配、变量没有初始化就引用等.

(5) 计算错误. 例如用非算术型数据做算术运算, 不同类型的数据间做混合运算, 零作除数, 数值溢出等原因造成的计算错误.

(6) 接口错误. 接口错误是指各模块之间传递数据的接口有错误. 比如, 调用模块之间参数的个数、次序、类型、物理量单位等不一致.

(7) 输入/输出错误. 例如, 输入数据有误、输出表与格式不一致、运行结束条件处理不当等.

(8) 编码错误. 对于不符合语法规则的明显错误, 编译程序可以检查出来. 但是, 编译过程中检查不出来的编码错误 (例如, 将变量 XT 误写成 XI, 而 XI 在别处已经初始化), 可以使程序运行而且还可能输出结果 (错误的结果), 所以这种错误的危害很大.

2. 错误的排除

要想排除错误，首先应该确定错误的位置．由于错误可以出现在程序中的任何地方，所以准确地判断错误的位置并不是一件容易的事情．下面介绍几种常用的排错手段，以便顺利地进行排错工作．

（1）利用系统给出的信息查找错误．如果程序没能通过编译，则大多数属于语法错误，可以根据编译系统给出的错误信息，有针对性地查找错误．

如果程序没有运行完就停止，并给出数值上溢或下溢、数据不足或格式错误等信息，则多半是由于数组的序标越界造成的．

如果程序运行了很长时间没有任何结果，则有两种可能：一种是运行时间本来就很长，另一种是出现了死循环．遇到这种情况，若操作者强行停止运行，则得不到任何信息．若是系统的时间保护给予中断，则会给出信息．

总之，利用系统给出的信息，就比较容易找出错误．

（2）强力排错方法．在可疑的地方设置强力打印语句，有助于了解运行状况，确定错误的位置．比如，在程序中设置定时打印，每十行打印一个信息．如果打印第九个信息就停止运行，那么错误就在 90 ~ 100 行之间，查找错误的范围大大缩小．然后在 90 ~ 100 行内每一行之间都设一个打印语句，便可找到错误的具体位置．

另外，还可以利用系统提供的工具作强力排错．大多数高级语言系统都提供测试功能语句，用以进行排错．

由于强力排错方法简单，所以很常用．但是，对于比较大的程序来说，强力排错法不仅费事而且效率也不高．

3. 测试与排错工具

目前，有许多现成的测试工具（即软件）和排错工具可供使用，这些工具可分为以下几种：

（1）静态分析测试工具．一般来说，测试时要运行被测试程序来发现错误，这种测试叫做动态测试．静态分析则不需要运行被测试程序，而是通过运行一个工具程序（即静态分析测试工具）来发现其它被测试程序中的错误．它对被测试程序中的控制流和数据流进行分析，从而发现常见的错误．例如，使用了没有赋值的变量，赋值后一次都没有使用的变量，永远也执行不到的程序段，实参与形参的类型不符或个数不符等．

（2）覆盖监测工具．覆盖监测工具是在程序的适当位置安插了一些“监测器”，用来对程序进行监测．它可以提供监测信息，指出是否达到语句覆盖、判定覆盖等．

（3）交互式排错工具．许多分时系统中的工具软件都有一些标准排错功能，例如，允许程序员在终端上显示内存并设置断点，使程序运行到断点处暂停．

4. 排错的原则

为了提高排错的效率，在此强调一下有关排错的一些原则.

（1）善于思考. 无论采用什么方法或利用什么工具，都离不开人的决策和操作，所以排错的成败关键在于人.

（2）多向他人请教. 遇到困难时可以向他人请教，将自己的设计思路和特点讲述给对方，以获得对方的帮助.

（3）激发灵感. 在山穷水尽时把排错工作暂时放下，去干一些轻松愉快的事情，过一段时间后再一次排错时可能就有灵感了.

（4）修改要慎重. 不要在没有弄清楚错误的情况下，抱着侥幸心理去试着改错. 修改的代码比原来的代码更容易出错，修改不当时，反而会引出更多的错误.

（5）修改一个错误要全面彻底，不留尾巴，同时还要查看是否有类似的错误.

（6）一个地方修改正确了，有可能导致另一个地方产生新的错误（即副作用），因此在排错时要时刻注意这一点.

习　题　8.6

1. 什么是程序的排错？
2. 程序的测试中发现的错误有哪些？
3. 排除错误的方法主要有哪些？
4. 什么是动态测试？什么是静态分析测试？
5. 测试与排错工具有哪几种？
6. 排错的原则有哪些？

附录　数值算例的 C 程序

1. 用对分法求方程 $2xe^x-1=0$ 的根

```
#include "math.h"
#include "stdio.h"
#define err 0.00000001                          // err 为误差限
double f(double x)                              // 自定义函数,本题用双精度计算
{ return 2 * x * exp(x) - 1; }
void main()
{
    double a = 0.0, b = 1.0, c, err = 0.00000001;  // a、b 是左、右端点,c 是对分点
    int i, N;                                   // i 是对分次数变量
    if(f(a) * f(b) <= 0.0)                      // 二分法条件判断
    {
      N = floor(log((b - a)/err)/log(2)) + 1;   // 用 N 控制对分次数
      for(i = 1; i <= N; i++)
      {
        c = (a + b)/2.0;
        printf("i = %2d, c = %12.10f, f(c) = %13.10f\n", i, c, f(c));
                                                // f(c)是验根
        if(f(a) * f(c) <= 0.0)
            b = c;
        else
            a = c;
      }
    }
    else
      printf("不满足二分法的条件\n");
}
```

2. 用 Newton 迭代法求方程 $x^{41}+x^3+1=0$ 的根

```
#include "math.h"
#include "stdio.h"
void main()
{
    int i;                                    // i 为迭代变量
    double y,x = -1;                          // y=f(x),x = -1 为初值
    for(i=1;i<=10;i++)                        // 本题迭代 10 次
    {
        y=pow(x,41)+pow(x,3)+1;               // 计算函数值
        x=x-y/(41*pow(x,40)+3*x*x);           // Newton 迭代公式
        printf("i=%2d,x=%18.16f\n",i,x);
    }
}
```

3. 用弦截法求方程 $x^3-x^2-x-1=0$ 的根

```
#include "math.h"
#include "stdio.h"
#define err 0.00000001                        // err 为误差限
double f(double x)                            // 自定义函数,按秦九韶算法展开
{   return((x-1)*x-1)*x-1;}
void main()
{
    double z,x=1,y=2;                         // x=x_{n-1},y=x_n,z=x_{n+1},取初值
                                              //   x_0=1,x_1=2
    int n;
    for(n=1;fabs(y-x)>=err;n++)               // 若将中止条件改为:n<
                                              //   10,结果如何?
    {
        z=y-f(y)*(y-x)/(f(y)-f(x));           // 弦截法迭代公式
        printf("n=%d,x=%18.16f,f(x)=%18.16f\n",n,z,f(z));
        x=y;
        y=z;
    }
}
```

4. 用 Newton 迭代法解非线性方程组 $\begin{cases} x+y+e^{xy}-0.4=0 \\ x^2+y^3+e^{x+y}=0 \end{cases}$

```
#include "math.h"
#include "stdio.h"
void main()
{
    double x=3.0,y=-2.0,u,v,a,b,c,d,j,f,g;   // x=x_n,y=y_n,取初值
                                              x_0=3,y_0=-2
    int n;
    for(n=0;n<=10;n++)
    {
        a=1+y*exp(x*y);                      // a,b,c,d 表示 Jacobi 行列式
                                              的元素
        b=1+x*exp(x*y);
        c=2*x+exp(x+y);
        d=3*y*y+exp(x+y);
        j=a*d-b*c;                           // j 表示 Jacobi 行列式的值
        f=x+y+exp(x*y)-0.4;                  // 计算第一个函数的值
        g=x*x+y*y*y+exp(x+y);                // 计算第二个函数的值
        printf("n=%2d,x=%18.16f,y=%18.16f\n",n,x,y);
        u=x-(d*f-b*g)/j;                     // u=x_{n+1},进行迭代
        v=y+(f*c-a*g)/j;                     // v=y_{n+1},进行迭代
        x=u;
        y=v;
    }
}
```

5. 用有回代 Gauss 消元法解线性方程组

```
#include "stdio.h"
#define N 4                                   // 定义方程组的阶数为 4
void main()
{
    double a[N][N]={{2,0,1,3},{4,3,1,7},{2,-3,6,4},{6,6,5,
    18}};                                     // 输入系数矩阵
```

```
    double x[N],b[N] = {4,25, -9,60} ;        // 输入右端常数
    int i,j,k;
    for(k =0;k < =N -2;k + + )                // 此循环为消元过程
        for(i =k +1;i < =N -1;i + + )         // 注意数组的下标从 0 开始
        {
          b[i] =b[i] -b[k] * a[i][k]/a[k][k];      // 消右端项
          for(j =k +1;j < =N -1;j + + )       // 消系数矩阵
              a[i][j] =a[i][j] -a[k][j] * a[i][k]/a[k][k];
        }
    x[N -1] =b[N -1]/a[N -1][N -1];           // 此程序块为回代求解过程
    for(k =N -2;k > =0;k - - )
    {
        x[k] =0;
        for(j =k +1;j < =N -1;j + + )
            x[k] =x[k] +a[k][j] * x[j];
        x[k] =(b[k] -x[k])/a[k][k];
    }
    for(k =1;k < =N;k + + )                   // 输出结果
        printf("x[%d] =%f\n",k,x[k -1]);
}
```

6. 用列主元素有回代 Gauss 消元法解线性方程组

```
#include "math.h"
#include "stdio.h"
#define N 4                                    // 定义方程组的阶数为 4
void main( )
{
    double a[N][N] ={ {2,0,1,3},{4,3,1,7},{2, -3,6,4},{6,6,5,18}
    };                                         // 输入系数矩阵
    double m,c[N],x[N],b[N] = {4,25, -9,60};  // 输入右端常数
    int i,j,k,p,s;
    for(k =0;k < =N -2;k + + )                 // 此循环为第 k 次消元过程
    {                                          // 注意数组的下标从 0 开始
        m =a[k][k];                            // m 表示主元素
        p =k;                                  // p 表示主元素所在行数
```

```
        for(s=k+1;s<=N-1;s++)          // 此循环为按列选主元素
            if(fabs(m)<fabs(a[s][k]))
            {
                m=a[s][k];
                p=s;
            }
        for(s=k;s<=N-1;s++)            // 此循环为换行
        {
            c[s]=a[k][s];
            a[k][s]=a[p][s];
            a[p][s]=c[s];
        }
        m=b[k];
        b[k]=b[p];
        b[p]=m;                        // 这里的m是临时存储单元
        for(i=k+1;i<=N-1;i++)
        {
            b[i]=b[i]-b[k]*a[i][k]/a[k][k];    // 消右端项
            for(j=k+1;j<=N-1;j++)      // 消系数矩阵
                a[i][j]=a[i][j]-a[k][j]* a[i][k]/ a[k][k];
        }
    }
    x[N-1]=b[N-1]/a[N-1][N-1];         // 此块为回代求解过程
    for(k=N-2;k>=0;k--)
    {
        x[k]=0;
        for(j=k+1;j<=N-1;j++)
            x[k]=x[k]+a[k][j]*x[j];
        x[k]=(b[k]-x[k])/a[k][k];
    }
    for(k=1;k<=N;k++)                  // 输出结果
        printf("x[%d]=%f\n",k,x[k-1]);
}
```

7. 用 LU 分解法解线性方程组

```
#include "stdio.h"
```

```
#define N 4                                    // 定义方程组的阶数为 4
void main( )
{
    double a[N][N] = { {2,0,1,3},{4,3,1,7},{2, -3,6,4},{6,6,5,18}
    };                                         // 输入系数矩阵
    double b[N] = {4,25, -9,60};               // 输入右端常数
    double m,x[N],y[N],l[N][N],u[N][N];
    int i,j,k;
    for(j = 0;j < = N - 1;j + + )
        u[0][j] = a[0][j];                     // u1j = a1j,j = 1,2,…,n
    for(i = 1;i < = N - 1;i + + )
    {
        l[i][0] = a[i][0]/u[0][0]; // 此块计算 L 的待定元素
        for(j = 1;j < = i - 1;j + + )
        {
            m = 0;
            for(k = 0;k < = j - 1;k + + )
                m = m + l[i][k] * u[k][j];  // m = Σ(k=1..j-1) l_ik u_kj
            l[i][j] = (a[i][j] - m)/ u[j][j];  // l_ij = (a_ij - Σ(k=1..j-1) l_ik u_kj)/u_jj
        }
        for(j = i;j < = N - 1;j + + )      // 此块计算 U 的待定元素
        {
            u[i][j] = a[i][j];
            for(k = 0;k < = i - 1;k + + )
                u[i][j] =u[i][j] -l[i][k] * u[k][j];// u_ij =a_ij - Σ(k=1..i-1) l_ik u_kj
        }
    }
    printf("矩阵 L - U:\n");                 // 输出矩阵 L,U
    for(i = 0;i < N;i + + )
    {
        for(j = 0;j < N;j + + )
            if(i < = j)
```

Comment formulas: $u_{1j} = a_{1j}, j = 1,2,\cdots,n$; $m = \sum_{k=1}^{j-1} l_{ik}u_{kj}$; $l_{ij} = (a_{ij} - \sum_{k=1}^{j-1} l_{ik}u_{kj})/u_{jj}$; $u_{ij} = a_{ij} - \sum_{k=1}^{i-1} l_{ik}u_{kj}$

```
                printf("%10.2f",u[i][j]);
            else
                printf("%10.2f",l[i][j]);
        printf("\n");
    }
    y[0]=b[0];                          // 通过 Ly=b,计算 y
    for(i=1;i<=N-1;i++)
    {
        y[i]=b[i];
        for(k=0;k<=i-1;k++)
            y[i]=y[i]-l[i][k]*y[k];
    }
    x[N-1]=y[N-1]/u[N-1][N-1];
    for(i=N-2;i>=0;i--)                 // 通过 Ux=y,计算 x
    {
        x[i]=y[i];
        for(k=i+1;k<=N-1;k++)
            x[i]=x[i]-u[i][k]*x[k];
        x[i]=x[i]/u[i][i];
    }
    printf("解 y:\n");                   // 输出中间解 y
    for(k=1;k<=N;k++)
        printf("y[%d]=%f\n",k,y[k-1]);

    printf("解 x:\n");                   // 线性方程组的解 x
    for(k=1;k<=N;k++)
        printf("x[%d]=%f\n",k,x[k-1]);
}
```

8. 用列主元素无回代 Gauss 消元法求 $A=\begin{bmatrix}3 & -2 & 0 & -1\\ 2 & 2 & 2 & 1\\ 4 & -2 & -3 & 2\\ 2 & 5 & 2 & 1\end{bmatrix}$ 的逆

```
#include "math.h"
#include "stdio.h"
```

```
#define n 4                                    // 定义方程组的阶数为 4
void main()
{
    double a[n][2*n] = { {3, -2,0, -1,1,0,0,0}, {2,2,2,1,0,1,0,0},
{4, -2, -3,2,0,0,1,0}, {2,5,2,1,0,0,0,1} };   // 输入(A,I)的元素
    int i,j,k,p,s;
    double m,c[2*n];
    for(k=0;k<=n-1;k++)
    {
        m=a[k][k];                             // 这个 m 表示主元素
        p=k;                                   // p 表示主元素所在行数
        for(s=k+1;s<=n-1;s++)                  // 此循环为按列选主元素
            if(fabs(m)<fabs(a[s][k]))
            {
                m=a[s][k];
                p=s;
            }
        for(s=k;s<=2*n-1;s++)                  // 此循环为换行
        {
            c[s]=a[k][s];
            a[k][s]=a[p][s];
            a[p][s]=c[s];
        }
        for(j=k+1;j<=2*n-1;j++)                // 此块为无回代消元过程
            a[k][j]=a[k][j]/a[k][k];
        for(i=0;i<=n-1;i++)
            if(i!=k)
                for(j=k+1;j<=2*n-1;j++)
                    a[i][j]=a[i][j]-a[i][k]*a[k][j];
    }
    for(i=0;i<=n-1;i++)                        // 输出 A 的逆矩阵
    {
        for(j=n;j<=2*n-1;j++)
            printf("%12.6f",a[i][j]);
        printf("\n");
```

```
    }
}
```

9. 用 Jacobi 迭代法解线性方程组$\begin{cases}-5x+y+z+t=4\\x-10y+z+t=-12\\x+y-5z+t=-8\\x+y+z-10t=-34\end{cases}$

```
#include "stdio.h"
void main()
{
    int n;
    double x,y,z,t,x1,y1,z1,t1;              // x1,y1,z1,t1 为新的迭代值
      x=0.0;y=0.0;z=0.0;t=0.0;               // 赋初始值
    for(n=1;n<=40;n++)                       // 迭代 40 次
    {
        x1=(y+z+t-4.0)/5.0;
        y1=(x+z+t+12.0)/10.0;
        z1=(x+y+t+8.0)/5.0;
        t1=(x+y+z+34.0)/10.0;
        printf("%18.16f,%18.16f,%18.16f,%18.16f\n",x1,y1,z1,t1);
        x=x1;y=y1;z=z1;t=t1;
    }
}
```

10. 用 Gauss-Seidel 迭代法解线性方程组$\begin{cases}-5x+y+z+t=4\\x-10y+z+t=-12\\x+y-5z+t=-8\\x+y+z-10t=-34\end{cases}$

```
#include "stdio.h"
void main()
{
    double x=0.0,y=0.0,z=0.0,t=0.0;  // 赋初始值
    for(int n=1;n<=20;n++)           // 迭代 20 次
    {
        x=(y+z+t-4.0)/5.0;
        y=(x+z+t+12.0)/10.0;
        z=(x+y+t+8.0)/5.0;
```

```
        t = (x + y + z + 34.0)/10.0;
        printf("%18.16f,%18.16f,%18.16f,%18.16f\n",x,y,z,t);
    }
}
```

11. Runge 现象（例4.5）

```
#include "stdio.h"
double f(double x)                     // 被插值函数为f(x) = 1/(1 + 25x^2)
{   return 1.0/(1 + 25 * x * x);}
void main()                            // 本题用 Lagrange 插值公式计算
{
    int i,j,k;
    double a,m,t,x[11];
    for(i = 0;i <= 10;i++)
    {
        x[i] = -1 + 0.2 * i;
    }                                  // 插值节点
    for(j = 0;j <= 20;j++)
    {
        m = 0;
        t = 0.05 * j;                  // 插值点为 t = 0.05j
        for(k = 0;k <= 10;k++)         // k 为求和变量
        {
            a = 1;
            for(i = 0;i <= 10;i++)
            {
                if(i != k)
                    a = a * (t - x[i])/(x[k] - x[i]);   // a = ∏_{i=0, i≠k}^{10} (t - x_i)/(x_k - x_i)
            }
            m = m + a * f(x[k]);       // m = p_10(t)
        }
        printf("x = %4.2f,f(x) = %9.6f,p(x) = %9.6f\n",t,f(t),m);
    }
}
```

12. 用 Hermite 插值计算例 4.5

```
#include "stdio.h"
void main()                          // 被插值函数为f(x) =1/(1 +25x^2)
{
    int i,j,k;
    double t,H,x[6],f[6],df[6],l[6],dl[6];
    for(i =0;i < =5;i + +)
    {
        x[i] =0.2 * i;                   // 插值节点
        f[i] =1.0/(1 +25 * x[i] * x[i]);         // 函数值
        df[i] = -50 * x[i] * f[i] * f[i];        // 导数值
    }
    for(i =0;i < =20;i + +)
    {
        t =0.05 * i;                     // t 为插值点
        H =0;
        for(k =0;k < =5;k + +)
        {
            dl[k] =0;
            l[k] =1;
            for(j =0;j < =5;j + +)
                if(j! =k)
                {
                    dl[k] =dl[k] +1/(x[k] -x[j]);  // dl[k] =l'_k(x_k)
                    l[k] =l[k] * (t -x[j])/(x[k] -x[j]);  // l[k] =l_k(t)
                }
            H =H + ((1 -2 * dl[k] * (t -x[k])) * f[k] + (t -x[k])
             * df[k]) * l[k] * l[k];  // 插值
        }
        printf(" x =%4.2f,f(x) =%f,H(x) =%f\n",t,1.0/(1.0 +25 * t
        * t),H);
    }
}
```

13. 用分段 Hermite 插值计算例 4.5

```
#include "stdio.h"
void main()
{
    int i,j;
    double a,b,t,H,x[6],f[6],df[6];
    for(i=0;i<=5;i++)
    {
        x[i]=0.2*i;                              // 插值节点
        f[i]=1.0/(1.0+25*x[i]*x[i]);             // 函数值
        df[i]=-50*x[i]*f[i]*f[i];                // 导数值
    }
    for(j=0;j<=20;j++)
    {
        t=0.05*j;                                // t 为插值点
        for(i=0;i<=4;i++)
            if(x[i]<=t&&t<=x[i+1])               // 判断 t 所在区间
            {
                a=(t-x[i+1])/(x[i]-x[i+1]);
                a=a*a;
                b=(t-x[i])/(x[i+1]-x[i]);
                b=b*b;
                 H=a*((1.0-2.0*(t-x[i])/(x[i]-x[i+1]))*f
                    [i]+(t-x[i])*df[i])+b*((1.0-2.0*(t-x
                    [i+1])/(x[i+1]-x[i]))*f[i+1]+(t-x[i+
                    1])*df[i+1]);
            }
        printf("x=%4.2f,f(x)=%f,H(x)=%f\n",t,1/(1+25*t*t),H);
    }
}
```

14. 用复化梯形公式计算定积分

```
#include "math.h"
#include "stdio.h"
```

```
#define N 100                          // 将积分区间 n=100 等分
double f(double x)                     // 定义被积函数 f(x)=sin2x
{   return sin(2.0*x);}
void main()
{
    int i;
    double m=0,h,T,a=0,b=1;  // 定义积分区间[a,b]=[0,1],h 步长
    h=(b-a)/N;
    for(i=1;i<=N-1;i++)
        m=m+f(a+i*h);
    T=0.5*h*(f(a)+2*m+f(b));          // 梯形求积公式
    printf("T[%d]=%18.15f\n",N,T);
}
```

15. 用 Runge – Kutta 方法求解 $\begin{cases} y' = y + e^t, & 0 \leqslant t \leqslant 1 \\ y(0) = 1 \end{cases}$

```
# include "math.h"
#include "stdio.h"
double f(double t,double y)
{   return y+exp(t);}
void main()
{
    int n;
    double h,t,y,k1,k2,k3,k4;
    h=0.1;                             // 取步长为 0.1
    t=0;
    y=1;                               // 赋初始值
    for(n=0;n<=9;n++)
        {
        k1=f(t,y);
        k2=f(t+0.5*h,y+0.5*h*k1);
        k3=f(t+0.5*h,y+0.5*h*k2);
        k4=f(t+h,y+h*k3);
        y=y+h*(k1+2*k2+2*k3+k4)/6.0;  // Runge-Kutta 公式
        t=t+h;
        printf(" y%d=%9.6f,e%d=%9.6f\n",n+1,y,n+1,(t+1)*
```

```
        exp(t) - y);
                                        // 输出数值解及误差
    }
}
```

16. 用古典显格式求解例 7.1

```
#include "math.h"
#include "stdio.h"
#define M 20
#define N 50
void main()
{
    double h,t,r,u[M+1][N+1];
    int i,j;
    h=2.0/M;                            // 空间步长
    t=0.015;                            // 时间步长
    r=t/(4*h*h);
    printf("t=%f,h=%f,r=%f\n",t,h,r);

    for(i=0;i<=M;i++)                   // 赋初始值
        u[i][0]=exp(2*i*h);
    for(j=1;j<=N;j++)                   // 赋边界值
    {
        u[0][j]=exp(j*t);
        u[M][j]=exp(j*t+4)+2*j*j*t*t;
    }
    for(j=0;j<=N-1;j++)                 // 计算数值解
        for(i=1;i<=M-1;i++)
            u[i][j+1]=r*u[i-1][j]+(1-2*r)*u[i][j]+r*u
            [i+1][j]+2*t*i*j*h*t;
    for(i=0;i<=M;i++)                   // 输出数值解及其误差
        printf("u(%4.2f,%4.2f)=%10.6f,e(%4.2f,%4.2f)=%9.6f\
        n",i*h,N*t,u[i][N],i*h,N*t,exp(2*i*h+N*t)+i*h*N
        *N*t*t-u[i][N]);
}
```

17. 用 Lax – Wendroff 格式求解例 7.2

```
#include "math.h"
#include "stdio.h"
#define M 20
#define N 50
void main()
{
    double h,t,r,u[M+1][N+1];
    int i,j;
    h=2.0/M;                                // 空间步长
    t=0.03;                                 // 时间步长
    r=-2*t/h;
    printf("t=%f,h=%f,r=%f\n",t,h,r);
    for(i=0;i<=M;i++)                       // 赋初始值
        u[i][0]=exp(i*h);
    for(j=1;j<=N;j++)                       // 赋左边界值
        u[0][j]=exp(-2*j*t);
    for(j=0;j<=N-1;j++)
        {
        for(i=1;i<=M-1;i++)                 // 计算数值解
        u[i][j+1]=(1-r*r)*u[i][j]+0.5*r*r*(u[i+1][j]+u
        [i-1][j])+0.5*r*(u[i+1][j]-u[i-1][j]);
        u[M][j+1]=4*u[M-1][j+1]-6*u[M-2][j+1]+4*u
        [M-3][j+1]-u[M-4][j+1];
        }                                   // 上式计算右边界值
    for(i=0;i<=M;i++)                       // 输出数值解及其误差
        printf("u(%4.2f,%4.2f)=%9.6f,e(%4.2f,%4.2f)=%9.6f\
        n",i*h,N*t,u[i][N],i*h,N*t,exp(i*h-2*N*t)-u[i]
        [N]);
}
```

18. 用五点差分格式求解例 7.4

```
#include "math.h"
```

```
#include "stdio.h"
#define M 20
void main()
{
    double h,u[M+1][M+1];
    int i,j,k;
    h=1.0/M;                        // 步长
    for(i=0;i<=M;i++)               // 赋下、上边界值
    {
        u[i][0]=exp(i*h);
        u[i][M]=exp(i*h)+1;
    }
    for(j=1;j<=M-1;j++)             // 赋左、右边界值
    {
        u[0][j]=j*h+1;
        u[M][j]=j*h+exp(1);
    }
    for(j=1;j<=M-1;j++)             // 赋迭代初始值
        for(i=1;i<=M-1;i++)
        u[i][j]=2.0;
    for(k=1;k<=500;k++)             // 用公式(7.54)迭代求解
        for(j=1;j<=M-1;j++)
            for(i=1;i<=M-1;i++)
                u[i][j]=(u[i][j-1]+u[i-1][j]+u[i+1][j]+u
                [i][j+1]-h*h*exp(i*h))/4;
    for(j=5;j<M;j=j+5)              // 输出数值解及其误差
        for(i=5;i<M;i=i+5)
            printf("u(%4.2f,%4.2f)=%f,e=%f\n",i*h,j*h,u[i]
            [j],exp(i*h)+j*h-u[i][j]);
}
```

部分习题参考答案

习题 1.1

1. 1，4，1，1，4，1
2. 0.0482%，0.0313%，0.98%
3. 3，2，2，5，6，4
4. 0.019%
5. 3
6. 0.333%
8. 167.67，1.1%

习题 1.3

5. 5×10^6，不稳定
6. 0.40236，0.14941，0.08765，0.06142，0.04715，0.03821，0.03211，0.02769，0.02433

习题 2.2

1. 精确根为 0.56714329
2. 精确根为 0.85353011

习题 2.3

1. 精确根为 1.21341166
2. 精确根为 0.73908513
3. 精确值为 1.90416086
6. 收敛

习题 2.4

1. 精确根为 −0.95248388
2. 精确根为 0.73908513
3. 精确根为 0.56714329

习题 2.5

1. 精确根为 0.56714329
2. 精确根为 0.73908513
3. 精确值为 1.94935887

习题 2.6

精确根为 −0.5 + 1.32287566 i

习题 2.7

精确解为 $x=-1.56155281$，$y=2.56155281$

习题 3.1

1. $x=-17.1112$，$y=16.5308$，$z=-8.2878$
2. $x=-17.1045$，$y=16.5240$，$z=-8.2840$
3. $x=20.1756$，$y=122.9873$，$z=-110.2507$
4. $x=19.0961$，$y=120.8508$，$z=-108.3333$

习题 3.2

1. 1，0，−1，0
2. 2，0，−1，0
3. −1，1，0，2

习题 3.3

（1）$\begin{cases} x_1^{(k+1)} = (9x_1^{(k)} - 2x_2^{(k)} + 2)/10 \\ x_2^{(k+1)} = (-x_1^{(k)} + 4)/4 \end{cases}$

（2）$\begin{cases} x_1^{(k+1)} = (-x_2^{(k)} + 3x_3^{(k)} + 5)/10 \\ x_2^{(k+1)} = (-x_1^{(k)} + 2x_3^{(k)} + 4)/8 \\ x_3^{(k+1)} = (-x_1^{(k)} + 2x_2^{(k)} + 6)/4 \end{cases}$

习题 3.4

1. −0.011，−0.507，0.382，0.820
2. 0.750，−0.500，2.250

习题 3.5

1. （1）120　（2）−6.206　（3）1402.86
2. （1）$\begin{pmatrix} 7.05 & -11.85 & 5.05 \\ 47.15 & -77.55 & 31.15 \\ -42.10 & 69.70 & -28.10 \end{pmatrix}$，（2）$\begin{pmatrix} 7.5 & 8.5 & -5.5 & 2.0 \\ 8.5 & 11.5 & -7.5 & 3.0 \\ -5.5 & -7.5 & 5.0 & -2.0 \\ 2.0 & 3.0 & -2.0 & 1.0 \end{pmatrix}$

习题 3.6

1. （1）5.3166，$(1, 0.4633)^{\mathrm{T}}$
   （2）5.2491，$(0.2321, 1, 0.7542)^{\mathrm{T}}$
2. −1.3166，$(1, -0.8633)^{\mathrm{T}}$

习题 4.1

1. 1.7371，0.0042
2. −0.3821，0.0640
3. 3.94，−0.035

4. 1.557

习题 4.2

1. 2.18，误差 0.27
3. 1，0

习题 4.3

1. 1.95，6.14，3.776，6.130
2. $h \leqslant \sqrt{3.2} \times 10^{-2} \approx 0.0178885$

习题 4.4

1. −0.25
2. 0.33651，0.00003813
3. $$H(x)=\left(1+2\frac{x-x_i}{h}\right)\frac{(x-x_{i+1})^2}{h^2}\mathrm{e}^{-x_i}+\left(1-2\frac{x-x_{i+1}}{h}\right)\frac{(x-x_i)^2}{h^2}\mathrm{e}^{-x_{i+1}}-(x-x_i)\frac{(x-x_{i+1})^2}{h^2}\mathrm{e}^{-x_i}-(x-x_{i+1})\frac{(x-x_i)^2}{h^2}\mathrm{e}^{-x_{i+1}}$$
$$x\in[x_i,x_{i+1}],h=\frac{b-a}{n},x_i=a+ih$$

习题 4.5

1. $$S(x)=\begin{cases}1+3x-6.5x^2+9x^3 & x\in[0,0.5]\\ 3.5-12x+23.5x^2-11x^3 & x\in[0.5,1]\end{cases}$$
2. $$S(x)=\begin{cases}-3.43+13.57x-10.71x^2+3.57x^3 & x\in[1,1.2]\\ 5.66-9.43x+8.57x^2-1.79x^3 & x\in[1.2,1.6]\end{cases}$$

习题 4.6

1. 1.0929，2.2022
2. $y=2.29-0.43x$，　$y=1.997-1.0157x+0.2929x^2$
3. $y=3.1187-1.0025x^2$
4. $y=1/(0.2769+0.5640x)$

习题 5.1

1. （1）1，插值型　　（2）1，非插值型
（3）3，插值型　　（4）5，插值型

2. （1）$A_{-1}=A_1=\dfrac{a}{3}$，$A_0=\dfrac{4a}{3}$，3

（2）$A_{-1}=A_1=\dfrac{8a}{3}$，$A_0=-\dfrac{4a}{3}$，3

（3）$x_1=\dfrac{1-\sqrt{6}}{5}$，$x_2=\dfrac{3+2\sqrt{6}}{15}$$\left(\text{或 } x_1=\dfrac{1+\sqrt{6}}{5}，x_2=\dfrac{3-2\sqrt{6}}{15}\right)$，2

3. $x_0=0$，$A_0=\dfrac{2}{3}$

习题 5.2

1. 0.86895，0.0111

习题 5.3

1. 68
2. 672
3. 3.069489
4. （1）0.69315453　（2）0.83565319　（3）0.65932994
5. 0.11157181，精确值为 0.1115717757

习题 5.4

1. 精确值为 3.141592654
2. （1）1.605413　（2）0.749065
3. 5.81176719

习题 5.5

1. $\int_0^{\delta}\frac{\sin x}{\sqrt{1-x}}dx, \delta=1-\frac{1}{4}\times 10^{-8}$
2. $\int_0^1\frac{1}{1+x^{18}}dx+\int_0^1\frac{t^{16}}{t^{18}+1}dt=\int_0^1\frac{1+x^{16}}{1+x^{18}}dx$
3. （1）6.6877　（2）4.5711　（3）0.1398

习题 5.6

1. 0.036242，精确值为 0.0362217

习题 5.7

3. 一阶导数为　−2.5，−3.5，−1.0，−5.0
   二阶导数为　−10，−10，60，60

习题 6.1

1. （1）1.1000，1.2110，1.3361，1.4787，1.6426
   （2）0.2199，0.2439，0.2728，0.3075，0.3492
   （3）1.2649，1.6071，2.0667，2.7164，3.7003
2. 显式 Euler 法的结果为
   0.9000，0.8019，0.7088，0.6229，0.5451
   显式 Euler 法的绝对误差为
   0.0006，0.0027，0.0056，0.0086，0.0113
   改进的 Euler 法的结果为
   0.9010，0.8053，0.7153，0.6326，0.5576

改进的 Euler 法的绝对误差为

-0.0003， -0.0006， -0.0009， -0.0011， -0.0013

4. 0.5461

习题 6.2

1. 1.6860，1.4745，1.3325，1.2403
2. 4.5598，7.2104，11.8609，20.2945，36.1156，66.8359
3. 1.1845，1.3832，1.5658，1.7086，1.8010，1.8437
4. 0.9090912，0.8333337，0.7692312，0.7142862，0.6666671

均具有六位有效数字

习题 6.3

3. $-\infty < \lambda h < 0$，即 $0 < h < \infty$
4. $-2 < \lambda h < 0$

习题 6.4

1. （1）二阶 （2）三阶 （3）三阶
2. $a = 1$，$b = 2$，$\frac{1}{3}h^3 y'''(t_n)$
3. $b_0 = \frac{1}{3}$，$b_1 = \frac{4}{3}$，$b_2 = \frac{1}{3}$，$-\frac{1}{90}h^5 y^{(5)}(t_n)$
4. 数值解为 0.0050，0.0208，0.0486，0.0899，0.1459

   绝对误差为 0.0002，0.0007，0.0012，0.0020，0.0028

习题 6.5

1. 2.0080，2.0640，2.2160，2.5120 均为有效数字
2. 数值解为 -0.0006，0.1044，0.2204，0.3486，0.4904

   绝对误差为 0.0006，0.0008，0.0010，0.0012，0.0015

习题 7.1

1. $O\left(\left(\theta + \frac{1}{2}\right)\tau + \tau^2 + h^2\right)$，$\theta = \frac{1}{2}$
2. $O(\tau^2 + h^2 + \tau^2/h^2)$
3. $\frac{u_{ij}^{n+1} - u_{ij}^{n-1}}{2\tau} = a^2\left(\frac{u_{i+1,j}^n - u_{ij}^{n+1} - u_{ij}^{n-1} + u_{i-1,j}^n}{h^2} + \frac{u_{i,j+1}^n - u_{ij}^{n+1} - u_{ij}^{n-1} + u_{i,j-1}^n}{h^2},\right) + f_{ij}^n$

习题 7.2

2. $O(h^2)$，$O(h^4)$

3.

x	数值解	绝对误差
0.2	-0.0002	0.0002
0.4	0.1967	0.0020
0.6	0.3855	0.0039
0.8	0.5590	0.0056
1.0	0.7102	0.0071

习题 7.3

2.

x	数值解	绝对误差
0.2	1.3805	0.0009
0.4	1.3182	0.0018
0.6	1.2972	0.0015
0.8	1.3091	0.0012
1.0	1.3478	0.0010
1.2	1.4085	0.0008
1.4	1.4872	0.0007
1.6	1.5806	0.0006
1.8	1.6863	0.0003

习题 7.4

2.

(x_i, y_j)	数值解	绝对误差
(0.25, 0.25)	1.6134	-0.0794
(0.25, 0.50)	1.8549	-0.0709
(0.25, 0.75)	1.9884	0.0456
(0.50, 0.25)	1.8864	0.0123
(0.50, 0.50)	1.9742	0.1745
(0.50, 0.75)	2.1364	0.2623
(0.75, 0.25)	2.2382	0.1288
(0.75, 0.50)	2.2715	0.3455
(0.75, 0.75)	2.6132	0.2538

参考文献

[1] 封建湖，车刚明，聂玉峰. 数值分析原理 [M]. 北京：科学出版社，2001.

[2] 李庆扬，王能超，易大义. 数值分析 [M]. 4 版. 北京：清华大学出版社，2001.

[3] 王能超. 数值分析简明教程 [M]. 北京：高等教育出版社，1984.

[4] 何旭初，苏煜城，包雪松. 计算数学简明教程 [M]. 北京：人民教育出版社，1980.

[5] 冯树椿，徐文通. 程序设计方法学 [M]. 杭州：浙江大学出版社，1988.

[6] 麦中凡. 程序设计技术 [M]. 北京：高等教育出版社，1987.

[7] 谭浩强. C 程序设计 [M]. 北京：清华大学出版社，1991.